“十四五”时期国家重点出版物出版专项规划项目
中国能源革命与先进技术丛书
储能科学与技术丛书

锂离子电池储能电站早期安全预警及防护

金 阳◎著

机械工业出版社

储能技术是支撑我国新能源发展和保障能源安全的关键技术之一，在促进新能源并网消纳、保障电网稳定运行等方面发挥着重要作用。现有广泛应用于规模化储能的锂离子电池存在安全隐患，锂离子电池储能电站火灾和爆炸事故频发，造成了巨大的负面影响。本书针对锂离子电池储能电站的安全性问题，结合作者的研究实践，提出了适用于储能电站环境的早期预警及防护措施，详细阐述了阻抗预警、内部温度预警、特征气体预警、特征声音预警、特征声音故障定位、特征图像预警等早期预警方法，以及气体爆炸特性及防护、火灾事故处置等防护措施，并对关键技术进行了系统的分析论证、仿真和实验研究，同时给出了大量应用案例。

本书可作为储能、电池领域技术人员的参考用书，也可以作为电气工程和储能专业的高年级本科生和研究生的教学参考书。

图书在版编目（CIP）数据

锂离子电池储能电站早期安全预警及防护/金阳著. —北京：机械工业出版社，2021.12（2024.11 重印）
（中国能源革命与先进技术丛书. 储能科学与技术丛书）
“十四五”时期国家重点出版物出版专项规划项目
ISBN 978-7-111-69439-7

Ⅰ.①锂…　Ⅱ.①金…　Ⅲ.①锂离子电池-储能-电站-安全性-研究　Ⅳ.①TM619

中国版本图书馆 CIP 数据核字（2021）第 216172 号

机械工业出版社（北京市百万庄大街 22 号　邮政编码 100037）
策划编辑：付承桂　　责任编辑：付承桂　闾洪庆
责任校对：郑　婕　张　薇　封面设计：鞠　杨
责任印制：刘　媛
涿州市般润文化传播有限公司印刷
2024 年 11 月第 1 版第 3 次印刷
169mm×239mm · 17.25 印张 · 324 千字
标准书号：ISBN 978-7-111-69439-7
定价：119.00 元

电话服务　　网络服务
客服电话：010-88361066　　机 工 官 网：www.cmpbook.com
010-88379833　　机 工 官 博：weibo.com/cmp1952
010-68326294　　金 书 网：www.golden-book.com
封底无防伪标均为盗版　　机工教育服务网：www.cmpedu.com

前言

21 世纪是新能源革命蓬勃发展的时代。大力发展可再生能源，是人类解决资源短缺、能源危机和环境污染等问题的必由之路。然而，可再生能源发电的大规模并网问题一直是制约其发展的关键。新能源配套储能，是目前世界上公认的消纳可再生能源最有效的途径之一。2020 年我国电化学储能新增装机容量为 785.1MW，其中锂离子电池储能新增装机容量为 762.3MW。得益于“十四五”期间更多利好政策的颁布，预计在 2020—2024 年期间电化学储能的年复合增长率将有望超过 65%，2024 年年底电化学储能的市场装机规模将接近 24GW。

然而，锂离子电池本身存在着不能忽视的安全隐患，随着电池能量密度等指标的提高，锂离子电池的安全性问题也越发尖锐。已经报道了多起锂离子电池储能电站安全事故，储能电池的安全性已经成为了当前重要的研究方向。相对电动汽车而言，储能电站电池数量多、排列相对密集，运行工况更加严峻。若单体电池因故障发生热失控，极易导致周围电池发生连锁反应，引发储能舱着火和爆炸事故。现有的储能电站预警手段尚不足以完全避免安全事故的发生，因此需要更加有效和及时的早期预警系统或者装置相互配合，从而全面保障储能电站的安全可靠运行。

本书结合作者多年来的研究实践，详细叙述了锂离子电池储能电站的早期安全预警和防护技术细节。第 1 章阐述了锂离子电池储能电站存在的安全隐患，梳理分析了国内外一系列锂离子电池储能电站安全事故，并总结了现行的电化学储能及锂离子电池储能电站相关安全规范；第 2 章阐述了锂离子电池热失控相关原理和过程，为热失控预警方法的研究做理论准备；第 3 章主要讨论了磷酸铁锂电池单体及模组过充特性、热蔓延问题和热防护方法；第 4 章提出了锂离子电池储能电站早期安全预警的概念；第 5～10 章系统深入地论述了阻抗预警、内部温度预警、特征气体预警、特征声音预警、特征声音故障定位、特征图像预警等早期预警方法基础理论、仿真建模、实验验证与实施细节；第 11、12 章介绍了预制舱式锂离子电池储能电站的爆炸特性和防护要点，以及火灾事故中的灭火剂选择和能效问题。本书力求从储能电站的实际运行环境出发，以精练准确的文字和翔实的内容，帮助相关领域读者了解储能电站的安全需求、掌握储能电站的早期安全预警方法和防护要点，助力我国储能行业的健康发展。

本书是作者所在团队在电化学储能安全领域研究开发工作的结晶，也是多年研究成果的集中体现。参加本书资料整理的有博士研究生吕娜伟、鲁红飞，硕士研究生孙宜听、牛志远、赵蓝天、石爽、苏同伦、赵智兴、王怀御、李耀威等。在此对团队博士、硕士研究生的辛苦付出表示由衷的感谢。还要感谢国网江苏省电力有限公司电力科学研究院对本书中电池模组燃烧实验研究提供的支持和帮助。

锂离子电池储能安全涉及电气、电化学、安全工程、材料等多学科交叉，我们希望将研究团队在该领域的研究成果与心得体会奉献给读者。但由于作者水平有限，有些理论与技术还在探讨中，书中难免存在疏漏之处，欢迎广大读者批评指正。

金　阳

2021 年冬于郑州大学电气工程学院

目录

第 1 章

绪　　论

锂离子电池自 20 世纪 70 年代问世以来，得到了迅猛的发展，已被广泛应用于电子产品和电动汽车等领域。近几年随着能源问题日益严峻以及清洁能源的迅速发展，锂离子电池开始在规模化储能领域应用。截至 2019 年，我国电化学储能的累计装机规模为 3239. 2MW，其中锂离子电池的累计装机规模最高为 2902. 4MW；2020 年电化学储能新增装机容量为 785. 1MW，其中锂离子储能新增装机容量为 762. 3MW。得益于“十四五”期间更多利好政策的颁布，预计在 2020~2024 年期间电化学储能的年复合增长率将有望超过 65%，2024 年年底电化学储能的市场装机规模将接近 24GW。然而，锂离子电池本身存在着不能忽视的安全隐患，随着电池能量密度等指标的提高，锂离子电池的安全性问题也越发尖锐。已经报道了多起锂离子电池储能电站安全事故，储能电池的安全性已经成为了当前重要的研究方向。安全性能的提升，一方面集中在电芯生产工艺的提升，通过添加电解质添加剂、改善正负极材料结构、改善隔膜制备工艺等从而提升电池本质安全性；另一方面，电池在热失控时往往伴随着电压、内阻、温度、特征气体、特征声音等多种状态参数的变化，以此类特征参数作为故障信号进行电池早期安全预警，也是提升储能系统安全性的一个重要手段。

1.1 锂离子电池储能应用前景广阔

21 世纪是新能源革命蓬勃发展的时代。大力发展可再生能源，是人类解决资源短缺、能源危机和环境污染等问题的必然之路。我国自然资源丰富，大力发展风能、太阳能等可再生能源发电技术，是国家能源战略的基本内容之一。根据《巴黎协定》提出的到 21 世纪末平均气温较工业化前水平上升幅度控制在 2℃之内的目标，全球需要在 2065~ 2070 年左右实现碳中和。中国是全球碳排放量最大的国家（2020 年末占比 32%），面临的减排压力更大。2020 年 9 月 22 日，国家主席习近平在第七十五届联合国大会一般性辩论上宣布："中国将提高国家自主贡献力度，采取更加有力的政策和措施，二氧化碳排放力争于 2030 年前达到峰值，努力争取 2060 年前实现碳中和。"碳中和导向下全面绿色低碳转型战略目标为：2025 ~ 2030 年，非化石能源占一次能源消费比重达到 25%；2030~2035 年，能源结构持续优化，整体能源结构呈现煤炭、油气、非化石能源"三分天下"的格局。图 1-1 所示为未来我国能源结构变化。

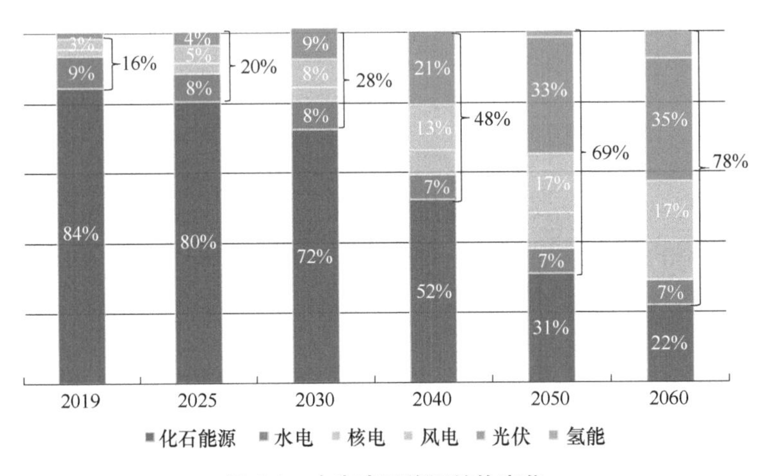

图 1-1　未来我国能源结构变化

然而，可再生能源发电的大规模并网问题一直是制约其发展的关键。新能源配套储能，是目前世界上公认的消纳可再生能源最有效的途径之一。储能技术可以解决发电与用电的时差矛盾及间歇式可再生能源发电直接并网所造成的冲击，在离网的太阳能、风能等可再生能源发电应用中也具有不可或缺的重要作用。目前，已开发的储能技术可分为物理储能和化学储能两大类。物理储能主要包括抽水储能、压缩空气储能、飞轮储能和超导磁储能等。化学储能主要包括铅酸电池、锂离子电池、钠离子电池、液流电池和钠硫电池储能等。其中，化学储能因其功率和能量可根据不同应用需求灵活配置、响应速度快和不受地理资源等外部条件的限制等优势，应用前景最为广阔。图 1-2 所示为截至 2020 年年底我国各储能类型占比，除抽水蓄能外，电化学储能占比最高。

随着电化学储能技术的不断进步及其成本的降低，以锂离子电池为主的电化学储能技术近年来得到了迅速发展。相比铅酸、钠硫等电池储能技术而言，锂离子电池储能技术具有能量密度高、转换效率高、自放电率低、使用寿命长等优势。图 1-3 所示为截至 2020 年年底我国各类电化学储能技术占比，其中锂离子电池占比最高，接近 90%。

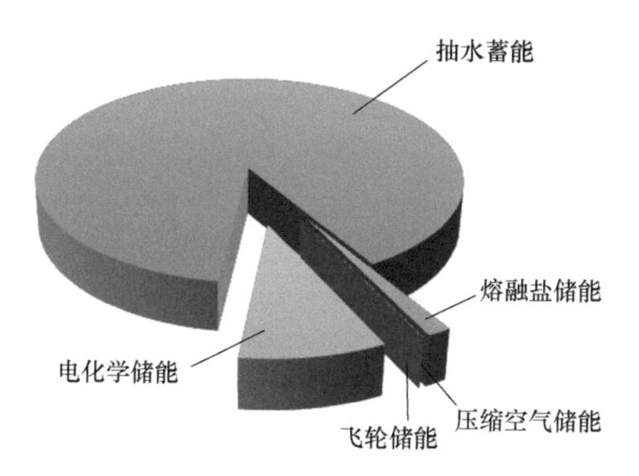

图1-2 截至2020年年底我国各储能类型占比

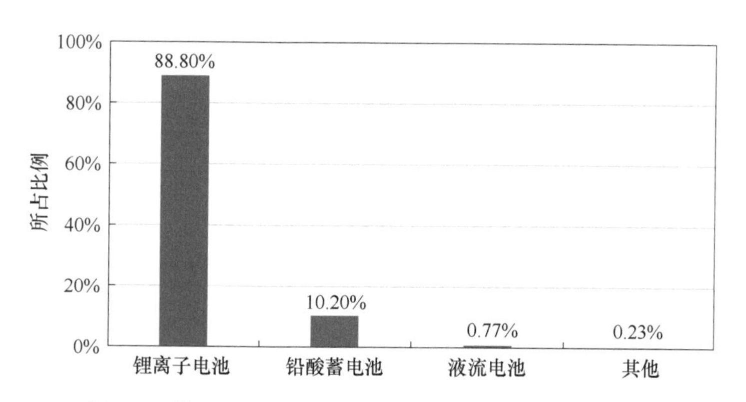

图1-3 截至2020年年底我国各类电化学储能技术占比

锂离子电池可以根据其正极材料分为不同的类型，常用的类型包括钴酸锂电池、锰酸锂电池、磷酸铁锂电池和三元材料电池等。表1-1所示为当前主流的商业化锂离子电池性能对比。其中，磷酸铁锂电池因其具有高安全性、长寿命以及低成本的特点，是大规模储能应用中最具潜力的电池类型之一，目前已经建设完成的和在建的锂离子电池储能电站大多采用磷酸铁锂电池。因此，本书将重点以磷酸铁锂电池为例，进行储能电站安全性相关研究。

表1-1 当前主流的几种商业化锂离子电池性能对比

项目	钴酸锂电池	锰酸锂电池	磷酸铁锂电池	三元材料电池
理论比容量/(Ah/kg)	274	148	170	280
实际比容量/(Ah/kg)	135~150	110~130	130~155	155~220
质量能量密度/(Wh/kg)	130~170	80~100	100~140	150~200
循环寿命/次	300~500	600~1000	4000~6000	2000~3000

（续）

项目	钴酸锂电池	锰酸锂电池	磷酸铁锂电池	三元材料电池
安全性	差	良	优	良
一致性	优	优	差	优
最大持续放电电流倍率（C）	10~15	15~20	10	10~15
成本	高	低	较低	较高
含金属资源储量	贫乏	丰富	丰富	较丰富
环保性	高污染	无毒	无毒	钴、镍有污染
大容量电池使用情况	已淘汰	已淘汰	动力/储能电池	动力电池

1.2 锂离子电池储能电站构成

预制舱式锂离子电池储能电站是我国目前电化学储能电站的主流建设形式。锂离子电池储能电站可以分为四个层次：电池单体、模组、电池簇和电池舱。电池单体通过排列集成模组，模组经电气连接构成电池簇，多个电池簇与变流器等设备组成电池舱。图 1-4 所示为预制舱式锂离子电池储能电站示意图。

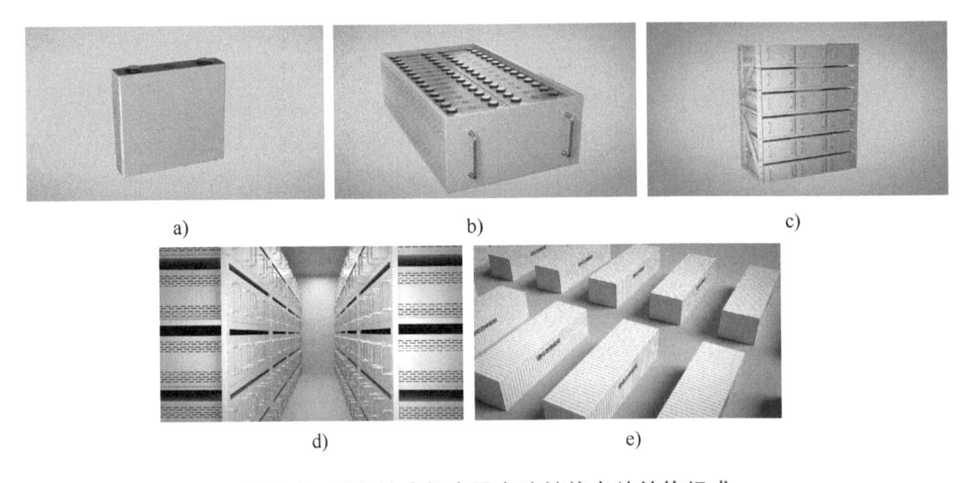

图 1-4　预制舱式锂离子电池储能电站结构组成

a）电池单体　b）模组　c）电池簇　d）电池舱　e）储能电站

大规模储能系统的特点之一就是电池数量多、排列相对密集，单个储能舱的容量为0.5~2MWh，内部单体电池数量可达数万个。储能舱中电池集中分布的特点会增加电池的安全风险，若单体因滥用故障发生热失控，极易导致周围电池发生连锁反应。

此外，储能电站中还包括热管理系统（Thermal Management System，TMS）、能量管理系统（Energy Management System，EMS）、电池管理系统（Battery Management System，BMS）、储能变流器（Power Conversion System，PCS）等。储能系统的安全稳定运行依靠多个单元协同工作，下面简要介绍主要单元的功能。

（1）热管理系统

热管理是利用加热或冷却手段对其温度和温差进行调节和控制的过程。电池热管理系统是用来确保电池工作在适宜温度范围内的一套管理系统，主要由导热介质、测控单元以及温控设备构成。导热介质与电池组相接触后通过介质的流动将电池系统内产生的热量散至外界环境中，导热介质主要有空气、液体与相变材料三大类。测控单元则是通过测量电池系统不同位置的实时温度来控制温控设备进行对应的热处理。常见的温控设备有风扇与泵机等。电池热管理系统的主要功能包括：①电池温度的准确测量和监控；②电池组温度过高时的有效散热和通风；③低温条件下的快速加热，使电池组能够正常工作；④有害气体产生时的有效通风；⑤保证电池组温度场的均匀分布。储能舱中电池排布紧密且舱内环境相对封闭，电池热量更容易集聚导致温升过高，通过空调、风道等强迫风冷散热方式可以降低温度，当箱内温度过低时，在空调制热模式以及舱体保温功能的作用下可以保证电池安全运行所需要的温度。

（2）电池管理系统

电池管理系统由各类传感器、执行器、固化有各种算法的控制器及信号线组成，实时监控、采集电池模组的状态参数，并对相关状态参数进行必要的计算、处理，根据特定控制策略对电池系统进行有效控制。其主要任务是确保电池系统的安全可靠，并且在出现异常情况时对电池系统采取适当的干预措施。实际运行中，通过采集电路实时采集电池组以及各个组成单元的端电压、工作电流、温度等信息，估算电池组荷电状态（State of Charge，SOC）、健康状态（State of Health，SOH）等，对储能电池进行实时监控、故障诊断、短路保护、漏电检测、显示报警，保障电池系统安全可靠运行，是整个储能系统的重要构成部分。电池管理系统还可以通过自身的通信接口、模拟/数字输入输出接口与外部其他设备（变流器、能量管理单元、消防等）进行信息交互，形成整个储能系统的联动，利用所有的系统组件，通过可靠的物理及逻辑连接，高效、可靠地完成整个储能系统的监控。

（3）储能变流器

储能变流器连接于电池系统与电网（负荷）之间，是实现电能双向变换的装置。在并网条件下，储能系统根据监控指令进行恒功率或恒流控制，对电池进行充电或放电；微网条件下，储能系统作为电源为微网中电压和频率提供支撑。储能变流器由双向变流器、控制单元、保护单元、监控单元等组成。双向变流器主要是由 IGBT、GTO、GTR、MOSFET 等开关器件组成的。双向变流器具有多种拓扑结构，按有无 DC/DC 环节可分为单级式和双级式两种。储能变流器采用双闭环控制和 SPWM（正弦脉宽调制）方法，控制单元通过通信接收后台控制指令，根据指令的符号及大小控制 DC/AC 变流器中开关器件的导通顺序和导通角，从而通过充放电实现对网侧负荷功率的跟踪、对储能系统充放电功率的控制、对离网运行方式下网侧电压的控制等。同时储能变流器可通过 CAN、RS485 接口或 RJ45 网口与电池管理系统通信，获取电池组状态信息，实现对电池的保护性充放电，确保电池运行安全。

（4）能量管理系统

能量管理系统是以电力系统应用软件技术和计算机技术为支撑的现代电力系统综合自动化系统，也是能量系统和信息系统的一体化或集成。能量管理系统与电池管理系统从级别上看，电池管理系统作用于最底层电池侧，管理每个电池的运行状态；而能量管理系统作用于整个储能和并网系统。能量管理系统负责收集全部电池管理系统数据、储能变流器数据及配电柜数据，向各个部分发出控制指令，控制整个储能系统的运行，合理安排储能变流器工作，是储能系统的大脑。能量管理系统的主要功能包括对储能系统进行数据采集和监控（包括额定功率、电站额定容量、电站储能变流器运行台数等），分析系统运行状态，挖掘或抽取有用的信息（包括储能系统 SOC、SOH、储能充放电效率等），执行控制策略（包括削峰填谷、计划跟踪、平滑功率、有功调频、无功调压、负载跟踪、电池保护策略等），并实现功率智能自动分配功能。

1.3 锂离子电池储能电站安全事故频发

当前锂离子电池储能技术已经在规模化电网储能系统中得到了广泛应用，但由于其发热特性和有机电解液的使用，存在一定的安全隐患。尤其是在滥用条件下，电池本体极易发生热失控引发着火和爆炸事故。近年来关于锂离子电池储能电站的火灾爆炸事故屡见报道。表 1-2 给出了近年来已公布的锂离子电池储能电站火灾事故统计信息。

表 1-2　近年来影响较大的锂离子电池储能电站火灾事故统计信息

国家/地区	容量/MWh	用途	事故类型	事故日期
澳大利亚/维多利亚州	3	需求管理	测试中	2021 年 7 月
美国/亚利桑那州	2	需求管理	运行维护中	2019 年 4 月
韩国/庆尚北道	8.6	调频	修理检查中	2018 年 5 月
韩国/京畿道	17.7	调频	修理检查中	2018 年 10 月
韩国/全罗北道	2.496	太阳能	充电后休止	2019 年 1 月
韩国/忠清南道	10	太阳能	运行维护中	2021 年 4 月

这些锂离子电池火灾和爆炸事故敲响了储能行业警钟，将电池安全性提升到了首要位置。然而，由于锂离子电池运行和使用工况复杂，其安全事故诱因难以完全避免，火灾一旦发生，扑灭难度极大。目前比较可行的方案是对锂离子电池安全状态进行实时监测，判断事故演化进程，在滥用或故障早期及时发出预警信号并切断反应进程，为事故处理争取宝贵时间。

1.4　锂离子电池储能电站安全事故分析

已经公布的储能电站相关事故调查中，将储能电站事故致因总结为以下四个方面：①电池系统缺陷；②应对电气故障的保护系统不周；③运营环境管理不足；④储能系统安全状态监测和预警系统不完善。其中，电池内部及成组问题、外部电气故障、电池保护装置（直流接触器爆炸）、水分/粉尘/盐水等造成的接触电阻增大及绝缘性能下降等问题将可能直接诱发电池热失控。而电池管理系统、储能变流器、能量管理系统之间信息共享不完备或不及时，储能变流器和电池之间的保护配置与协调不当、储能变流器故障修理后电池的异常、测量装置及管理系统之间发生冲突等系统管理问题，则可能使故障不能及时有效地得到管控而演化为事故。

已知的引发电池安全事故的诱因可概括为机械滥用、电滥用和热滥用。机械滥用主要指电池受到挤压和碰撞而导致电池内短路，而对于相对静态的规模化锂离子电池储能系统而言，电滥用和热滥用是事故发生的主要诱因。图 1-5 描述了锂离子电池储能电站安全事故诱因和演化。

可能诱发的安全因素包括电池本体、外部激源、运行环境和管理系统。由电池本体诱发安全事故的来源主要包括电池制造过程的瑕疵以及电池老化带来的储能系统安全性退化两方面。

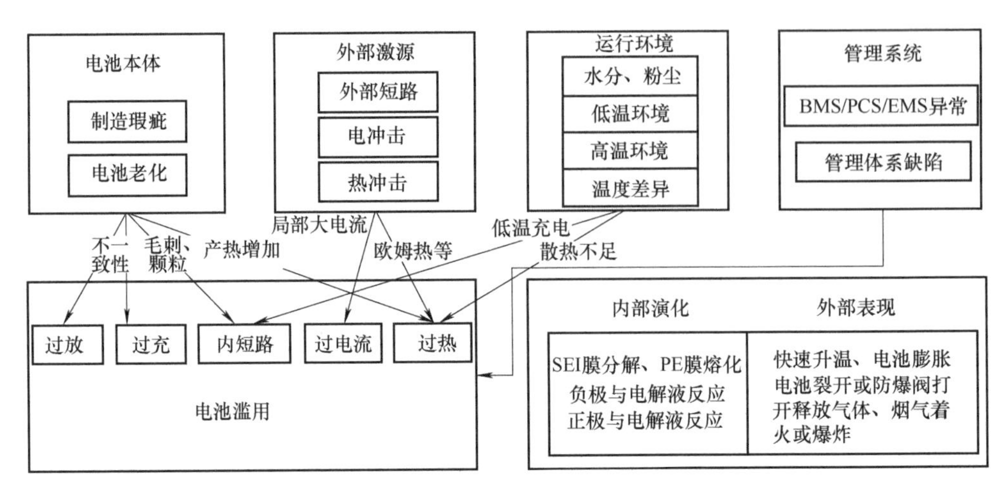

图 1-5　锂离子电池储能电站安全事故诱因和演化

外部激源包括绝缘失效造成的电流冲击及外部短路等问题，也包括除电池外部件高温产热造成的热冲击，以及某电池热失控后触发的热失控蔓延过程。一般而言，储能电站中电池通常处于静止状态，外部机械激源，如挤压、针刺等行为不构成储能电站安全性的主要矛盾。

另外，环境温度对锂离子电池安全运行至关重要。锂离子电池的最佳工作温度在20~40℃之间。低温环境会减小电池内化学反应速率、降低电解液内离子的扩散率和电导率、使固体电解质界面（Solid Electrolyte Interphase，SEI）膜处的阻抗增加、锂离子在固相电极内扩散速率减小、界面动力学变差等，同时石墨负极处极化作用显著增强。低温充电时石墨负极将发生析锂，这会使负极被金属锂沉积物包裹，锂枝晶生长甚至会刺破隔膜造成电池内短路。高温环境不利于电池散热，当电池内部生热量大于外部散热量时，其温度会逐渐上升至过热状态，过热电池会触发各种材料滥用反应，电池内部放热更大，从而触发热失控。

安全预警系统的不完善也是导致储能电站安全事故频发的关键原因。当前锂离子电池储能电站安全预警系统主要依靠烟雾探测器（见图1-6）以及电池管理系统等手段，效果有限。其中，烟雾探测器的作用是探测固体烟雾颗粒，当烟雾颗粒粒径满足一定大小且浓度达到一定阈值后，烟雾传感器便发出报警信号。大多数锂离子电池储能电站已经安装烟雾探测器，然而，这种探测方式适用于探测可燃物燃烧后产生的烟雾颗粒，属于火灾事后报警，无法达到早期安全预警的效果。

当前电池管理系统主要依靠测量模组表面温度、电压与SOC来避免电池发

图 1-6 磷酸铁锂储能舱顶部安装的烟雾探测器

生过充，设计经验来源于电动汽车（见图 1-7）。然而，与电动汽车不同的是，储能舱内单体电池数量非常大（甚至可以达到数万个），电池的不一致性会导致个别电池产生过充、过放，增加了管理和监测的难度。另一方面，SOC 精度估算得不足以及电池内外温度的较大差异也带来了监测可靠性低的问题。电池管理系统的监测误差及管控滞后甚至失效，是导致电池管理系统无法有效预警的直接原因。管理系统的可靠性、有效性一方面取决于监测数据是否准确，另一方面取决于管控系统的输入参数是否合理。然而随着电池本体因素演化，电池安全阈值参数都将发生变化，给电池管理系统的精准预测带来了挑战。

图 1-7 电池管理系统软件界面

1.5 锂离子电池储能电站安全防护现状

1.5.1 储能电站安全风险

（1）火灾风险

火灾风险是锂离子电池储能电站中存在的一类极端且有代表性的安全风险类型，具有破坏性强、经济损失严重、社会关注度高等特点。火灾风险主要包括设备火灾、电缆火灾和电池火灾。其中电池火灾发生概率较高，这是由于锂离子电池本身是化学能量载体，正常运行时受环境、使用条件等因素影响，使得电池具有相当程度的安全隐患。锂离子电池发生火灾的可能原因有：电池本体因机械、热和电滥用发生热失控导致电池材料着火燃烧；电池经渐变故障演化，内部材料发生不可逆分解，在正常充放电过程中着火等。由于储能电站中电池排列密集，数万个单体电池集中分布，电池运行时的热量可能无法有效疏散，因此可能引发电池过热造成热失控。其中，过充电也是锂离子电池储能电站常见的安全事故诱因，由于母线环流或者电池管理系统失效导致的电池过充，会引发电池产热、变形、释放烟气并最终演化为热失控导致火灾。因此，研究电池过充防护技术是保障储能电站安全稳定运行的重要方向。

（2）爆炸风险

相较于火灾事故，爆炸事故的危险程度更高、产生的负面影响也更大。这里所指的爆炸风险主要是气体爆炸风险。由于锂离子电池采用沸点低、易燃的有机电解液，且材料体系热值高，当储能电池发生过热或过充滥用时，易触发电池材料的放热副反应，并释放可燃性或易爆气体，如 H_2、CH_4 等，可燃气体扩散至空间有限的电池舱中遇明火将发生爆炸。国内外锂离子电池储能工程应用中均有爆炸事故发生，然而，目前关于储能电站爆炸事故的相关科学研究较少，爆炸机理和过程尚不清晰。因此，探究储能电站爆炸事故的成因，开展爆炸事故风险的管控与防护等研究具有重要意义。

（3）其他风险

其他安全风险还包括故障电流风险、化学风险、机械风险和环境风险等。接地故障电流/短路电流是在储能系统运行中导体与导体之间或导体与地（或设备外壳/中性线）之间发生非正常连接（即短路）时流过的电流，其值可远远大于额定电流，并取决于短路点距电源的电气距离。产生的后果包括电气器件失效，进一步可能造成电气火灾，更严重的是造成电池系统短路，酿成电池起火或爆炸。化学风险指电池事故释放的有害物质对人体或环境造成的危害。机械风险主要来源于由松动、爆炸或内爆而产生运动的部件给人员、设备本身和周围建筑带来的危害。

1.5.2 储能电站相关安全规范

当前国际上具有较大影响力的锂离子电池储能系统安全标准为 UL 1973 和 IEC 62619，标准中规定了安全方面包括外部短路、撞击、跌落、热滥用、过充和强制放电等测试标准。日本、澳大利亚、韩国等国家根据这两套标准参考引用或编制了其国内标准。我国也相继发布了多个储能系统相关标准规范，见表 1-3。

表 1-3 截至 2021 年 8 月我国发布的储能用锂离子电池相关标准

序号	标准号/计划号	标准名称	技术归口
1	GB 51048—2014	电化学储能电站设计规范	中国电力企业联合会
2	NB/T 42091—2016	电化学储能电站用锂离子电池技术规范	中国电力企业联合会
3	GB/T 36276—2018	电力储能用锂离子电池	中国电力企业联合会
4	GB/T 34131—2017	电化学储能电站用锂离子电池管理系统技术规范	中国电力企业联合会
5	GB/T 36558—2018	电力系统电化学储能系统通用技术条件	中国电力企业联合会
6	T/CIAPS 0004—2018	电力储能系统用二次锂离子单体电池和电池系统性能要求	中国化学与物理电源行业协会
7	T/CIAPS 0003—2018	电力储能系统用二次锂离子单体电池和电池系统安全要求	中国化学与物理电源行业协会
8	T/CEC 172—2018	电力储能用锂离子电池安全要求及试验方法	中国电力企业联合会
9	T/CPSS 1006—2019	锂离子电池模组测试系统技术规范	中国电源学会
10	T/CEC 171—2018	电力储能用锂离子电池循环寿命要求及快速检测试验方法	中国电力企业联合会
11	T/CEC 170—2018	电力储能用锂离子电池爆炸试验方法	中国电力企业联合会
12	T/CEC 169—2018	电力储能用锂离子电池内短路测试方法	中国电力企业联合会
13	T/CNESA 1004—2021	锂离子电池火灾危险性通用试验方法	中关村储能产业技术联盟

（续）

序号	标准号/计划号	标准名称	技术归口
14	T/CEC 373—2020	预制舱式磷酸铁锂电池储能电站消防技术规范	中国电力企业联合会
15	T/CEC 460—2021	电化学储能电站锂离子电池维护导则（2021年9月1日实施）	中国电力企业联合会
16	T/CEC 464—2021	预制舱式锂离子电池储能系统灭火系统技术要求（2021年9月1日实施）	中国电力企业联合会

关于热失控、爆炸及火灾安全要求方面，《电力储能用锂离子电池爆炸试验方法》规定了储能用锂离子电池热失控试验相关安全要求；《电力储能用锂离子电池内短路测试方法》规定了储能用锂离子电池内短路相关测试方法；《锂离子电池火灾危险性通用试验方法》规定了锂离子电池火灾危险性通用试验方法的术语、原理、试验条件、仪器设备、样品、试验步骤、试验数据处理和试验报告要求，适用于容量不超过500Ah的锂离子电池及模组，可用于锂离子电池着火可能性评价以及火灾破坏力评价。

这些标准规范积极引导和推动了储能行业的发展，但2018年8月，江苏某储能系统发生火灾等事故表明锂离子电池储能相关的标准规范还远不完善。2020年6月30日，中国电力企业联合会发布了中国电力企业联合会标准《预制舱式磷酸铁锂电池储能电站消防技术规范》。该标准由国网江苏省电力有限公司等单位牵头组织编制，南京消防器材股份有限公司、中国科学技术大学、郑州大学等单位参与编制。该标准规定了预制舱式磷酸铁锂电池储能电站消防工程设计、建设、运行维护技术要求，适用于新建、扩建、改建户外无人值班的系统容量10MWh及以上的电网侧预制舱式磷酸铁锂电池储能电站。该标准中指明了储能电站火灾报警系统应配备可燃气体探测器，并要求能探测 H_2 和CO等可燃气体浓度值作为报警的有效特征信号，对现行的主流锂离子电池储能电站安全预警和防护具有重要的指导意义。

1.6 本章小结

本章阐明了近年来快速发展的锂离子电池在电化学储能中的前景与优势；介绍了主流的预制舱式锂离子电池储能电站的基本构成单元；阐述了锂离子电池储能电站存在的安全隐患，其中火灾、爆炸等安全隐患对储能电站的危害巨大；梳理分析了国内外一系列锂离子电池储能电站安全事故，整理出可能引发电池滥用事故的安全事故诱因，指明过充等滥用是锂离子电池储能电站重点关注的因素；总结了现行的电化学储能及锂离子电池储能相关安全规范，为完善储能电站安全防护技术理清脉络。

总的来说，安全性是实现电池储能规模化推广应用的先决条件。现有的储能电站防护方法和技术并不能完全保证电池的安全运行，因此需要更加有效和及时的早期预警系统或者装置相互配合，从而全面保障储能电站的安全可靠运行。

第 2 章

锂离子电池热失控过程

锂离子电池在故障或滥用工况下，其内部各组分变得不稳定，电池存储的化学能有可能在短时间内迅速释放并产生大量热量，即发生热失控，严重时会造成火灾甚至爆炸事故。本章将从锂离子电池工作原理出发，介绍电池在正常工况和滥用工况下的产热机理和热模型；然后介绍电池热失控机理、产气机理与热失控蔓延过程；最后介绍电池热失控过程中的关键特征参数以及相关研究设备。

2.1 锂离子电池工作原理

2.1.1 锂离子电池充放电原理

锂离子电池是一种广泛应用的二次电池，它的主要组成部分有正极、负极、正负极之间的隔膜以及含有锂盐的有机电解液。锂离子电池可以根据正极材料的不同分为不同的种类，包括钴酸锂电池、磷酸铁锂电池、三元锂电池等，其中在规模化储能领域应用最广泛的是磷酸铁锂（$LiFePO_4$）电池，该电池体系由美国得克萨斯大学奥斯汀分校的 John B. Goodenough 教授于 1996 年提出。其充放电原理如图 2-1 所示，正极为橄榄石型结构的磷酸铁锂（涂敷在铝箔集流体上）、负极为石墨（涂敷在铜箔集流体上）、正负极之间为用以传导锂离子的有机电解液，整体由金属或者塑料外壳封装而成。

充放电过程中磷酸铁锂电池的电极反应见式（2-1）~式（2-3）。

正极充放电反应方程式：

$$LiFePO_4 \underset{\text{放电}}{\overset{\text{充电}}{\rightleftharpoons}} Li_{1-x}FePO_4 + xLi^+ + xe^- \tag{2-1}$$

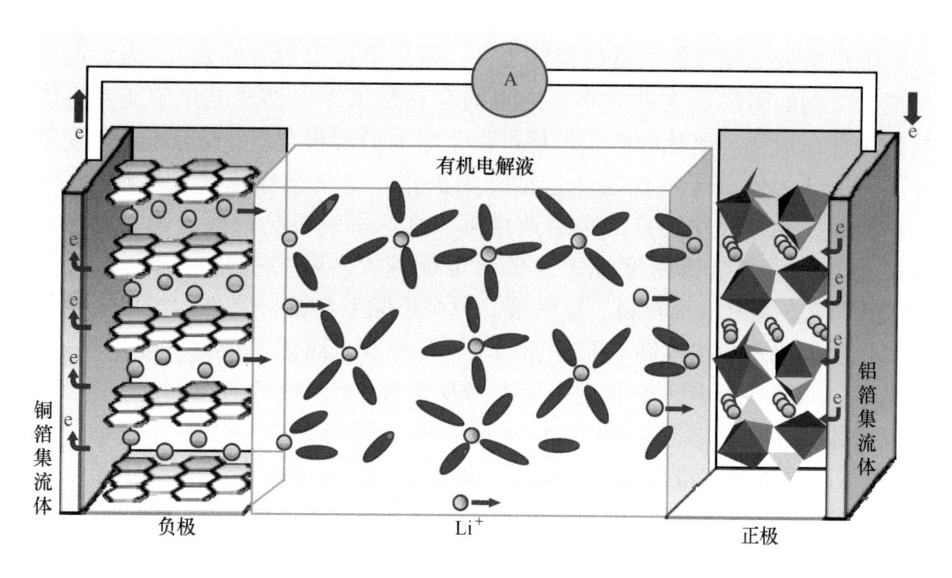

图 2-1　磷酸铁锂电池工作原理

负极充放电反应方程式：

$$xLi^+ + xe^- + 6C \underset{放电}{\overset{充电}{\rightleftharpoons}} Li_xC_6 \tag{2-2}$$

电池总反应方程式：

$$LiFePO_4 + 6C \underset{放电}{\overset{充电}{\rightleftharpoons}} Li_{1-x}FePO_4 + Li_xC_6 \tag{2-3}$$

磷酸铁锂电池在充电过程中，Li^+从正极中脱出，并释放一个电子进入外电路，与此同时，Li^+经过电解液和隔膜嵌入到石墨负极中，外电路补偿一个电子到负极。反之，电池的放电过程可以自发进行，因为电池中的Li^+总是存在由负极向正极迁移的趋势，因此将电池接在用电设备中，电池外部形成通路，负极释放出电子经过外电路到正极，形成放电电流。由锂离子电池的工作原理可发现，无论是充电还是放电，电池总是满足电荷守恒。Li^+在正负极之间嵌入和脱出，就像是摇椅一样来回摆动，因此人们通常称这种电池为“摇椅式电池”。

2.1.2　电池的相关评价指标

锂离子电池是一个复杂的电化学系统，其内部状态难以直接测量，需要多指标对其进行综合评价。下面介绍 12 种常用的电池相关评价指标，依次为内阻、电池电压、电池容量、充放电倍率、小时率、容量保持率、比容量、库伦效率、电池能量、能量密度、荷电状态、循环寿命。这些评价指标对于判断电池的运行状态、定量电池参数、对比电池优劣等方面具有重要的意义。

(1) 内阻 (Internal Resistance)

内阻是衡量电池性能的基础指标之一，常用单位为Ω(欧姆)，表示电流经过电池所受到的阻碍程度的大小。内阻的存在是由于电池从电化学能到电能的能量转换存在损耗。电池的能量损耗是由于电池内部极化 (polarization) 现象的存在，一般认为锂离子电池极化包括欧姆极化、电化学极化（或称活化极化）和浓差极化，几类极化各自的响应速度不一样。影响极化程度的因素很多，但一般情况下充放电电流密度越大，极化也就越大。欧姆极化可以与欧姆电阻 (R_S) 相对应，其由电极材料、电解液、隔膜电阻及各部分零件的接触电阻等组成。电化学极化一般由电荷转移阻抗 (R_{CT}) 表示。而浓差极化一般用 Warburg 阻抗表示。如图 2-2a 所示，由这三者及双层电容 C_{DL}组成的 Warburg 电路模型是最典型的锂离子电池模型。图 2-2b 所示为该电路的奈奎斯特图 (Nyquist Diagram)，可以通过对测量结果进行拟合，得出 R_S 及 R_{CT}的值。由于是通过电化学阻抗谱这种施加交流信号求得的，因此这两个值反映电池的交流内阻。

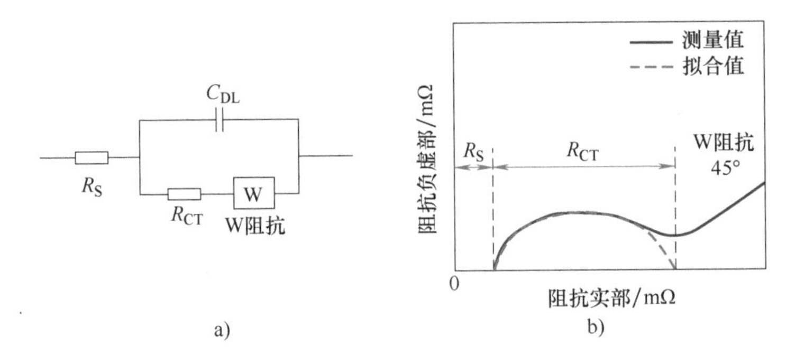

图 2-2 锂离子电池模型-Warburg 电路模型

a) Warburg 电路模型 b) 典型的阻抗结果分析——奈奎斯特图

交流内阻 (ACR) 和直流内阻 (DCR) 是根据内阻测试方法的不同而区分的。直流内阻为电池工作时的等效内阻，包含极化内阻等一系列的阻抗。

企业里对于电池内阻的测试往往就是直流内阻。国际电工委员会 (IEC) 对电池直流内阻的测试做出了规定，计算公式如下：

$$R_{dc}=\frac{U_1-U_2}{I_2-I_1} \tag{2-4}$$

其中，电池满充电后，以 0.2C 放电 10s，测试电压为 U_1，电流为 I_1。然后以 1C 放电 1s，此时电压为 U_2，电流为 I_2。表 2-1 为一组电池的交流电阻和直流电阻的测试数据。从数据上看，电池的交流内阻和直流内阻相关，基本符合线性关系。

表2-1　一组电池的交流电阻和直流电阻测试数据对比

电池编号	1	2	3	4	5	6	7	8
交流内阻/mΩ	37.1	35.8	37.3	35.7	38.9	41.2	44.4	41.6
直流内阻/mΩ	58.6	57.8	59.4	57.0	59.4	62.5	64.8	61.7

电池的交流内阻与欧姆电阻相近，但一般直流内阻更大，因为直流内阻中包含的电阻更多，所以总的来说，直流内阻的测定有很重要的意义。

（2）电池电压（Battery Voltage）

电池电压也是电池的基础指标之一，常用单位为V（伏特）。电池电压一般指电池的工作电压，也称放电电压或者标称电压。例如，目前常用的钴酸锂18650型圆柱电池的标称电压为3.7V，意味着其放电电压平台在3.7V左右，随着放电的深入，电池的电压会逐渐下降，当低于截止电压（2.75V）时，不能再进行放电，否则会破坏电极结构，使电池产生不可逆的损伤。不同的正极材料的锂离子电池的标称电压有所不同，这与正负极材料的标准电极电势有关。三元锂的标称电压为3.5~3.6V，锰酸锂的标称电压为3.8V，磷酸铁锂的标称电压为3.2V。一般而言，更高的标称电压在相同时间和电流下能够提供更多的电量。

电池在开路状态下，电池的外部电路不存在电流，此时电池正、负极之间的电势差就是开路电压。电池的开路电压一般会高于放电电压，当电池开始放电时，由于内阻的存在，电压会有一定下降。相反地，当电池充电时，其充电电压会高于充电前的开路电压。

电池通过串联可以提升电池电压，而通过并联可以提升电池的容量。

（3）电池容量（Battery Capacity）

电池容量，又称电荷量，是衡量电池性能的重要性能指标之一。它表示在一定条件下（放电速率、温度、截止电压等）电池放出的电荷量。讨论电池容量必须考虑一定的限制条件，否则是没有意义的，因此电池容量又可进一步分为实际容量、理论容量及额定容量。电池容量常用的单位为mAh（毫安时）及Ah（安时），其和电荷量常用单位库伦（C）之间存在换算关系，如式（2-5）所示。

$$1\text{Ah}=3600\text{C} \tag{2-5}$$

电池容量并不考虑电池的电压，如果考虑电池电压，就是电池能量的概念了。一般电池的额定电压和电池容量都会在电池上标出，如12V/24Ah、12V/38Ah。而由于实际放电时，电池电压总是在不断变化，所以电池容量相比于电池能量更能直观地反映出电池在某一放电电流下的放电时间。例如，12V/100Ah的电池以5A（0.05C）的电流恒定放电直至终止电压10.5V，可连续放电20h。

当然电流放电时间与放电电流不是线性关系，如100Ah的电池以100A（1C）放电，由于电流太大，电压极化太大，可能持续不了1h就抵达截止电压。而对于1A（0.01C）放电，由于电流太小，放电时间可能会超出100h，但也不建议这种用法，可能会造成电极材料的过放电。

（4）充放电倍率（Charge and Discharge Rate）

充放电倍率反映能量存储和释放的速率。细分包括充电倍率（Charge Rate）和放电倍率（Discharge Rate）。在数值上，充（放）电倍率等于充（放）电流除以额定容量，单位通常以字母C表示。具体地，1C倍率下的电流为电池在1h时间内完全放电（截止条件可为容量或电压等）的电流值。例如，电池额定容量为10Ah，则1C倍率下，放电电流为10A；0.5C倍率下，放电电流为5A；2C倍率下放电电流为20A。

（5）小时率（Hour Rate）

小时率是以放电时间表示的放电速率，表示电池按照某种强度的电流放至规定终止电压所经历的小时数。例如，某额定容量为12Ah电池是20小时率，代表电池以12Ah/20h=0.6A的电流放电时应能够连续达到20h，可以用C_{20}=12Ah表示。

（6）容量保持率（Capacity Retention）

容量保持率用于表示长期循环后电池容量的衰减情况，容量保持率又可分为平均容量保持率（即每圈的容量保持率）和长期容量保持率（即循环多少圈后的容量保持率）。长期容量保持率更常用，所以无特殊说明时，容量保持率就是指长期容量保持率，第N圈后的容量保持率为第N圈的放电容量除以初始容量（第一次测试的容量、标称容量或者标准容量）。例如，某电池在0.5C下经过1000次循环后，容量保持率为80.3%，就意味着1000圈后的容量为初始容量的80.3%。

而平均容量保持率可以通过式（2-6）来计算。

$$\text{平均容量保持率}=\frac{(N-2)\times\text{初始容量}+\text{第}N\text{圈容量}}{(N-1)\times\text{初始容量}}\times 100\% \qquad (2\text{-}6)$$

式中，$N\geqslant 2$。但是当N很小时，式（2-6）计算结果就会变得不准确。

因此N很小时测试条件会变得严格，例如，电池先标准充放电3次得到电池的标称容量C_1，然后进行标准充电，充电完成后在一定温湿度条件下存储28天，之后按照标准放电倍率进行放电，得到放电容量C_2，则容量保持率为C_2/C_1。

当平均容量保持率为99.98%时，意味着第1000圈的容量保持率需要达到80.19%。

实际上，长期容量保持率可以通过每圈的库伦效率相乘求得。而平均容量保持率与平均库伦效率具有联系，每圈的库伦效率变化越小，式（2-6）得到的平均容量保持率的值越接近平均库伦效率值。

（7）比容量（Specific Capacity）

比容量是评价电极材料性能的重要指标之一。高比容量是电池所追求的。无特殊说明的情况下，比容量一般指质量比容量（常用单位：mAh/g），即单位质量的电极活性物质所能发挥的容量值。进一步地，电极材料具有理论比容量和实际比容量。理论比容量是理论值，假设全部锂离子都能参与反应所对应的比容量，一般对于组分确定的电极材料可以准确计算出其理论比容量。如磷酸铁锂的理论比容量为 170mAh/g，石墨的理论比容量为 372mAh/g。而实际比容量是实验值，是实际发挥出的容量除以电极活性物质质量，实际比容量要低于理论比容量，如磷酸铁锂正极目前的实际比容量约为 140mAh/g。

理论比容量的详细计算方法如下：

首先已知法拉第常数 $F=96500\text{C/mol}$，可由式（2-5）计算出 1mol 锂离子所对应的电荷量：

$$Q=26800\text{mAh/mol} \tag{2-7}$$

将式（2-7）的单位 mAh/mol 换为 mAh/g：

$$Q=n\frac{26800}{M}(\text{mAh/g}) \tag{2-8}$$

式中，M 为所求材料的摩尔质量；n 为 1mol 所求材料里可反应的锂的摩尔量。

另外，质量比容量中还包括放电比容量及充电比容量，在一个电池循环中，放电容量（或充电容量）除以电极活性质量得到放电比容量（或充电比容量），放电比容量-循环次数曲线常用于电池长期放电性能的表征。

除了质量比容量外，比容量还包括面积比容量和体积比容量。面积比容量（常用单位：mAh/cm^2）常用于分辨电池材料的负载量是否达标，指单位面积的电极所能发挥的容量值；而体积比容量（常用单位：mAh/cm^3）不常用于电池评价体系中。

（8）库伦效率（Coulombic Efficiency）

库伦效率是电池可逆性的量化指标，又称充电效率、充放电效率、放充电效率，是在相同充放电条件下的一个充放电（放充电）循环中，放电（比）容量与充电（比）容量的比值乘以 100%，或者充电（比）容量与放电（比）容量的比值乘以 100%。至于放电（比）容量与充电（比）容量谁做除数，谁做被除数，要视电池的体系而定。例如，对于磷酸铁锂电池，需要先充电将磷酸铁锂中的锂离子脱出，即先充后放，故其库伦效率为放电（比）容量除以充电（比）容量，再乘以 100%；而对于锂硫电池，需要先放电让锂离子进入硫正极，即先放后充，故其库伦效率刚好相反。

库伦效率中首次库伦效率和平均库伦效率对于评价电池性能具有重要意义。

首次库伦效率（又称为首效，首次效率）反映电池第一次循环时锂离子脱嵌效率，并直接影响电池化成及后几圈的容量表达。对于含锂正极，首次库伦效率等于正极首次效率和负极首次效率的最小值。首次库伦效率低，意味着正极或者负极材料结构方面存在缺陷或者存在严重副反应，将降低电池放电容量，缩短电池寿命。

平均库伦效率反映电池长期的循环稳定性，其计算公式一般如下：

$$平均库伦效率=\frac{第1圈库伦效率+第2圈库伦效率+\cdots+第N圈库伦效率}{N} \tag{2-9}$$

在库伦效率波动不大的前提下，电池的平均库伦效率需要达到99.98%甚至99.99%才满足商用要求。假如一个磷酸铁锂电池开始使用的放电容量为10Ah，如果每圈的库伦效率均为99.98%（99.99%），那么100圈后其放电容量为9.80Ah（9.90Ah），1000圈后其放电容量仅为8.19Ah（9.05Ah）。

（9）电池能量（Battery Energy）

电池能量是指电池存储的能量，又称电量、电能，常用单位为kWh（度）及Wh。电池能量容易与电池容量的概念混淆，两者的联系如式（2-10）所示。

$$3\text{Wh}=1\text{Ah}\times 3\text{V} \tag{2-10}$$

可以理解为能量3Wh的电池相当于容量1Ah的电池一直以3V电压完全放电。

实际上，在恒流放电时电池电压尽管有电压平台，但还是呈现下降的趋势，故实际的电池能量E计算公式应如（2-11）所示。

$$E=I\cdot\int vt\mathrm{d}t \tag{2-11}$$

式中，$v=v(t)$ 为t时刻的瞬时放电电压。

为了方便计算，一般电池上标出的能量等于标称容量与标称电压的乘积。对于具有相同电压的产品，可以使用电池容量（能量）进行比较。而对于电压不同或差别较大的产品，需要使用电池能量进行比较。

另外，电池作为储能元件，不考虑损耗的情况下，只有能量的转换，在一个充放电周期内，有功功率为0，所以一般不使用电池的功率（单位：kW或W）概念。

（10）能量密度（Energy Density）

能量密度一般用于评价电池单体或电池模组的整体性能，方便不同质量、体积及类型的电池之间相互比较。能量密度也称为比能量（Specific Energy），表示单位质量或体积的电池可释放的能量。

如无特殊说明，能量密度一般就是指质量能量密度，即质量比能量，是动力/储能电池领域最关注的指标之一，常用单位为Wh/kg。根据研究对象的不同，能量密度可进一步细分，例如电芯（单体电池）级能量密度和电池模组（电池包）级能量密度。电芯级能量密度要高于电池模组级能量密度。根据动力电池的发展规划，2020 年，电池能量密度达到 300Wh/kg；2025 年，电池能量密度达到 400Wh/kg；2030 年，电池能量密度达到 500Wh/kg。这里的能量密度指的就是电芯级能量密度。而 2021 年某款汽车将搭载三元电池的系统能量密度达到 206Wh/kg，就是指电池模组级能量密度。

体积能量密度，即体积比能量，常用单位为 Wh/L，对于动力/储能电池而言也是一个重要指标，但提及较少。因为对于有限空间的储能（如储能舱、汽车底盘），体积能量密度决定了能够安装的电池能量上限。2020 年比亚迪推出磷酸铁锂刀片电池后，将体积能量密度提升 50%，已经达到了模组级别 230Wh/L。

另外，越高的能量密度也意味着越大的风险，一旦发生事故，其后果往往也越严重。

（11）荷电状态（State of Charge）

荷电状态（SOC）是电池中所存储能量的相对度量，定义为特定时间点可从电芯提取的容量（电荷量）与总容量（总电荷量）的百分比。当电池完全充满电时，其为 100% SOC，而当电池的电压达到截止条件时（电量完全消耗或达到截止电压等），其为 0% SOC。

如果没有记录电池之前的放电容量，可以通过电池电压来估算 SOC，但由于电池具有一定的差异性，这种通过电压来估算电池 SOC 的方法还存在一定误差。

（12）循环寿命（Cycle Life）

循环寿命代表电池的容量下降至某一水平前，可以循环充电和放电的次数。一般来说，如果电池的容量只剩下额定容量的 60%~80%，就代表锂电池的循环寿命已终结，但实际须根据充放电情况而定。影响电池循环寿命的因素主要包括充放电倍率、充放电截止电压及电池所处环境温度等。磷酸铁锂电池目前的循环寿命能达到 4000~6000 次，属于锂离子电池中的高水平。

对于储能电池，根据循环寿命可以大致计算出电池的服役时长。例如，某磷酸铁锂电池模组在 0.2C 下的循环寿命为 4000 圈，假如按照每天充放电一次，该储能电池可以运行约 11 年。当然，电池寿命还受到电解液泄漏、界面副反应、电极脱落及失效等影响，实际的服役时长应会小于计算值。

2.2 锂离子电池产热机理

锂离子电池充放电过程中难以避免地产生热量，从而对电池的使用造成影响。探明锂离子电池的产热机理对延长电池的使用寿命和提高电池的安全性极其重要，因为电池的电极、电解液等材料在高温下会发生严重副反应，轻则损害电池健康状况，缩短电池寿命，重则热失控引发电池火灾及爆炸等事故，造成巨大损失。

2.2.1 正常工况下的产热机理

锂离子电池的产热包括多种方式，例如电池内部的化学反应产生的热量，锂离子在正负极和电解液中克服迁移阻力产生的热量。通常，我们把锂离子电池所产出的热量分为四部分：反应热 Q_r、欧姆热 Q_Ω、极化热 Q_j 和副反应热。由于正常工况下几乎不发生副反应，一般可忽略副反应热。在正常情况下锂离子电池发出的总热量 Q_{tot}可表示为

$$Q_{tot}=Q_r+Q_\Omega+Q_j \tag{2-12}$$

下面分别对这三种热做进一步介绍。

（1）反应热 Q_r

任何化学反应都会伴随着热量的吸收或放出，锂离子电池在充放电时所发生的电化学反应也不例外。充电过程中，正极材料失去锂离子，负极材料得到锂离子，此时为吸热反应（$Q_r<0$）；放电的时候所发生的电化学反应与充电相反，为放热反应（$Q_r>0$），且放出的热量与吸收的热量在数值上相等。总反应热的计算公式如下：

$$Q_r=\frac{nmQI}{MF} \tag{2-13}$$

式中，n 为单体电池的数量；m 为正负极材料质量（g）；Q 为正负极发生电化学反应所发出的热量之和（J）；I 为充放电电流的大小（A）；M 为正负极摩尔质量（g/mol）；F 为法拉第常数（F=96484.5C/mol）。

（2）欧姆热 Q_Ω

锂离子电池内部都会存在一定的欧姆内阻，主要有以下几部分：电解液与电极表面的接触电阻 R_{in}、正负极集流体电阻 R_c、电解液内阻 R_{el}、隔膜内阻 R_o 以及其他各种的接触电阻等。当有电流流过时，会在这些内阻上产生热量，即欧姆热（在任何情况下 $Q_\Omega>0$）。计算公式如下：

$$Q_\Omega=I^2R_S \tag{2-14}$$

式中，I 为充放电的电流大小（A）；R_S为总的欧姆内阻（Ω）。

（3）极化热 Q_j

当锂离子电池不工作时，正负电极处于平衡状态，两者之间的电势差即为开路电压；当电池在工作时会有一定的电流流过，正负电极平衡状态被打破，称此时电压偏离平衡状态时开路电压的现象为极化，主要包括欧姆极化、电化

学极化和浓差极化。其中欧姆极化是由电池内阻引起的，所产生的热量即为式（2-14）中所述的欧姆热，一般将它单独分析计算；电化学极化主要是由正、负极电化学反应速度小于电子的运动速度所引起的，浓差极化是由锂离子迁移速度小于正、负极电化学反应速度引起的，它们所产生的热量称为极化热（$Q_j>0$）。极化热与电流、温度等因素有关，其表达式为

$$Q_j = I^2 R_j \tag{2-15}$$

式中，I 为电流大小（A）；R_j 为等效的极化内阻（Ω）。一般电池的极化内阻不能直接获取，且会随放电深度的改变而变化。一般用 Bernardi 生热模型计算其产生的热量。

2.2.2　滥用工况下的产热机理

锂离子电池热失控一般都是在滥用工况下出现，常见的滥用工况分为三类：机械滥用、电滥用和热滥用。滥用会导致电池内部不可逆副反应加剧，加快容量衰减进程，造成电池内短路，缩短电池寿命，甚至引起着火、爆炸等安全事故。

机械滥用的主要特点是在外力作用下电芯、模组发生相对位移。针对电芯（单体）的主要形式包括碰撞、挤压和穿刺。而在模组（电池包）级别，还需要考虑振动问题。机械滥用中，最凶险的当属穿刺，导体插入电池本体，造成正负极直接短路。相比碰撞、挤压等只是概率性地发生内短路，穿刺过程热量的生成更加剧烈，引发热失控的概率更高。

电滥用一般包括过充电、过放电或外短路几种形式，其中最容易发展成热失控的要数过充电。过充电由于电池饱含能量，是电滥用中危害最高的一种。热量和气体的产生是过充电过程中的两个共同特征。发热来自欧姆热和副反应。首先，由于过量的锂嵌入，锂枝晶在阳极表面生长，锂枝晶开始生长的时点由阴极和阳极的化学计量比决定。其次，锂的过度脱嵌导致正极结构因发热和氧释放而崩溃，氧气的释放加速了电解液的分解，产生大量气体。由于内部压力的增加，安全阀打开，电池开始排气。电芯中的活性物质与空气接触以后，发生剧烈反应，放出大量的热。

热滥用很少独立存在，往往是从机械滥用和电滥用发展而来，并且是最终直接触发热失控的一环。局部过热可能是发生在电池组中典型的热滥用情况。除了由于机械滥用、电滥用导致的过热之外，已经证实，过热也可能由连接接触松动引起。热滥用也是当前被模拟最多的情形，利用设备有控制地加热电池，以观察其在受热过程中的反应。

在滥用工况下锂离子电池不仅释放反应热、欧姆热和极化热，还包括内部短路释放的热量和副反应释放的热量。其中内部短路和副反应释放的热量远远

大于正常工况下的发热量，这会导致电池温度迅速上升，容易引发热失控。主要副反应归为以下几种：

（1）SEI 膜分解

SEI 膜是充放电过程中负极与电解液发生反应生成的一层致密膜状产物，有了这层膜的存在，负极和电解液将被隔离，避免了副反应的进一步发生，起到保护负极的作用。SEI 膜的主要成分是由 Li_2CO_3 和（CH_2OCO_2Li）$_2$ 构成，其中（CH_2OCO_2Li）$_2$ 是亚稳态物质，当温度升高时（90～120℃）会发生分解反应生成稳态的 Li_2CO_3，并释放出热量。

SEI 膜分解反应的产热公式为

$$Q_{sei}=H_{sei}W_CR_{sei} \tag{2-16}$$

$$R_{sei}(T,C_{sei})=A_{sei}\exp\left(-\frac{E_{a,sei}}{RT}\right)C_{sei}^{m_{sei}} \tag{2-17}$$

$$\frac{dC_{sei}}{dt}=-R_{sei}E_{a,sei} \tag{2-18}$$

式中，Q_{sei}是 SEI 膜分解反应时单位体积产热量（W/m^3）；H_{sei}是每千克物质发生反应产生的放热量（J/kg）；W_C是单位体积含碳量（kg/m^3）；R_{sei}是反应速率（s^{-1}）；A_{sei}是指前因子（s^{-1}）；$E_{a,sei}$是反应活化能（J/mol）；R 是气体反应常数，8.314J/(mol·K)；m_{sei}是反应级数；C_{sei}是不稳定锂所占比例。

（2）负极与电解液反应

随着 SEI 膜的不断分解，电池内部的热量无法及时散出，温度将会持续升高，使得电池各组分材料的化学性质更加活泼。当 SEI 膜分解到无法隔离负极与电解液时，电解液便与嵌锂负极发生化学反应，生成烃类气体、CO 等，并释放大量热量。研究发现，电池的温度、电极的表面积、负极的嵌锂程度以及电解液的组成成分都会影响到负极与电解液反应的剧烈程度。随着反应的进行，电池内部的气体会越来越多，但其生成的稳态成分也会堆积在负极表面，这在一定程度上降低了负极材料的活性。

负极与电解液反应的产热公式如下：

$$Q_{ne}=H_{ne}W_CR_{ne} \tag{2-19}$$

$$R_{ne}(T,C_{ne},t_{sei})=A_{ne}\exp\left(-\frac{E_{a,ne}}{RT}\right)C_{ne}^{m_{ne}}\exp\left(-\frac{t_{sei}}{t_{sei,ref}}\right) \tag{2-20}$$

$$\frac{dt_{sei}}{dt}=R_{ne} \tag{2-21}$$

$$\frac{dC_{ne}}{dt}=-R_{ne} \tag{2-22}$$

式中，Q_{ne}是负极材料与电解液发生化学反应时的单位体积产热量（W/m^3）；H_{ne}是每千克物质发生反应产生的放热量（J/kg）；W_C是单位体积含碳量（kg/m^3）；R_{ne}是反应速率（s^{-1}）；A_{ne}是指前因子（s^{-1}）；$E_{a,ne}$是反应活化能（J/mol）；R 是气体反应常数，8.314J/(mol·K)；m_{ne}是反应级数；C_{ne}是不稳定锂所占比例；t_{sei}是 SEI 膜厚度与活性物质特征大小的比值；$t_{sei,ref}$是 SEI 膜厚度与活性物质特征大小的参考比值。

（3）正极与电解液反应

电池在过充时，过量的锂离子从正极脱出，导致正极的活性增高，热稳定性变差。正极的氧元素脱出变成氧气，会与电解液发生副反应。近年来，相关研究表明电解液与正极也发生界面反应。目前市面上主流的正极材料有钴酸锂（$LiCoO_2$）、锰酸锂（$LiMn_2O_4$）、三元材料（$LiNi_xCo_yMn_zO_2$）和磷酸铁锂（$LiFePO_4$）等。钴酸锂和锰酸锂的热稳定性较差，它们与电解液开始反应的温度较低，并且产热较大；三元材料与电解液开始反应的温度较高，但产出的热量在短时间内迅速释放，对电池的热管理是一个挑战；而磷酸铁锂与电解液共存体系的热稳定性相对最好。研究发现，正极的含锂量、正极温度、不同的电解液体系均能影响正极与电解液反应的剧烈程度。

正极与电解液反应的产热公式为

$$Q_{pe}=H_{pe}W_pR_{pe} \tag{2-23}$$

$$R_{pe}(T,C_{pe})=A_{pe}b^{m_{pe1}}(1-b)^{m_{pe2}}\exp\left(-\frac{E_{a,pe}}{RT}\right) \tag{2-24}$$

$$\frac{db}{dt}=R_{pe} \tag{2-25}$$

式中，Q_{pe}是正极材料与电解液发生化学反应时的单位体积产热量（W/m^3）；H_{pe}是每千克物质发生反应产生的放热量（J/kg）；W_p是单位体积活性物质含量（kg/m^3）；R_{pe}是反应速率（s^{-1}）；A_{pe}是指前因子（s^{-1}）；$E_{a,pe}$是反应活化能（J/mol）；R 是气体反应常数，8.314J/(mol·K)；m_{pe1}和 m_{pe2}是反应级数；C_{pe}是不稳定锂所占比例；b 是已反应的正极材料与全部正极材料之比。

（4）隔膜熔解

锂离子电池所用的隔膜多为聚烯烃材料［聚乙烯（PE）、聚丙烯（PP）或多层复合膜］。隔膜的作用是隔离正负极材料并允许锂离子自由穿梭，因此锂离子电池的安全性与隔膜息息相关。其中，动力电池和储能电池采用多层复合隔膜，主要是由于 PE 膜闭孔温度低，熔点为 135℃，而 PP 膜力学性能好，且熔点较高，为 165℃。当温度升高后，PE 膜先闭孔，阻止了锂离子的通过，而 PP 膜还未收缩，防止正负极短接，从而使得复合隔膜具有闭孔温度低、熔点温度高的优点。尽管如此，当温度继续升高时，复合隔膜也会收缩熔解，导致电池正负极大面积短路。

（5）电解液分解

锂离子电池所用电解液一般包含碳酸酯类物质（如碳酸乙烯酯、碳酸丙烯酯、碳酸甲乙酯），其组分具有易燃的特点。当电池内部温度升高到一定大小时，电解液不仅参与到与嵌锂负极、锂枝晶、正极等大部分副反应中，在200℃以上自身还会发生分解反应。电解液的分解是一个复杂的过程，其中包括锂盐的分解、有机溶剂的氧化分解、有机溶剂与锂盐分解的产物发生反应等，主要生成大量 CO、CO_2、H_2 和烃类气体。

电解液分解反应的产热公式为

$$Q_{ele} = H_e W_e R_e \tag{2-26}$$

$$R_e(T, C_e) = A_e \exp\left(-\frac{E_{a,e}}{RT}\right) C_e^{m_e} \tag{2-27}$$

$$\frac{dC_e}{dt} = -R_e \tag{2-28}$$

式中，Q_{ele}是电解液分解时的单位体积产热量（W/m^3）；H_e是每千克物质发生反应产生的放热量（J/kg）；W_e是单位体积电解液含量（kg/m^3）；R_e是反应速率（s^{-1}）；A_e是指前因子（s^{-1}）；$E_{a,e}$是反应活化能（J/mol）；R 是气体反应常数，8.314J/(mol·K)；m_e是反应级数；C_e为剩余电解液与总电解液的比值。

综上所述，电池副反应总生热率 $Q_s(t)$ 可表示为

$$Q_s(t) = Q_{sei}(t) + Q_{ne}(t) + Q_{pe}(t) + Q_{ele}(t) \tag{2-29}$$

式中，$Q_{sei}(t)$ 是SEI膜分解的反应热；$Q_{ne}(t)$ 是负极与电解液反应热；$Q_{pe}(t)$ 是正极与电解液反应热；$Q_{ele}(t)$ 是电解液副反应热；t 是时间。

2.3 锂离子电池热失控机理

不断发生的储能电站事故既造成了巨大的经济损失，也制约着锂离子电池在储能领域的发展。这些事故的发生都与锂离子电池的热失控密切相关，下面将对锂离子电池热失控的相关内容展开论述。

2.3.1 锂离子电池热失控过程

锂离子电池的电解液大多使用闪点和沸点都很低的碳酸酯类有机溶剂，易燃而且燃烧剧烈。锂离子电池在循环过程中产生的锂枝晶及黏结剂的晶化会导致电池内短路。而且锂离子电池是目前能量密度较高的电化学储能载体。这些因素使锂离子电池发生热失控后的危险性增大，因此研究锂离子电池的热失控过程是必要的。

（1）锂离子电池热失控原理

基于目前对锂离子电池安全性的研究，电池热失控的主要原因是锂离子电池整体温度的升高，引发一系列放热反应，从而导致温度继续升高，高温反过来又会促进放热反应的进行，最终失去控制。如图 2-3 所示，其发生热失控的条件可用 Semenov 模型来表示。直线 1、2、3 为不同散热条件下锂离子电池的散热速率曲线，不难看出散热条件从好到坏依次为 1>2>3；曲线 4 为锂离子电池的产热速率，它与散热速率的交点表示产热速率与散热速率相等，即达到了热平衡状态。但此时电池内部还在继续产热，当体系温度遇到某一个小扰动时，若能自动返回到交点处，即重新达到原来的平衡状态称为稳定的平衡点（如 E 点）；当交点为 F 点时，该点对应的温度为 T_1，该体系经过一个微小扰动后平衡将被打破，不能返回到原来的平衡状态，一般称为不稳定平衡点；当散热环境对应的是直线 2 时，曲线 4 与之有一个切点 D，不难看出该点为不稳定平衡点，D 点对应的温度 T_{nr} 称为不归还温度，此时所处的环境温度为自反应性物质发生自发加速分解（热失控）的最低环境温度。与锂离子电池正常使用过程中的产热不同，热失控过程中锂离子电池的副反应生热是总生热量的主要部分。

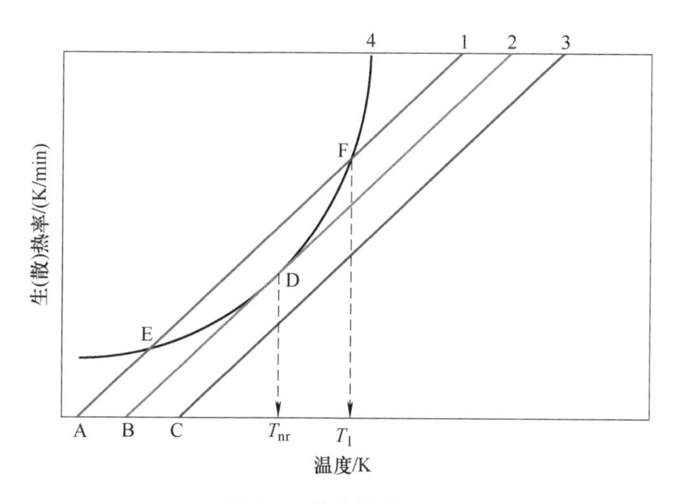

图 2-3　热失控原理图

（2）锂离子电池热失控的一般过程

锂离子电池热失控过程一般可总结为以下几个部分：①SEI 分解；②嵌锂负极与电解液发生反应；③隔膜熔融；④正极发生分解反应；⑤电解液自身发生分解反应；⑥电解液汽化与燃烧。

电化学储能电站常见的极端工况一般为电滥用，这里以商用的磷酸铁锂电池过充热失控为例，总结其发生热失控的一般过程，如图 2-4 所示。

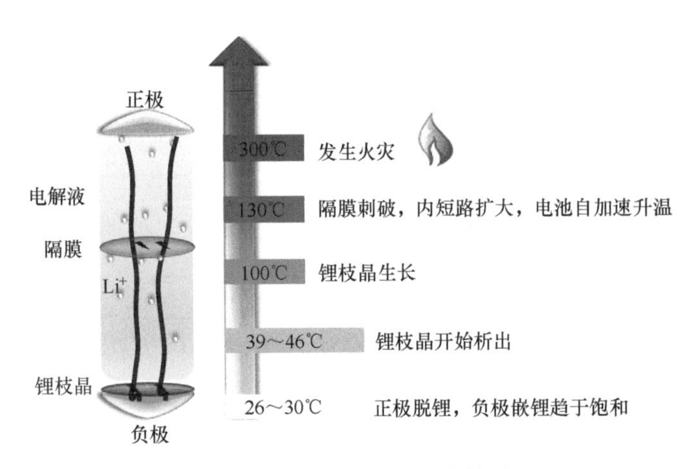

图 2-4　锂离子电池过充热失控过程

第一阶段： 正常充电时，电池表面温度较低（26~30℃）。锂离子正常从正极脱出，从负极嵌入，电池的电压缓慢升高。当电池电压为 3.6V 左右时，电池负极嵌锂趋于饱和。

第二阶段： 轻微过充时，电池表面温度明显攀升（39~46℃）。正极严重脱锂，由于负极嵌锂趋于饱和，锂离子会在负极表面析出，并且倾向于沉积在距离正极更近的负极边缘区域。已有研究表明，负极表面析出的锂枝晶，会与负极的有机黏结剂发生反应生成氢气。由于锂金属的析出和正极的严重脱锂，电池电压会继续上升。

第三阶段： 锂枝晶与电解液发生副反应生成热量，导致电池内部温度升高，当温度超过 90℃时，会引发 SEI 膜的分解，并产生 C_2H_4、CO_2、O_2 气体：

$$(CH_2OCO_2Li)_2 \rightarrow Li_2CO_3+C_2H_4+CO_2+0.5O_2 \tag{2-30}$$

随着电池内部温度的持续升高，电解液开始参与绝大多数副反应，如电解液与嵌锂负极、正极、金属锂等反应。电解液与嵌锂负极反应的产气机理与电解液的成分有关，不同的电解液成分产生的气体成分和含量有所不同。目前商品化锂离子电池中，应用最广泛的电解液是将锂盐六氟磷酸锂（$LiPF_6$）溶解在以碳酸乙烯酯（Ethylene Carbonate，EC）为基础的二元或三元混合溶液中，这些溶剂一般是有机碳酸酯系列，包括：二甲基碳酸酯（Dimethyl Carbonate，DMC）、二乙基碳酸酯（Diethyl Carbonate，DEC）、乙基甲基碳酸酯（Ethyl Methyl Carbonate，EMC）、碳酸丙烯酯（Propylene Carbonate，PC）。以 EC、PC、DMC 为例，电解液与嵌锂负极反应会释放 C_2H_4、C_3H_6、C_2H_6 等烃类气体：

$$2Li+C_3H_4O_3(EC) \rightarrow Li_2CO_3+C_2H_4 \tag{2-31}$$

$$2Li+C_4H_6O_3(PC) \rightarrow Li_2CO_3+C_3H_6 \tag{2-32}$$

$$2Li+C_3H_6O_3(DMC) \rightarrow Li_2CO_3+C_2H_6 \tag{2-33}$$

第四阶段：当锂离子电池内部温度达到 130℃左右时，隔膜熔融，引发电池大面积内短路并产生热量，热量集聚引起的高温对内部反应形成正反馈，电池开始发生不可控的自加速反应，进一步造成电池的温度上升，最终导致火灾甚至爆炸事故。在这一阶段主要有以下几种副反应：

锂离子电池的电解液与氧气发生反应，生成 CO_2：

$$2.5O_2+C_3H_4O_3 \rightarrow 3CO_2+2H_2O \tag{2-34}$$

负极析出的锂枝晶在含 EC 的电解液中可能会发生如下反应，释放 CO_2、PF_5 等气体：

$$2Li+2C_3H_4O_3(EC) \rightarrow LiO(CH_2)_4OLi+2CO_2 \tag{2-35}$$

$$LiPF_6 \rightarrow LiF+PF_5 \tag{2-36}$$

$$LiO(CH_2)_4OLi+PF_5 \rightarrow LiO(CH_2)_4F+LiF+POF_3 \tag{2-37}$$

在 200~300℃ 的范围内，电解液自身会发生分解反应，产生 CO_2、C_2H_4、HF 等气体：

$$C_2H_5OCOOC_2H_5+PF_5 \rightarrow C_2H_5OCOOPF_4+HF+C_2H_4 \tag{2-38}$$

$$C_2H_4+HF \rightarrow C_2H_5F \tag{2-39}$$

$$C_2H_5OCOOPF_4 \rightarrow PF_3O+CO_2+C_2H_4+HF \tag{2-40}$$

$$C_2H_5OCOOPF_4 \rightarrow PF_3O+CO_2+C_2H_5F \tag{2-41}$$

$$C_2H_5OCOOPF_4+HF \rightarrow PF_4OH+CO_2+C_2H_5F \tag{2-42}$$

（3）锂离子电池热失控蔓延

一般由单体电池热失控所造成的危害有限，但在储能电站应用场景下，单体电池数量多、排列紧密，当某一个单体电池发生热失控后，其产生的热量可能会传导至周围电池，使得热失控发生蔓延，所造成的危害将被扩大。

影响电池热失控蔓延的主要因素有电池形状、电池状态（SOC、SOH）、环境温度、电池的串并联方式、散热条件、滥用工况等。下面将对这些因素的影响机理进行介绍：

1）方形电池和软包电池在集成成组后都是紧密的面接触方式，这种形状和大面积的接触方式虽然提高了模组的体积比能量，但也使得热失控更容易在单体电池之间扩散；而圆柱形锂离子电池成组后始终留有一定的间隙，两两电池之间的接触面更小，不仅使得热失控的传播相对困难，还有利于电池的散热。

2）对于 SOC 来说，处于低 SOC 下电池热失控的传播相对较慢，因为电池热失控的剧烈程度有所降低；对于 SOH 来说，一方面 SOH 较差的电池更容易发生热失控，另一方面，这类电池热失控的剧烈程度不同于新电池，因此 SOH 对热失控蔓延的影响需要深入研究。

3）环境温度也可以影响热失控的蔓延，环境温度越高，蔓延速度就会越快。

4）电池热失控后内部的高温致使隔膜熔解和电解液的分解挥发，最终电池完全内短路。因此在并联的电池模组中，当单体电池发生热失控后，其余并联电池会被短路，将有非常大的电流流过热失控电池，正常电池也处于快速放电状态，导致整个并联电池组的温度迅速上升，热失控蔓延会更快；而串联的电池模组中正常电池不会被短路，热失控只靠热传递的方式蔓延，相对较慢。因此在设计电池模组时，有必要特殊考虑电池并联电路的设计，发生热失控时尽快切断并联电路连接状态。

5）由 Semenov 模型可知，散热条件越好，发生热失控的起始温度越高，热失控的蔓延就越困难。目前所采取的散热方式主要有自然风冷、强制风冷、液冷等，其散热效果从小到大依次为自然风冷<强制风冷<液冷，相应的成本也会越来越高。

当无法有效遏制电池热失控蔓延时，则需要考虑阻止电池模组发生起火甚至爆炸事故。图 2-5 是一个燃烧三要素示意图，即燃烧需要具备可燃物、助燃剂、引火源三个要素，阻断其中任意一个或多个要素能有效阻止火灾的发生。

图 2-5　锂离子电池燃烧三要素

2.3.2　锂离子电池热失控特征参数

下面介绍一些锂离子电池热失控时会明显变化的特征参数，包括内阻、温度、电压、特征气体、特征声音、可见烟雾、压力。当然还有一些其他的能够反应热失控的参数，这里不再列举。

（1）内阻

电池内阻是锂离子电池的一个关键性能参数。电池内阻会随着 SOC、工作环境温度的改变而改变，一般用于电池寿命、SOH 以及电池性能检测的评估中。在正常的工作温度区间内，电池内阻会随着温度的升高而降低，但当电池发生热失控而导致温度异常升高后，其内阻存在明显的上升现象。

由于电池内阻的突然改变还会受到其他一些因素的影响，诸如电池受到外界扰动或一些原因导致出现接触不良的情况，也会导致电池内阻的突然升高。因此，只靠电阻的变化来判断电池是否发生热失控并不准确，需要结合其他特征参数一起判断。

近年来，已经开展了对电池交流阻抗的研究，阻抗相对于内阻更能反映电池的安全状态。交流阻抗的基本原理是对电池施加不同频率的正弦波电压信号（或电流信号），从而产生电流信号（或电压信号），计算特定频率的交流电压与交流电流信号比值，即为该电池在相应频率处的交流阻抗。本书将在第 5 章详细介绍交流阻抗的概念，特定频点交流阻抗随电池状态的变化关系，以及如何设计基于特征阻抗的锂离子电池预警系统。

（2）温度

由于电池发生热失控时，温度和副反应之间是相互促进的关系，形成了正反馈，因此，温度是锂离子电池热失控的一个重要参数。许多电池预警装置以及电池管理系统都安装有温度传感装置来监测电池温度，一旦温度超过预设的阈值就会发出报警信号或进行相应的动作。

针对 18650 型锂离子电池和电池组有人提出了三级预警的策略：当电池温度超过 50℃后容量会发生衰减，在 50～80℃的区间内温度上升缓慢，其中以 70～80℃最为缓慢。因此三级预警温度分别设置为 50℃、70℃、80℃。然而这种监测表面温度的方式具有滞后性，因为内部发出的热量需要一定时间传导到表面，且传导过程中还有热量的耗散（电池与环境的热量交换）。因此使用表面温度作为预警参数时可靠性较低，本书提出了一种基于内部温度的预警方法，详细内容请见第 6 章。

（3）电压

发生热失控时，锂离子电池的端电压也会发生异常的变化。在不同的滥用工况下电压的变化情况也不一样，对于机械滥用如挤压、针刺等工况引发的热失控来说，电池电压通常会骤降至 0V；对于电滥用如过充电、过放电等工况引发的热失控来说，过充电会导致电池电压先持续增加再降至 0V，而过放电会导致电池电压逐渐降至 0V；对于热滥用引发的热失控来说，电池电压一般随着热失控的发展逐渐降至 0V。实际上电池热失控后的电压变化的规律性差，且变化复杂，虽然电压骤降基本是锂离子电池在不同工况下热失控的共同特征，但在此之前电池已经发生热失控了，故电压骤降这一特征并不能预警电池的热失控。因此，用电压来进行电池热失控的预警需要结合其他特征参数综合判断。已有学者在分析了不同工况下的电池热失控后，提出了根据电池运行工况不同的多情况预警方案，通过监测电池的温度、电流、电压等参数，并代入系统选择的预警方案计算电池发生热失控的时间来实现预警的功能。

（4）特征气体

通常在锂离子电池热失控早期，温度、内阻、电压等参数的变化特征不够明显，不能有效地判断电池是否将要发生热失控。而此时电池内部发生一系列的副反应会产生 H_2、CO、HF 等特征气体，并且对于大部分种类的特征气体，在正常情况下空气中并不存在（或含量极低）。当电池在热失控早期时，这些特征气体会从无到有且浓度逐渐增加，即有一个明显的变化特征，因此采用对应的气体传感器对电池热失控进行预警也是一种重要的方式。

为了使特征气体预警更具可靠性，对于目前的预警系统，会考虑综合气体传感器的探测数据与其他多种特征参数一起对电池热失控预警。其中在电化学储能电站中，氢气相比于其他气体可以更早预警热失控的发生，有关氢气预警的试验研究、氢气及其他气体的预警系统设计将在本书第 7 章详细介绍。

（5）特征声音

储能用的锂离子电池大部分为方形硬壳电池，在电池壳顶部都会有安全阀。这是由于电池发生热失控过程中有大量气体产生，使电池内部压力增大，安全阀的主要作用是及时泄放电池内部的压力，防止压力持续增大导致爆炸。安全阀打开都会有一个很明显的声音，且这种安全阀打开的声音频率存在一定规律。因此，也可以将这种特征声音作为电池热失控预警的一个参数，通过采集特征声音，同样可以实现电池热失控的预警，并且声音采集装置成本低廉且占地较小，一个储能设施内可以安装多个。对多个装置采集的声音使用算法处理可以计算出声源位置，即实现故障电池的定位，这样大大减少了故障排查的时间，详细内容在第 8、9 章介绍。

（6）可见烟雾

由于商用锂离子电池都采用沸点和闪点低的有机电解液，当电池安全阀打开并且电池内部温度足够高时，电解液除了参与正负极及其他材料的副反应外还会直接受热汽化，汽化的电解液从安全阀处喷出便形成了“白烟（雾）”，这种现象可以作为判断电池热失控最直观、有效的判据。然而，目前利用汽化电解液判断电池是否发生热失控都是通过人眼观察的方法，还没有一种自动识别电池是否产生汽化电解液的装置或方法。本书提出一种基于图像识别的方法来预警电池热失控的发生，详细内容在第 10 章介绍。

（7）压力

电池发生热失控时内部会发生一系列副反应，有些副反应会生成气体，如 SEI 膜分解产气、锂枝晶与黏结剂反应产气、电解液分解产气等。在电池安全阀打开之前，这些气体会积攒在电池壳体内部，导致电池鼓包，并且电池内部的压力也会随之改变。因此，通过对电池内部压力的监测可以实现对电池热失控进行预警，但需要注意的是，安全阀打开之前的压力数据才是有效的。可以利用嵌入式的布拉格光纤光栅传感器实现对电池内部压力的探测，其原理是电池内部的温度或压力的改变会影响光纤光栅传感器的折射率，对应反射回来的光的波长也会随之改变，通过测量光的波长的信息就可以计算出电池内部的温度和压力的变化，从而对电池进行热失控预警。然而这种光纤光栅传感器的成本较高，目前还未在锂离子电池热失控预警方面实现商业化。

2.4 锂离子电池热失控研究常用设备

为了更科学、安全地开展锂离子电池安全性的试验研究，精确地记录热失控过程中的数据，通常需要使用电池测试仪、针刺挤压机、高低温试验箱、热滥用防爆试验箱、绝热加速量热仪来模拟电池遭受到的不同滥用工况，使用热电偶、红外线热像仪、可见光摄像系统、多路数据记录仪来全方位记录电池热失控过程中的现象及电压、温度等数据。下面将对这些常用实验设备进行介绍。

2.4.1 电池安全性测试设备

（1）电池测试仪

电池测试仪主要应用于锂离子电池工况模拟测试、脉冲充放电测试、循环寿命测试、倍率充放电测试，也可以对电池进行过充电，模拟电滥用工况。电池测试仪一般分为生产用和实验用两大类：生产用具有多个端口，通常数以百计，输出统一的电流与电压，所以适合批量生产测试；实验用则每个输出端口完全分开，可独立控制输出模式，且输出电流大。实验用电池测试仪如图 2-6 所示。

图 2-6　实验用电池测试仪

以新威 CT-4008-5V50A 为例，电池测试仪的主要技术指标如下：

1）输出电压范围：0. 025 ~ 5V。

2）输出电流范围：0. 25 ~ 50A。

3）电压电流精度：±0. 1%FS。

4）电压电流稳定度：±0.1%FS。

5）充电模式：恒流充电、恒压充电、恒流恒压充电、恒功率充电。

6）放电模式：恒流放电、恒功率放电、恒阻放电。

实验用电池测试仪可以实时在线监测、完整显示测试数据，根据要求完全深度放电，设备使用风冷散热，可以满足连续十几小时的放电测试，并能自动记录测试数据，且具备安全自动保护功能和安全警报功能。硬件特点如下：

1）电池测试通道：每个通道可对一组成品电池进行电池性能测试，单个测试通道采用模块化组合，每个模块都可进行单独的电流限制，使用户在扩展通道和维护设备时倍感方便。各通道完全独立，互不干涉、互不影响，即使由于某种原因使其中个别通道工作不正常，也不会影响其他通道正常工作。

2）电池夹具：每个电池夹具均采用国际流行四线制原理进行设计，避免了测试仪内阻叠加到电池内阻上，使测试结果更为准确。夹具可以耐腐蚀，调节方便，接触可靠。

3）测试数据和状态掉电保护：测试设备具有掉电保护功能，通过上位机软件选中此功能，当供电源突然停止时，可依靠自带干电池保存记录数据，当供电源恢复供电时，还可恢复停电前的状态，继续运行。

4）软硬件安全保护：软件保护是当被测电池出现低电压、低电流、过电压和过电流时，控制系统将关闭此通道，将此电池与设备脱离。夹具安全保护是所有的电池夹具及其配件均采用阻燃材料。

（2）针刺挤压机

电池针刺挤压机模拟各类动力锂电池组在使用过程中遭受挤压的情形，人工呈现电池在遭受挤压时可能出现的不同状况。电池针刺挤压机主要由针刺挤压主机、计算机柜、控制软件、电压电流温度采集系统、挤压夹具、摄像监控系统和计算机等部分组成。针刺挤压机主体如图2-7所示。试验时将电池放在两个挤压板之间，液压油缸将压力施加到被挤压电池上，使电池的内部短路，当电池两极之间的电压下降到零或者接近零时自动回位。或者压力使电池变形到原始尺寸的85%停留一段时间，然后再压到电池原始尺寸的50%，而后回位。两种模式试验完成以后，根据标准判断电池不起火、不爆炸为合格。针刺挤压机依据的技术标准有QC/T 743—2006《电动汽车用锂离子蓄电池》、QC/T 744—2006《电动汽车用金属氢化物镍蓄电池》等。

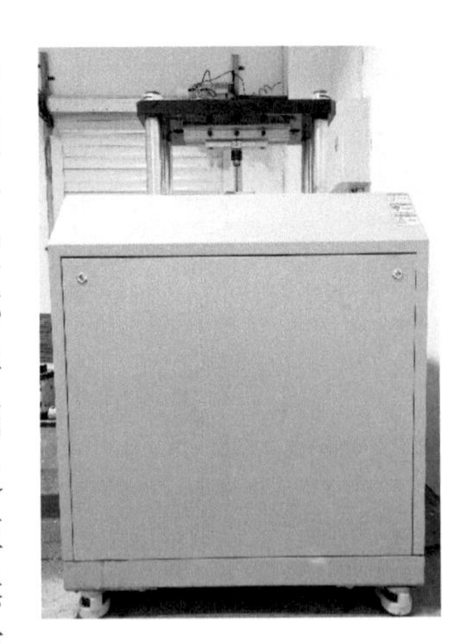

图2-7 针刺挤压机主体

针刺挤压机的主要技术参数如下：

1）驱动方式：电液伺服。

2）挤压压力：1~15kN。

3）力值误差：±1%。

4）针刺速度：10~80mm/s。

5）针刺精度：±0.5%FS。

6）挤压精度：±0.5%FS。

（3）高低温试验箱

高低温试验箱主要用于工业产品高温、低温的可靠性试验，检验其各项性能指标。高低温试验箱主要由冷冻系统、加热系统、控制系统、强制内部循环系统、排烟箱体等多部分构成。高低温（交变）湿热试验箱内含有可编程序控制器，可以实现全自动控制，即预先把要设置的参数以及试验的次数设置进去，然后按照所设置的程序工作。高低温（交变）湿热试验箱如图 2-8 所示。

高低温（交变）湿热试验箱的主要技术指标如下：

1）温度范围：-60~130℃。

2）温度波动度：±0.5℃。

3）温度均匀度：±2℃。

4）湿度范围：30%RH~95%RH。

5）湿度波动度：±3%RH。

（4）热滥用防爆试验箱

热滥用防爆试验箱主要用于电池安全性能检测中炉热试验、加热测试等。热滥用防爆试验箱与高低温试验箱的结构基本相同，主要的不同点在于热滥用防爆试验箱升温速度较快，温度上限更高，且添加了防爆装置。广东贝尔实验设备有限公司生产的热滥用防爆试验箱根据 GB 38031—2020《电动汽车用动力蓄电池安全要求》、GB 31241—2014《便携式电子产品用锂离子电池和电池组 安全要求》等测试标准要求而定，电池充满电后，将电池放入试验箱中。试验箱以（5±2）℃/min 的温升速率进行升温，当箱内温度达到（130±2）℃后恒温，并持续 30min，电池应不起火、不爆炸。热滥用防爆试验箱如图 2-9 所示。

图 2-8　高低温（交变）湿热试验箱

热滥用防爆试验箱的主要技术参数如下：

1）温度范围：10~250℃。

2）温度波动度：±0.5℃。

3）温度偏差：±2℃（空载）。

4）温度均匀度：10～200℃范围内为±2℃；201～250℃范围内为±3℃。

5）升温速率：1～5℃/min。

（5）绝热加速量热仪

图 2-9　热滥用防爆试验箱

当电池的热生成速率超出其热发散速率时，就会发展成热失控。因此在绝热环境中，与热生成性质相关的参数对于评估一个反应体系的安全性是非常重要的。加速量热法是一种在近似绝热的情况下对样品热安全性进行测试分析的方法。在对反应体系进行测试过程中，为了安全可控地获取绝热热量数据，从而导出相关的热动力学参数，绝热加速量热仪（Accelerating Rate Calorimeter，ARC）作为一种热危险评估工具就被发展起来了。ARC 能够提供一个控制精确的绝热环境，模拟电池内部热量不能及时散失时放热反应过程的热特性，使反应更接近于真实反应过程，从而获得热失控条件下反应的动力学参数。它具有测量灵敏度高（0.005℃/min，甚至更高）和测试灵活等特点。在绝热环境中可以测得自放热速率，它揭示了反应过程中热量是如何释放的，还可以计算出反应过程中释放出来的总热量。通过 ARC 可以评估反应体系的安全性，在此基础上可以对反应体系进行一系列掺杂、包覆、纳米化等处理，从而降低反应体系的危害性。近年来 ARC 在测试和改善锂离子电池安全特性方面也得到了越来越多的应用。

ARC 主要由绝热炉、绝热炉盖、控制系统、反应容器以及保护外壳等部分组成，如图 2-10 所示。工作时试样被放置在球形容器（炸膛）内。炸膛与封闭式压力测量系统连接，外表面附有高精度 N 型热电偶，放置在一个坚固的表面镀镍的炉体中央。炉体有分别可控的三部分（绝热炉盖、绝热炉壁和底部），每部分都有自己的热电偶和加热器。炉体和球形容器组件再被装入一个设计用来保护用户不受失控反应伤害的保护外壳内。

图 2-10　绝热加速量热仪

ARC 主要有加热—等待—搜寻（HWS）模式、恒温模式、等速扫描模式等。以最典型的 HWS 模式为例，首先将试样和炉体加热至预先设置的起始温度，该起始温度一般比试样自发的副反应温度低

20℃左右，在反应温度未知的情况下可以将起始温度设为环境温度。在等待阶段，试样温度和炉体温度趋于一致。随后ARC进入搜寻阶段，不间断地对试样是否发生自放热进行检测，当试样未呈现出大于预先设定的放热速率时（通常是0.020℃/min，取决于ARC的设置精度），ARC自动重复前述步骤，按用户定义的“加热步进温度”值在加热阶段提高温度，然后再进入等待和探测阶段，直至放热速率大于0.020℃/min时，ARC进入自动跟踪阶段，使炉体实时跟踪试样的温度，保证试样与环境没有热交换。

杭州仰仪科技有限公司生产的实验室用ARC主要技术指标如下：

1）控温范围：室温至500℃。

2）温度检测阈值：0.005~0.02℃/min。

3）温度跟踪速率：0.005~40℃/min。

4）温度显示分辨力：0.001℃。

5）压力范围：0~20MPa。

6）压力分辨力：1kPa。

7）样品池规格：8mL。

8）样品池材质：不锈钢、钛合金。

在不同的工作模式下，ARC可以测得初始放热温度、温度和压力变化曲线、温升速率曲线、压升速率曲线、绝热温升、材料比热容等数据。

2.4.2　电池参数测量仪器

（1）热电偶

热电偶是一种基于塞贝克效应工作的设备，塞贝克效应是通过使两种不同的（半导体）导体受到温度梯度而产生电动势。热电偶因其成本低、坚固性好、测量精度高、尺寸小和温度范围宽而适用于多数温度监测场合。热电偶与被测对象直接接触，不受中间介质的影响。图2-11所示为一个K型热电偶，其最高测量温度可以达到1300℃。

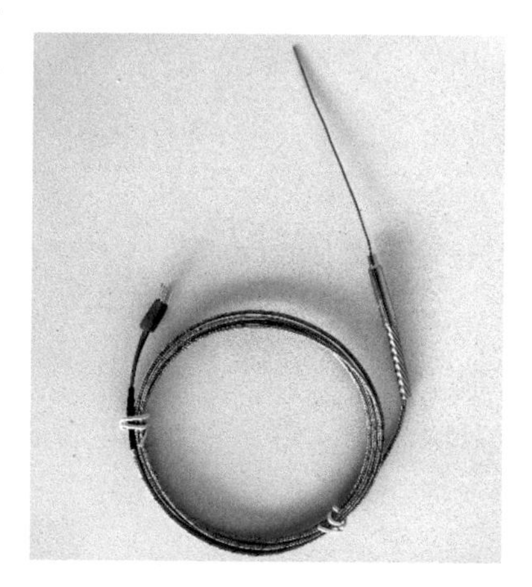

图2-11　K型热电偶

（2）红外线热像仪

红外线热像仪是一种利用红外热成像技术测量物体表面温度的装置。任何高于绝对零度（−273.15℃）的物体都会辐射红外波，其波长受物体温度的影响，利用这一特性可以将物体表面的温度分布通过红外探测器和光学成像物镜转换成包含温度信息的电信号，通过信号处理元件放大和转换处理，输出人眼可见的图像，这种技术称为红外热成像技术。红外线热像仪将物体表面温度进行精确的量化，以不同颜色的图像实时显示标的物的温度分布，因此能够直观地发现温度异常的区域，方便操作人员排查故障区域。图 2-12 所示为杭州美盛红外光电技术有限公司生产的红外线热像仪，可以将输出信号进行数字化无损压缩，通过 RJ45 以太网口远距离传输到计算机上转换为图像并存储，使试验区域和计算机相距很远，一方面保证操作人员的安全，另一方面可以在计算机上记录火灾或爆炸前的完整数据。此外，该设备可以进行多任务并行处理，即可以每秒 25 帧的速率实时显示动态热像，实时分析任意区域的温度趋势，实时存储 640×480 温度流，保证试验数据的有效记录。

（3）可见光摄像系统

用于监测电池多个方位的形体状况，主要由可见光摄像头、交换机、网线和计算机组成。试验过程中，利用网线将数据输送到远端交换机上，以确保人员安全和数据完整。

（4）多路数据记录仪

主要用于收集并实时记录多种类型的电流、电压和温度信号，搭配不同的数据采集模块可以实现温度、湿度、压力、液位、流量、成分以及力、力矩、位移、振动等物理量的显示、记录、越限监控、报表生成、数据通信、信号变送以及流量累计等功能。图 2-13 所示为 TOPRIE 公司生产的 TP700 多路数据记录仪。

图 2-12　红外线热像仪

图 2-13　多路数据记录仪

2.5　本章小结

本章主要阐述了锂离子电池热失控相关原理和过程。首先，介绍了锂离子电池的工作原理、电池的相关评价指标；介绍了锂离子电池在正常工况下和滥用工况下的产热机理，主要包括极化热、欧姆热、反应热和副反应热；为了量化锂离子电池的生热量，进而对电池产热和热蔓延进行仿真，介绍了极化热、欧姆热、反应热以及不同类型副反应热的生热公式。然后，对锂离子电池热失控机理进行系统论述，利用 Semenov 模型表示锂离子电池的热失控机理，以过充电为例阐述了锂离子电池热失控的一般过程，并详细介绍了电池热失控期间的产气原理；由于储能舱内部单体电池数量众多，因此简要叙述了影响热失控蔓延的因素和电池燃烧的三要素；进而基于锂离子电池热失控的机理，阐述了热失控过程中出现的特征参数，为热失控预警方法的研究作理论准备。最后，介绍了用于安全性研究的常用仪器设备，为后面早期预警研究提供平台条件。

第 3 章

磷酸铁锂电池过充热失控特性

在储能电站中，电滥用（过充、短路等）及其伴随的热滥用是引发电池热失控的主要因素，其中，电池系统局部或者整体过充引发事故的概率最高。磷酸铁锂电池由于成本低、寿命长、安全性高等优点在储能电站中广泛应用。然而，磷酸铁锂电池的过充热失控特性在以往研究中相对较少。本章以储能电站用磷酸铁锂单体电池及其模组为研究对象，利用 COMSOL Multiphysics 有限元仿真软件对单体电池、模组、电池簇建立三维模型，通过实验和仿真相结合的方法系统全面地研究磷酸铁锂电池过充后的热失控行为特征，包括热特性和机械特性。此外，结合实验结果探究电池过充后热蔓延带来的危害并进行相应的防护方案设计。

3.1 电池热特性及机械特性

3.1.1 过充热特性研究

（1）研究平台布置

为了有效呈现储能环境中电池热失控特性，在实际储能舱中搭建了电池过充热失控实验平台。如图 3-1 所示，实验所用的磷酸铁锂电池（图中以模组为例）放置于标准的储能舱中（长 12m、宽 2.4m、高 2.6m）。模组通过连接线与舱外部的电池充电柜连接，同时在模组上方架设红外摄像头和高清可见光摄像头。通过舱外的计算机（充电柜控制终端）远程控制电池充电柜对电池进行充放电。为了保障实验安全，需要将舱内的照明装置替换为防爆灯，同时保证整个实验过程中储能舱门处于虚掩状态。

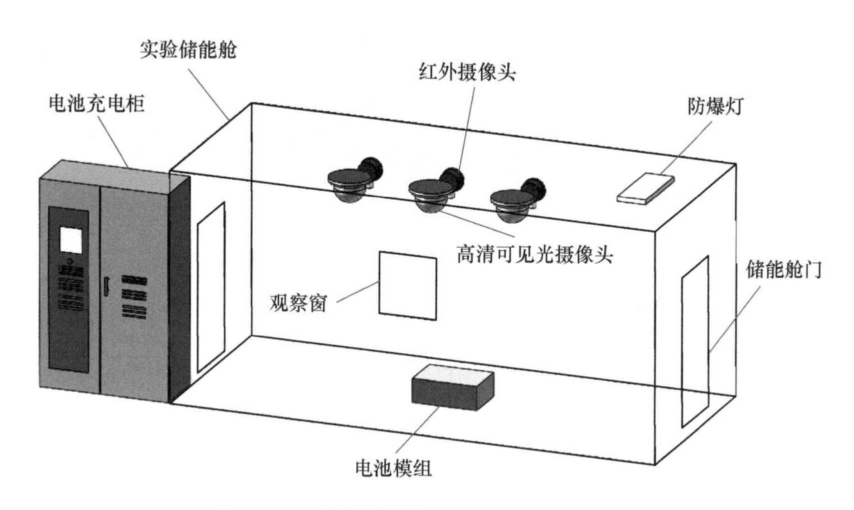

图 3-1　过充热失控实验平台布置示意图

（2）研究对象

由于储能电站充电倍率普遍小于 0.5C，为保持与储能电站运行工况的一致性，本章所有的过充实验均采用 0.4C 和 0.5C 两种倍率过充。所用的方形铝壳磷酸铁锂单体电池的额定电压为 3.2V，额定容量为 86Ah。如图 3-2 所示，所用模组由 32 块单体电池四并八串组成。磷酸铁锂电池模组额定电压为 25.6V，额定电流为 344Ah，额定容量为 8.8kWh，宽 396mm、深 500mm、高 256mm。

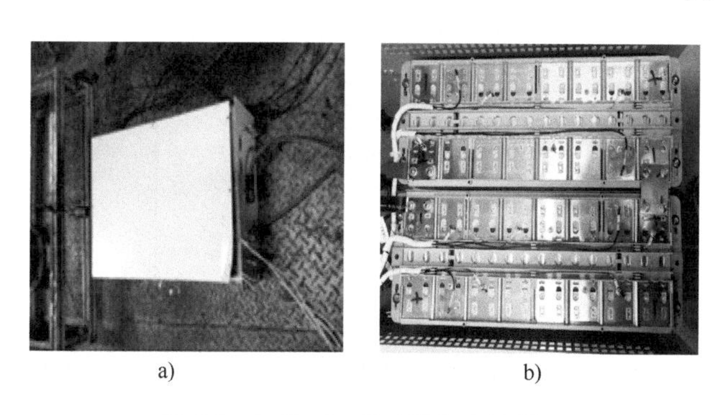

a)　　b)

图 3-2　8.8kWh 磷酸铁锂电池模组

a）未拆除顶部挡板　b）拆除顶部挡板

采用耐高温 K 型热电偶定点监测磷酸铁锂模组的温度变化，热电偶触头粘贴在被测模组表面中心，通过线路连接到实验舱外的多路温度记录仪主机，实时记录实验过程中表面温度的变化。模组表面的热电偶布置如图 3-3 所示。

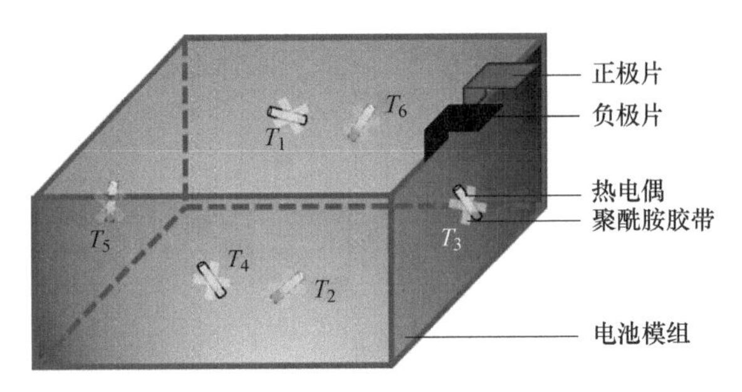

图 3-3　模组周围热电偶分布图

图 3-3 中，T_1 为模组上表面中心的温度；T_2 为模组下表面中心的温度；T_3 为模组右表面中心的温度；T_4 为模组前表面中心的温度；T_5 为模组左表面中心的温度；T_6 为模组后表面中心的温度。实时监测模组各个位置的温度数据。

（3）实验方案

基于搭建的过充热失控实验平台，使用电池测试仪以 0.4C 和 0.5C 两种倍率对满电状态（100% SOC）的磷酸铁锂单体及模组过充电，研究磷酸铁锂单体及模组的热失控行为。全程采用高清摄像头监测单体及模组的热失控现象，此外通过电池热电偶及温度记录仪监测电池及模组表面温度的变化，流程图如图 3-4 所示。

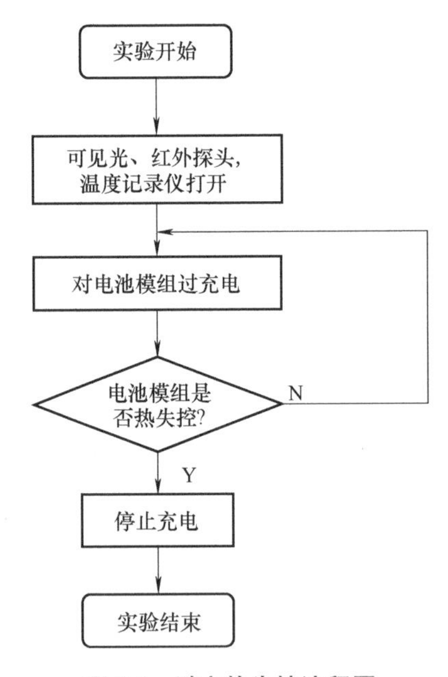

图 3-4　过充热失控流程图

（4）单体电池过充热失控

首先以 0.4C（34.4A）的充电倍率对磷酸铁锂单体电池进行过充直至热失

控，关键时刻的可见光截图如图 3-5 所示。

图 3-5　以 0.4C 过充时单体电池可见光截图

图 3-5a 所示为电池初始状态，在电池表面多个位置布置耐高温热电偶，电池开始充电。图 3-5b 为充电到 $t=1450\text{s}$ 时的电池状态，电池明显鼓包，最大厚度约为初始厚度的两倍，这是由于电池内部剧烈的化学反应产气造成的。图 3-5c 为 $t=1512\text{s}$ 时的状态，此时安全阀打开，冒出剧烈的浓烟，遮蔽了摄像头视线。图 3-5d 为 $t=2100\text{s}$ 时的状态，此时电池内部反应已经停止，电池持续散热。由于电池热失控时膨胀作用力，使得部分布置在电池表面的热电偶脱落，并且由于电解液喷出，电池极耳及外表面附着了大量电解液。

磷酸铁锂单体电池在 0.5C（43A）的充电倍率过充时，电池过充阶段实验现象和 0.4C 倍率过充时的实验现象基本一致，此处不再赘述。

磷酸铁锂电池在 0.4C、0.5C 两种倍率下过充时的表面温度变化曲线及电压变化曲线如图 3-6 所示，过充时电池温度变化趋势一致，峰值温度分别为 159℃、166℃。以 0.4C 倍率过充时，电池在 1660s 时温度达到峰值；以 0.5C 倍率过充时，电池在 1512s 时温度达到峰值。通过温度变化规律可以发现充电倍率越高，热失控时间越早。磷酸铁锂电池的初始电压为 3.2V，过充电过程中电压持续上升，最高电压均为 6.5V 左右，两次实验中的电压均在电池热失控前下降为 0V。通过电压特性以及温度特性的对比可以发现，可以通过监测电压，对热失控进行预警，减少因为电池热失控带来的危害。

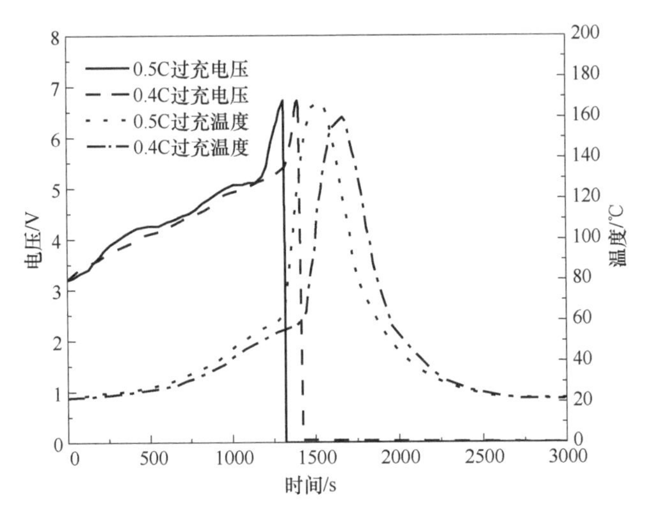

图 3-6　不同过充倍率下电池表面温度与电压的变化

（5）模组过充热失控

模组过充热失控实验在 0.4C（137.6A）和 0.5C（172A）两个充电倍率下进行。首先以 0.4C 的充电倍率对磷酸铁锂电池模组持续充电直至热失控，实验中关键时间节点的可见光截图如图 3-7 所示。图 3-7a～d 为不同时刻模组的状态。由于单体电池间存在不一致性，随着过充电的进行，电池安全阀陆续打开，产出大量白色烟气，烟气充满了电池储能舱。然而，经过一段时间后，电池电压降为 0V，无法继续充电，整个过充电过程中未出现明火。

图 3-7　以 0.4C 过充时模组可见光截图

接下来提高充电倍率，以 0.5C 充电倍率对模组进行过充，整个过程实验现象如图 3-8 所示。根据图 3-8a～c 可知，随着模组过充电的持续进行，模组产生大量的烟气。图 3-8d 显示 $t=2100s$ 时出现剧烈燃烧的明火。

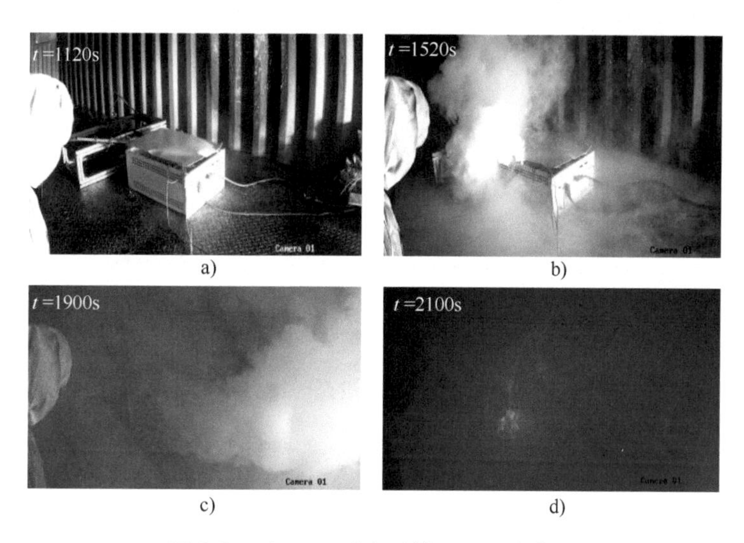

图 3-8　以 0.5C 过充时模组可见光截图

通过两种不同倍率下的过充热失控现象可知，过充倍率对模组的热失控特性影响较大。在较高倍率过充时，模组产热速率更高，热量积聚迅速，更易发生燃烧起火现象。

图 3-9 所示为 0.4C 充电倍率过充时模组下表面和左表面中心的温度监测曲线。可以看出，模组下表面温度（T_2）最高，随着过充电的进行，最高温度达到 210℃，其余各监测点温度较低。各监测点温度差异主要是由于模组下表面和热失控的电池直接接触，电池与下表面传热方式为固体传热，传热速率较高。而模组上表面、前表面、左表面与产热的电池无直接接触，热量由传热系数较低的空气传递，所以各监测点的温度明显低于模组下表面的温度。此外，模组上表面温度（T_1）相对较高，其主要原因是内部电池产生高温气体向上喷射，影响到模组上表面的温度。

图 3-10 所示为 0.5C 充电倍率过充时模组各表面中心温度监测曲线。T_1～T_6 分别对应前文中热电偶的位置的温度，根据温度变化曲线可知产生明火（约 2100s）之前，由于模组下表面与过充的电池直接接触，电池下表面温度（T_2）最高。模组产生明火后，模组火焰向上，由于上表面温度（T_1）与火焰直接接触，故上表面温度迅速上升，在 100s 内温度上升至 530℃。受电池燃烧阶段性热辐射的作用，其余各表面温度均在 200℃左右。

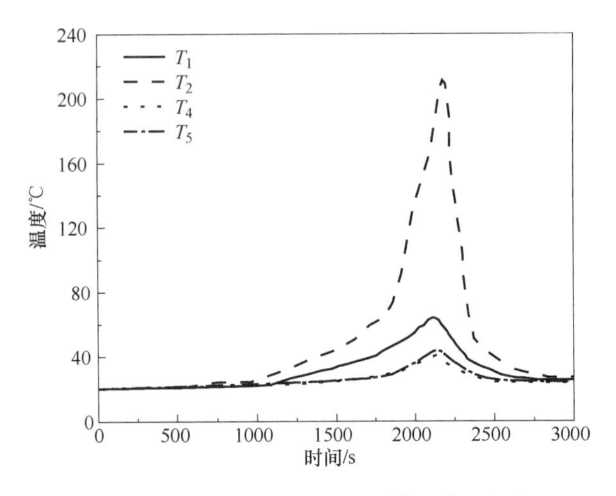

图 3-9　0.4C 充电倍率过充时模组表面温度

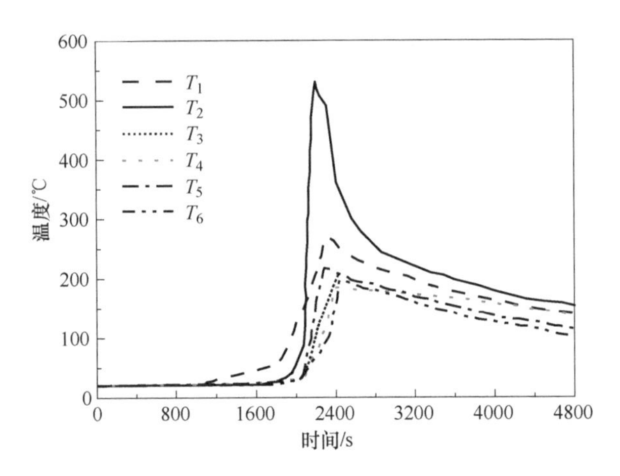

图 3-10　0.5C 充电倍率过充时模组表面温度

3.1.2　过充热特性仿真

锂离子电池在集成设计中往往会借助热场仿真分析来辅助完成热管理系统设计和验证。同样，热场仿真分析也可以用来评估电池热失控后果。目前针对锂离子电池热场仿真分析，使用较多的软件有 ANSYS/Fluent、STAR-CCM+和 COMSOL Multiphysics（或简称 COMSOL）。其中 ANSYS/Fluent 出现最早，相较于 STAR-CCM+和 COMSOL Multiphysics 可参考资料更多，更易于掌握。在使用 ANSYS/Fluent 进行仿真时，需要根据用户自定义函数（UDF）求解自定义方程，UDF 应用相对困难，并且在研究锂离子电池热失控时，需要涉及大量的偏微分方程，所以使用起来相对麻烦。STAR-CCM+广泛应用于大型温度场的研究，但其主要应用于正常工况下，对电池热失控的仿真能力较弱。COMSOL Multiphysics 软件能同时实现多个物理场的仿真计算，可以解决电池热失控需要大量偏微分方程求解的问题，其对电池过充热失控的研究具有很强的适用性。

COMSOL Multiphysics 软件具有“电池与燃料电池”模块，此模块具有以下特点：

1）使用经典的偏微分方程描述物理现象。

2）有预制耦合节点，可实现多物理场的耦合。

3）有预制物理节点，可简单地定义电池各个部分。

COMSOL Multiphysics 软件的多物理场特性能够方便“电池与燃料电池”模块和物理场之间的耦合，比如与传热模块的耦合、与电化学模块的耦合等。通过电池模块和其他模块的耦合可以更方便地对电池仿真分析，如容量计算和热场管理等。该仿真软件很好地适应了电池过充热失控涉及多方面耦合的特点，并且在软件案例库中有大量电池模型可供参考学习。

结合软件功能和热场仿真的需求，本节选择了 COMSOL Multiphysics 对磷酸铁锂电池进行过充热失控仿真。

（1）磷酸铁锂单体电池热失控模型建立

磷酸铁锂电池过充实验是在静态条件下进行的，故热失控仿真时将电池看作一个集成体。在进行 COMSOL 仿真时做出如下简化：

1）单体电池物理模型构建时，将整个单体电池看作一个“黑匣子”。

2）忽略电池内部热对流和热辐射，只考虑电池表面与空气的对流换热。

3）电池垂直置于自然对流环境（没有外界环境驱动，电池与空气之间由于温差存在的对流换热）。

4）电池环境温度设为 20℃（忽略实验过程中环境温度的变化）。

5）假设每个方向上的电池内部导热系数为定值，不随环境温度改变。

6）过充过程中产生的极化热和化学反应热较小，忽略不计。

在建立的过充热失控模型中需要考虑焦耳热和副反应热两种产热量。利用 COMSOL 偏微分方程模块和传热模块建立过充热失控模型。

热量传递控制方程为

$$\rho C_{p}\nabla T=\nabla q+S \tag{3-1}$$

$$q=-k\nabla T \tag{3-2}$$

式中，ρ 和 C_p 为电池的平均密度（kg/m^3）和平均比热容（$J/(kg\cdot K)$）；T 为开尔文温度（K）；∇T 为温度沿某一方向的温度梯度；k 为电池各向导热率（$W/(m\cdot K)$）；S 为电池发生副反应时单位体积生热率（W/m^3）；q 为电池的传导热（W/m^2）；∇q 为净热通量。

仿真样本为磷酸铁锂单体电池，额定电压为3.2V，额定容量为86Ah。电池宽173mm、高200mm、厚27mm，电池的正极活性物质是磷酸铁锂，负极活性物质是石墨。磷酸铁锂电池的热物性参数和副反应参数见表3-1及表3-2。

表3-1 磷酸铁锂电池的热物性参数

参数名称	导热系数/(W/(m·K))	密度/(kg/m³)	比热容/(J/(kg·K))
单体电池（x轴）	3.72	2405	1329
单体电池（y轴）	26	2405	1329
单体电池（z轴）	28	2405	1329

表3-2 磷酸铁锂电池的副反应参数

主要副反应	放热量 ΔH_x/(J/g)	物质含量 Δm_x/(kg/m³)	反应因子 A_x/s^{-1}	反应活化能 $E_{a,x}$/(J/mol)
SEI膜分解	257	261.63	1.667×10^{15}	1.351×10^{5}
负极与电解液	1714	261.63	2.5×10^{13}	1.351×10^{5}
正极与电解液	146	63.3	1.05×10^{11}	1.136×10^{5}
电解液分解	155	321.5	5.1×10^{25}	2.74×10^{5}

在COMSOL软件中需要通过偏微分方程模块将电化学副反应的四个阶段产热方程、能量守恒方程、散热方程编入该软件。方程编写完毕后需要对电池电化学副反应部分相关变量的初值进行设定，电池化学副反应参数中的初始值C_{sei}、t_{sei}、C_{ne}、b、C_{pe}、m_{sei}、m_{ne}、m_{pe1}、m_{pe2}、m_e分别为0.15、0.033、0.75、0.04、1、1、1、1、1、1。

基于磷酸铁锂电池在0.4C、0.5C过充倍率下的温度特性，对电池进行过充热场仿真。根据电池的几何参数，在有限元软件COMSOL Multiphysics中建立单体电池的几何模型，其三维简化图如图3-11所示。

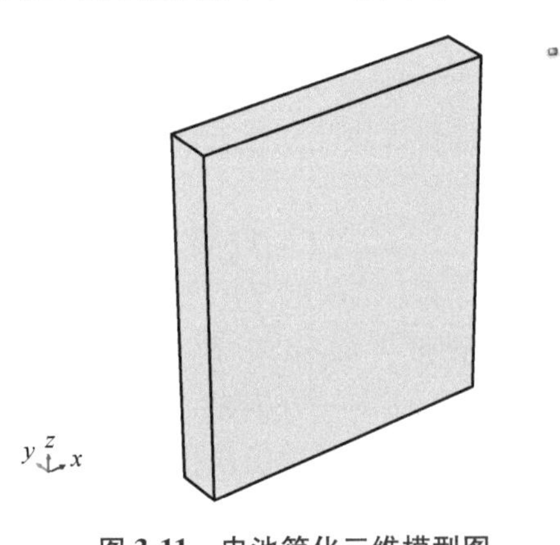

图3-11 电池简化三维模型图

综合考虑到计算速度和计算结果等因素，利用 COMSOL Multiphysics 自带的网格划分方法对几何模型进行网格划分。通过多次仿真对比，发现自带的网格划分方法具有很好的收敛性，单体电池的网格划分结果如图 3-12 所示。

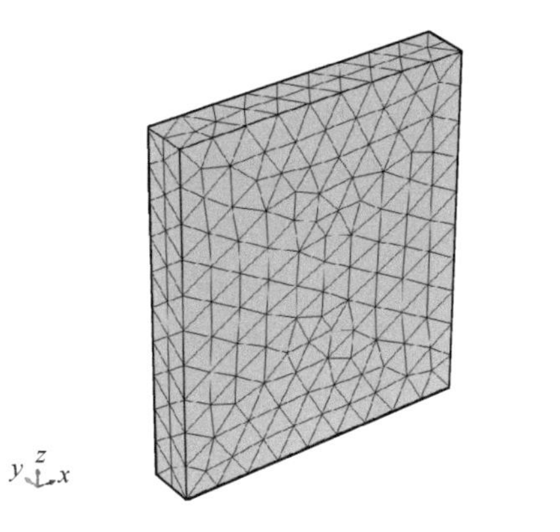

图 3-12　电池几何模型的网格划分图

（2）不同过充倍率下单体电池热场仿真分析

电池的过充产热分为两部分，一部分为焦耳热，另一部分为化学副反应热。在电池单体中设置对应的边界条件，电池所处的环境温度设置为 295. 15K（22℃），其仿真环境温度和实验环境温度保持一致，模拟磷酸铁锂单体电池在 0. 4C（34. 4A）、0. 5C（43A）充电倍率下恒流过充，过充时的电池温度云图如图 3-13 所示。

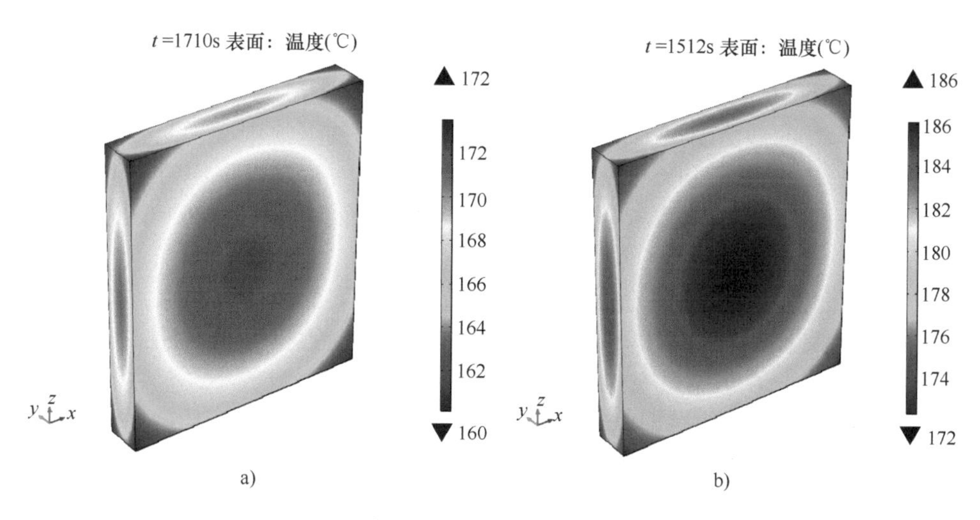

图 3-13　电池在不同倍率过充时的温度云图

a）0. 4C 过充倍率　b）0. 5C 过充倍率

图 3-13a 为磷酸铁锂电池在 0.4C 倍率过充时的温度云图。$t=1710$s 时，电池表面最高温度达到峰值，温度分布情况呈中心高，四周低的分布规律，中心最高温度为 172℃，电池表面温差较小。图 3-13b 为电池在 0.5C 倍率过充时的温度云图，电池在 1512s 时温度达到最大值，最高温度为 186℃。对比不同充电倍率时的仿真结果，发现过充倍率的提升对电池整体温度影响较小。

为了深入研究电池内部温度分布情况，对 0.5C 过充倍率下磷酸铁锂电池在 $t=1512$s 时的温度云图进行分析，不同截面位置的电池温度云图如图 3-14 所示。

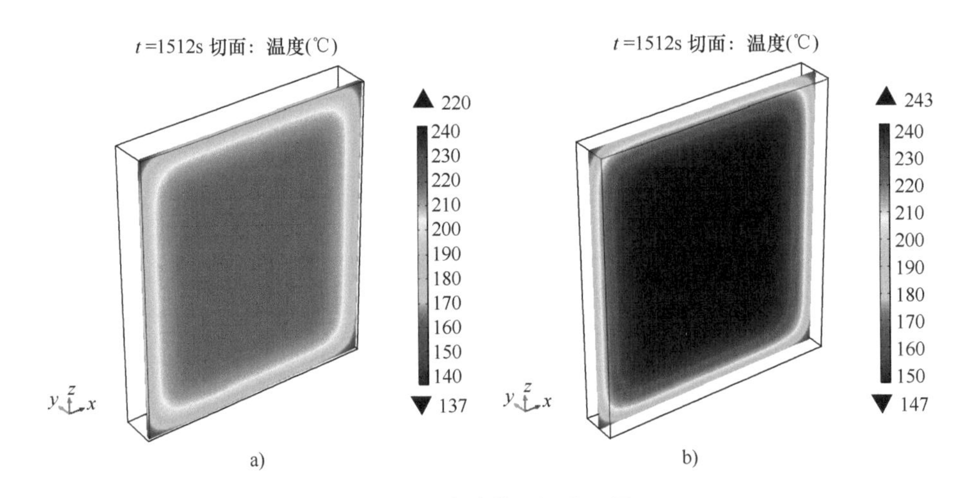

图 3-14 电池截面温度云图

a）距外表面 3mm b）距外表面 13.5mm

图 3-14a 为 y 轴为 3 时的截面温度云图，即截面距离电池外表面为 3mm 的温度截图，根据仿真结果可以看出，电池此截面最高温度为 220℃。图 3-14b 为 y 轴为 13.5 时的截面温度云图，位于厚度为 27mm 的电池中心，此截面最高温度为 243℃。对比图 3-14a 与图 3-14b，发现电池截面越靠近中心时，整体温度越高。中心截面最高温度为 243℃，相较于电池表面最高温度 186℃，最大温差达 57℃。

在仿真过程中对电池外表面设置与实验位置相同的温度监测点，监测电池外表面温度变化，将仿真计算的温度变化曲线和实验数据进行对比，如图 3-15 所示，0.4C、0.5C 倍率过充前期电池内部焦耳热的产热量较小，整体温升速率较低，当电池内部温度达到电池发生副反应的临界温度后，电池发生化学副反应产生大量的热量，电池温度迅速上升；热失控反应结束后，电池在空气中对流散热，温度逐渐降低至环境温度。0.5C 倍率过充时热失控时间较早，主要原因是高倍率过充时产生更多的焦耳热，提前引发热失控。对比电池仿真结果及实验结果可以发现，温度变化趋势基本一致，但仿真温度整体偏高，其原因为仿真过程中未考虑电池安全阀打开和产生烟气的能量损失。

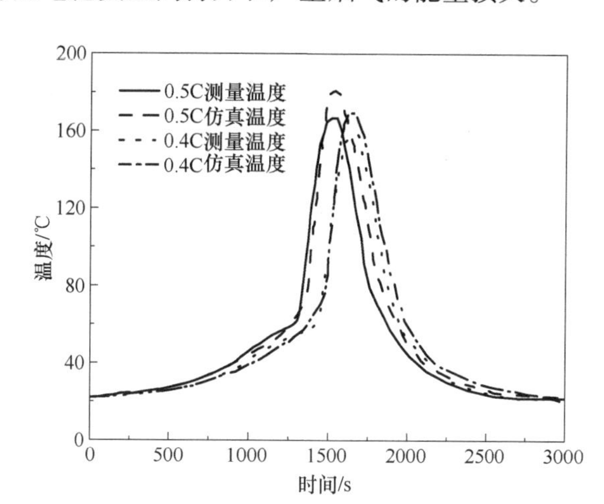

图 3-15　0.4C 和 0.5C 充电倍率过充时电池表面测量温度与仿真温度

（3）磷酸铁锂模组热失控模型建立

根据模组在不同倍率下过充的热失控现象，本章分两种工况研究模组热场模型，分别是 0.4C 充电倍率（未燃烧）下模组热场仿真和 0.5C 充电倍率（燃烧）模组热场仿真。0.4C 充电倍率下模组未出现燃烧现象，其产热机理与磷酸铁锂电池产热机理一致，利用 COMSOL 偏微分方程模块和传热模块建立过充热失控模型。

仿真样本为与前述实验中相同的磷酸铁锂电池模组。其中内部电池的化学副反应参数与单体电池的化学副反应参数一致，磷酸铁锂电池模组的热物性参数见表 3-3。

表 3-3　磷酸铁锂电池模组的热物性参数

参数名称	导热系数/(W/(m·K))	密度/(kg/m^3)	比热容/(J/(kg·K))
模组外壳（铝）	238	2702	903
单体电池（x 轴）	3.72	2405	1329
单体电池（y 轴）	26	2405	1329
单体电池（z 轴）	28	2405	1329

模组在 0.5C 充电倍率过充时发生燃烧起火现象，无法通过传统的化学副反应产热建立过充热失控模型。为保证仿真的准确性，计算温升所用的模型根据实际实验数据获得，依据热电偶测量模组表面温度数据，在第一个过充热失控模组表面设置积分算子用来监测表面温度；同时引入自由度 q，通过全局方程将

表面温度设为实验所测的表面温度，进而反求出模组热失控过程中的产热热源 Q。

首先建立模组的几何模型，模组是由 32 个单体电池和模组外壳构成，宽 396mm、深 500mm、高 256mm。利用 COMSOL 网格划分功能进行网格划分，同时考虑到六面体网格对复杂模型的局限性，采用四面体非结构网格划分方式。模组三维简化几何和网格划分图如图 3-16 所示。

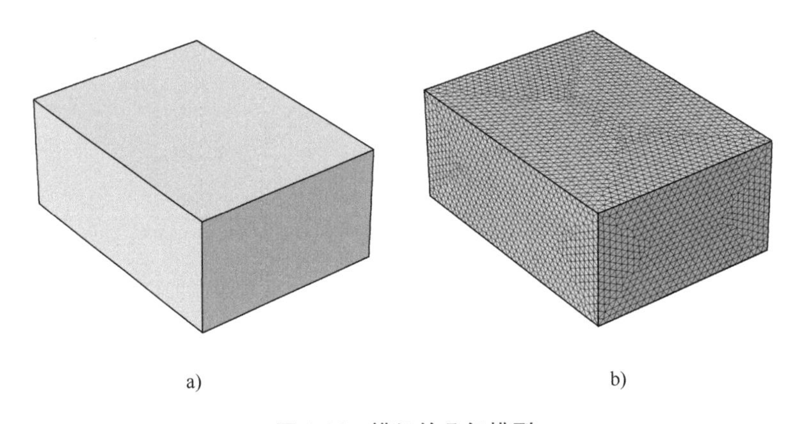

a)　　b)

图 3-16　模组的几何模型

a）几何结构　b）网格划分

（4）不同充电倍率过充时模组热场仿真分析

在 COMSOL 编辑电池的内置函数，设置模组的热源和边界条件，模拟模组温度变化，模组在 0.4C 过充阶段的温度云图如图 3-17 所示。

根据温度云图的变化可知，模组底部温度最高，其余表面温度较低，主要原因是模组过充时，产热源是内部电池，内部电池与模组下表面直接接触，所以热量传递最多，温度最高。

在模组仿真的过程中，监测模组各表面中心温度并与实验测得温度对比，如图 3-18 所示。T_1、T_2、T_4、T_5 分别对应前文模组热电偶的测点温度，实验温度曲线用实线表示，仿真温度用虚线表示。电池下表面温度（T_2）、前表面温度（T_4）、左表面温度（T_5）的仿真结果均略高于实验监测值，分析其原因为仿真过程中主要考虑电池焦耳产热和电化学副反应产热，未考虑到电池安全阀打开时损失的热量；电池上表面温度（T_1）的仿真结果较实验监测值偏低，主要是因为在有限元仿真过程中电池到模组外壳的传热主要通过热辐射进行，未考虑实验时产生高温烟气对上表面温升的影响。综合仿真结果和实验结果对比可以发现，仿真温度和实验温度相差 10%以内，模组的仿真数据基本和实验数据吻合，可以较好地验证电池过充热失控模型。

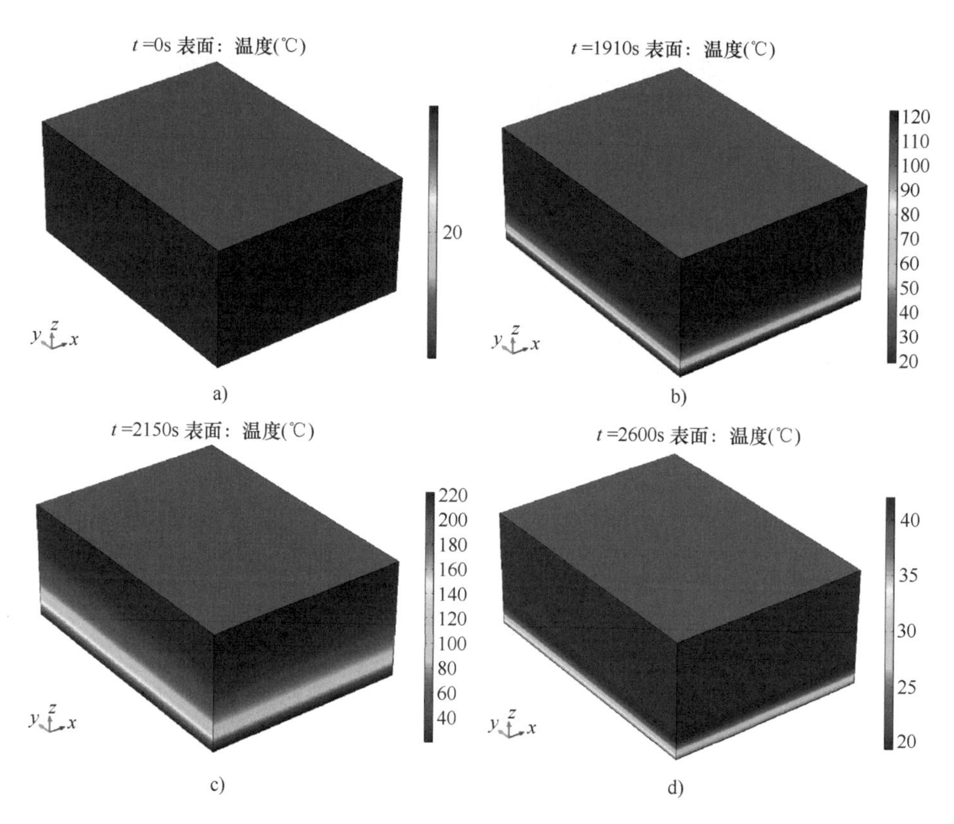

图 3-17　0.4C 充电倍率过充时模组的温度云图

a）$t=0\text{s}$　b）$t=1910\text{s}$　c）$t=2150\text{s}$　d）$t=2600\text{s}$

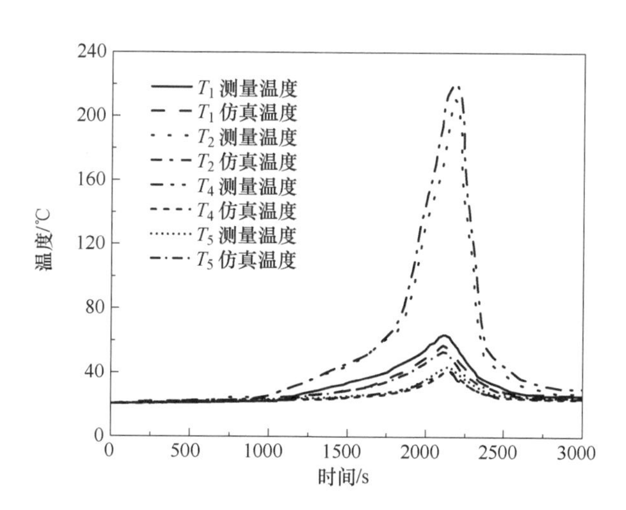

图 3-18　0.4C 充电倍率过充时模组温度变化

根据模组燃烧状态下电池各表面实验数据，建立0.5C过充倍率下模组的热仿真模型，最高温度时刻的温度云图如图3-19所示，模组仿真温度云图和实验结果保持一致，模组上表面温度远高于其余各表面，最高温度为544℃。

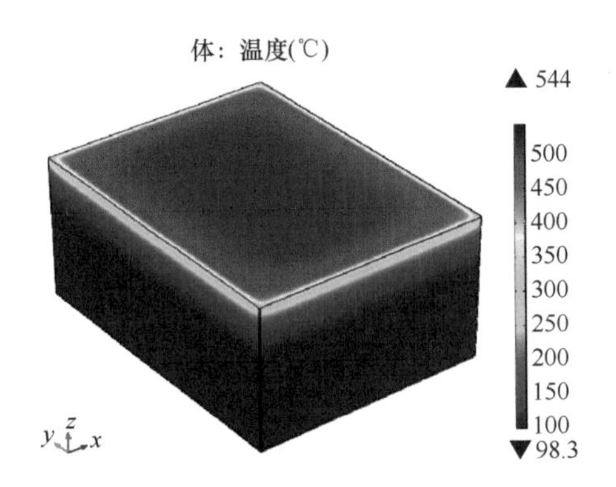

图3-19　0.5C充电倍率过充时模组表面温度云图

3.1.3　过充机械特性仿真

过充滥用不仅会引发电池温度升高，还会触发电池内部的副反应并释放气体。由于电池是个相对封闭的空间，释放的气体首先会在电池内部积聚，当内部气压未达到外壳承受极限时，电池将发生膨胀变形。变形大小首先与内部压力有关，其次与电池的封装结构有关，储能用磷酸铁锂电池根据封装方式可分为软包电池和硬壳电池。软包电池的封装材料为铝塑膜，硬壳电池的封装材料有铝合金和不锈钢，由于工艺等原因，目前铝壳是发展趋势。过充时，软包电池由于铝塑膜良好的延展性而不易爆炸，但会发生较大的变形；硬壳电池变形较小，但其内压超过一定值时安全阀就会破裂。此外，研究表明，当软包电池SOC从160%增加到180%时，电池的体积变化高于39.5%，但是内部温度只有50℃，说明电池在发生大的机械形变时其温度不一定会大幅升高。

储能电站中电池排列相对密集，一个模组中包含几十至上百个单体电池不等。当单个电池发生大变形时，势必会对周围电池产生力的作用，图3-20所示为过充滥用下的磷酸铁锂软包电池模组，可见过充滥用会引发单体电池的不同程度变形，并导致模组外壳破裂失效。从破坏角度方面，电池之间的膨胀力在电池密集排列的工况下将成倍增加，严重影响周围电池的运行并破坏模组的结构，因此有必要研究电池之间的相互作用，从而明确可以在哪些位置进行加固等处理，以保障模组的安全运行；从预警角度方面，电池膨胀是由内部压力增加引起的，而电池相对封闭的特点给内部压力的测量或监测带来很大困难，通常用外置的测量装置直接测量内部压力会破坏电池的完整性，不易于实现工程应用。对于单体电池膨胀，相关研究人员利用碳纳米管技术发明了一种安装在锂离子电池表面的膨胀计，通过对锂离子电池应变等物理量的原位测量，可指示电池电化学反应和安全状态。然而该方法对于单个电池测试实验较为适用，对于模组等大规模储能场景应用范围有限。当电池集中排列时，电池之间的相互作用力或者接触压力可以作为指示电池安全状态的有效物理量，相当于将不易测量的内部压力转化为相对容易测量的接触压力信号，这对储能电池模组或者动力电池模组的安全运行具有重要意义。因此，有必要研究电池之间的接触力并尝试与内部压力状态联系，以实现安全预警的目的。

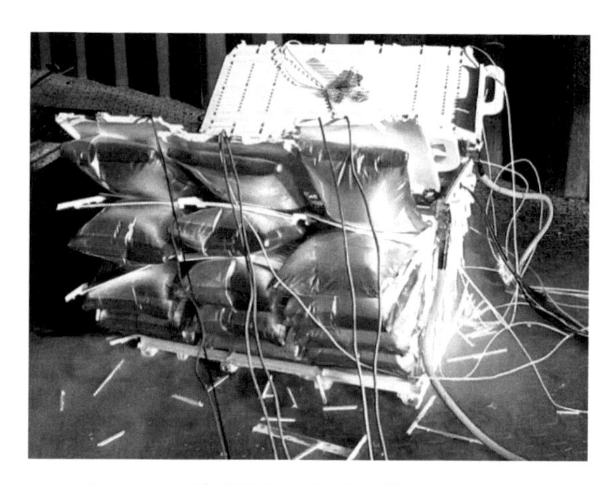

图 3-20　磷酸铁锂软包电池模组过充膨胀

基于上述构想，实现压力预警的研究方法可分为两种。

方法一是直接法，研究步骤包括：①设置过充电池接触挤压实验，直接测量两个电池的 SOC、内部压力和电池间的接触压力。绘制内部压力与电池接触压力曲线图，研究内部压力变化时电池间的接触压力如何变化；②通过过充实验研究内部压力变化与电池安全状态的关系，根据电池内部压力划分电池的危险等级，确定电池不同危险等级的临界内部压力阈值；③结合步骤①和步骤②确定电池不同危险等级的临界接触压力阈值；④监测电池之间的接触压力，当电池之间的接触压力达到设定阈值时发出预警信号并返回 SOC 信息。直接法的研究思路简单明了，但实际操作较为困难，主要集中在内部压力测量以及接触压力测量。

方法二是间接法。间接法避开了实验测定的技术困难，是将现有的软件技术与文献资料相结合，从而实现接触压力研究的方法。在软件选择方面，

COMSOL 有限元仿真软件在多物理场耦合领域有独特优势，在 COMSOL 中，将求解多场问题转化为求解方程组，用户只需选择或者自定义不同专业的偏微分方程进行任意组合，便可轻松实现多物理场的直接耦合分析。电池过充膨胀涉及多个物理场及物理场之间的耦合，选择 COMSOL 软件进行机械特性仿真较为合适。间接法的研究步骤包括：①首先利用仿真手段实现单体电池过充膨胀。单体电池膨胀仿真可细分为热力学气体压力计算和流固耦合，后面将详细阐述实现单体电池膨胀的方法；②通过仿真标定内部压力和电池体积变化的关系。基于步骤①的单体膨胀仿真，利用 COMSOL 的相关技术，测量在某一内部压力条件下的膨胀电池体积，并绘制电池内部压力与膨胀电池的体积偏移曲线。标定关系的意义在于将电池内部压力这一不易测量的物理量，转化为外部相对容易测量的体积变化量。相关研究利用排水法测量了软包电池在过充条件下不同 SOC 与体积偏移量的关系，因此将仿真标定的内部压力与体积偏移量关系曲线，与文献中通过实验测定的 SOC 与体积偏移量关系相比较，就可以获得软包电池 SOC 与内部压力的关系曲线。该 SOC 与内部压力关系可移植于其他膨胀电池，用于实现其他单体电池的过充膨胀；③利用上述得出了 SOC 与内部压力关系，模拟两个电池的过充膨胀，并设置接触仿真研究电池之间的接触压力与内部压力的关系；④划分不同的内部压力阶段以区分电池的安全状态，确定临界内部压力阈值；⑤监测电池之间的接触压力，当电池之间的接触压力达到设定阈值时发出预警。间接法中用到的重要思想是，对于某一尺寸的软包电池，利用仿真技术模拟出其内部压力达到某一值时对应的体积变化量是多少，再结合实验测量的 SOC 和体积偏移量关系，以体积变化量为桥梁将 SOC 与电池内部压力连接起来，相当于得到了文献实验中某一 SOC 下电池的内部压力值，避免了内部压力的直接测量。

直接法和间接法可以相互配合，直接法中的实验可以验证间接法模型的正确性，准确的间接法模型可以减少重复性实验的测量。下面将重点围绕间接法阐述如何利用仿真手段研究电池的机械变形特性，包括如何利用仿真技术实现单体电池膨胀，以及电池间相互作用的仿真研究。

（1）模型设置

电池的过充膨胀可分为热膨胀和气体压力膨胀。热膨胀是由温度升高引起铝塑膜的力学性能发生变化而产生轻微位移；气体压力膨胀是由气体对铝塑膜的冲击而导致铝塑膜较大的位移。由于热膨胀位移很小，为了简化仿真，这里仅考虑气体压力膨胀。

实现气体压力膨胀的两个重要步骤是计算电池内部压力变化和设置边界条件。电池膨胀过程中的复杂物理场可分为系统Ⅰ和系统Ⅱ。系统Ⅰ（热力学分析）表示过度充电引起的副反应气体生成；系统Ⅱ（流固耦合）表示铝塑膜受到副反应气体流动的影响，产生较大位移。在系统Ⅰ中电能与副反应化学能和热能平衡，系统Ⅱ中气体动能与铝塑膜机械能平衡。

单体电池的几何模型如图 3-21 所示，将单体分为三个区域，Ⅰ：副反应区域，Ⅱ：层流区域，Ⅲ：铝塑膜区域。域Ⅰ表示压缩固体单元占据的空间，在域Ⅰ中设置焦耳热和副反应热源，通过热力学分析计算该域中的边界压力。由于副反应气体 CO_2、H_2、CO 一般在电极表面产生并向四周扩散，因此将域Ⅰ从电池体中分离出来单独分析是合理的；域Ⅱ表示气体无障碍流动的空间，在域Ⅱ和域Ⅲ中进行流固耦合仿真分析，边界条件设置为热力学分析得到的边界压力 p；域Ⅲ表示铝塑膜。

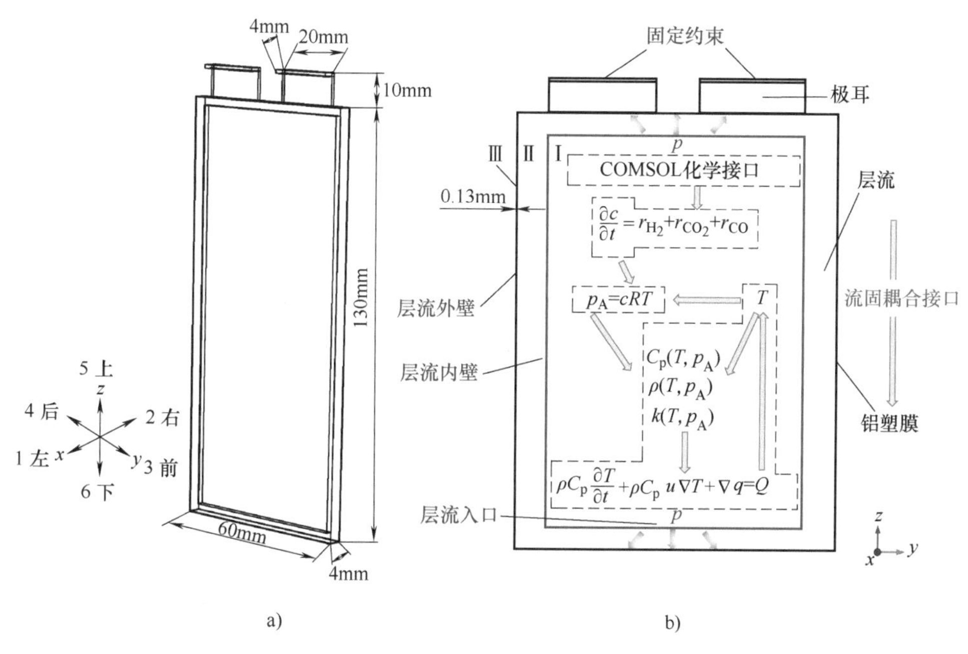

图 3-21　软包电池有限元仿真模型

a）几何尺寸　b）单体电池膨胀耦合模型

根据上述模型简化，在 COMSOL 中，单体电池膨胀仿真可以分为包括简化的热力学步骤和流固耦合步骤。假定电池初始温度 T_0 为 32.5℃（根据实验），内部初始压力 p_0 为 1×10^5Pa。为了简化对电池变形的研究，做出以下假设：①在某个时间，电池的内部压力均匀分布并且在各处均等；②不同电池膨胀变形时间不同，但变形过程相同；③仅考虑温度对电池的内侧反应速率和气压的影响，而没有考虑由热传导、对流和辐射引起的铝塑膜和其他组件上的热应力。

在热力学分析中，首先确定混合气体的浓度变化率，此步骤由化学界面（0维）执行，每种气体的反应速率之和用作式（3-4）的源项。然后确定域Ⅰ中由于混合气体的产生而引起的压力变化，使用流体传热界面，分布式常微分方程界面以及偏微分方程接口（3D）执行此分析。压力由理想气体定律计算得出，如式（3-3）所示。

$$p_{\mathrm{A}}=\frac{n}{V}RT=cRT \tag{3-3}$$

式中，p_{A} 是绝对压力（Pa），R 是气体常数（J/(mol·K)），n/V 视为混合气体浓度 c（mol/m^3），由式（3-4）求解并耦合入式（3-3）中，T 是域Ⅰ中的温度（K），由式（3-5）确定。

$$\frac{\partial c}{\partial t}=r_{\mathrm{H_2}}+r_{\mathrm{CO_2}}+r_{\mathrm{CO}} \tag{3-4}$$

$$\rho C_{\mathrm{p}}\frac{\partial T}{\partial t}+\rho C_{\mathrm{p}}u\nabla T+\nabla q=Q \tag{3-5}$$

$$q=-k\nabla T \tag{3-6}$$

式（3-4）中，$r_{\mathrm{H_2}}$、$r_{\mathrm{CO_2}}$和 r_{CO}是来自化学界面的浓度变化率（s^{-1}）。

式（3-5）和式（3-6）中，$\rho(T,\ p_{\mathrm{A}})$ 是流体密度（kg/m^3）；$C_{\mathrm{p}}(T,\ p_{\mathrm{A}})$ 是在恒定压力下的流体热容（J/K）；k 是流体的热导率（W/(m·K)）；u 是流体速度场（m^3/s）；Q 是热源（W/m^3）。气体材料特性如动力黏度等是 T 和 p_{A} 的函数。

p_{A} 减去 p_0 可以得到表面压力 p，如式（3-7）所示。

$$p=p_{\mathrm{A}}-p_0 \tag{3-7}$$

在流固耦合分析中，将从热力学分析中获得的压力数据用作域Ⅱ中的入口压力边界条件，域Ⅱ的气体材料特性来自热力学分析域Ⅰ。在固体力学界面中，铝塑膜选择为塑性并且选择了大塑性应变选项，同时选择冯·米塞斯应力作为屈服函数，硬化函数来源于文献，初始屈服应力见表3-4。

表3-4　材料参数

物　理　量	单　　位	值
杨氏模量	Pa	7×10^{10}
泊松比	1	0.39
密度	kg/m^3	1636
初始屈服强度	MPa	40

（2）单体电池仿真结果

过充过程中电池单体膨胀的仿真时间设置为 1316s，这是根据单体电池过充实验的经验值，对应内部压力为 0 ~ 32434Pa。电池侧面的最大位移和最大应力如图 3-22 所示。电池位移和应力云图如图 3-23 所示，对应内部压力分别为 5006. 7Pa、15151Pa、23066Pa 和 32434Pa。实心黑色框代表电池的初始位置。当外壁压力达到 32434Pa 时，左侧面最大位移为 10. 7mm，右侧面为 13. 5mm，顶部最小位移为 0. 57mm，后侧面最大应力为 138N/mm^2。

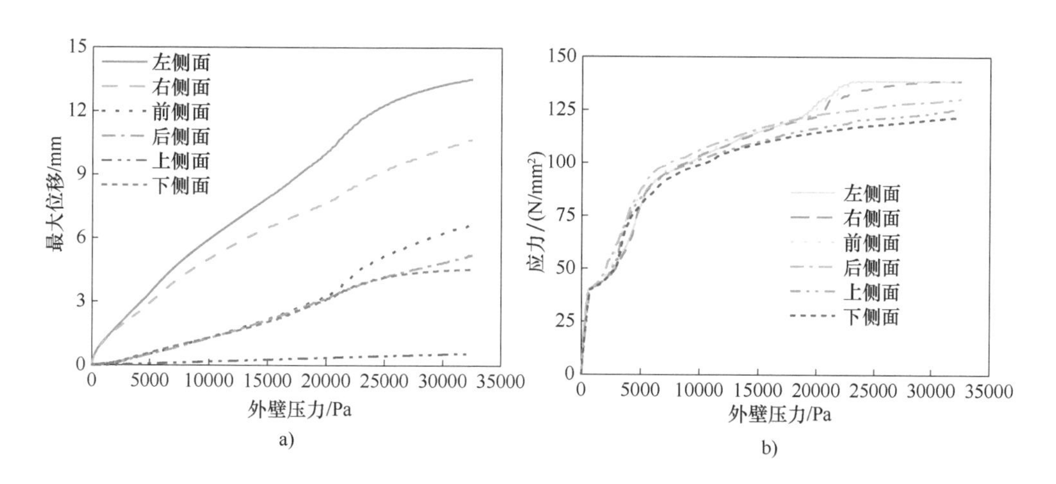

图 3-22　单体电池膨胀仿真的位移和应力变化

a）电池侧面最大位移　b）电池侧面最大应力

仿真结果表明，单体电池膨胀程度较大的是在左右表面，最大应力在前侧面和后侧面，前后侧面也是铝塑膜的热封位置。在热封过程中，流延聚丙烯（Cast Polypropylene，CPP）薄膜层粘合在一起形成一个封闭的空间。随着压力的增加，粘合界面会受到拉应力，一旦应力超过 CPP 层的粘合力，电池就会破裂。CPP 层的粘合强度可以用热封强度来表示，即对样品进行剥离实验测得的最大剥离力。假设铝复合膜的宽度为 15mm，厚度为 0. 13mm，垂直于宽度方向的剥离强度为 140N/15mm，则当电池破裂时，CPP 层的估计应力为 $140/(15\times0.13)\mathrm{N/mm^2}=71.8\mathrm{N/mm^2}$。根据仿真，此时内部压力为 3718. 7Pa。然而，根据图 3-23 可知，当内部压力为 5006. 7Pa 时电池的形变程度较小，那么 3718. 7 Pa 时形变更小。这可能是由于模型中没有考虑温度对铝复合膜的影响，导致位移值较小，应力值较大。此外，由于热封强度是在室温下测量的，因此估计的破裂应力值存在误差。

图 3-24 所示为 COMSOL 计算得到的不同压力下电池的膨胀体积偏移量。体

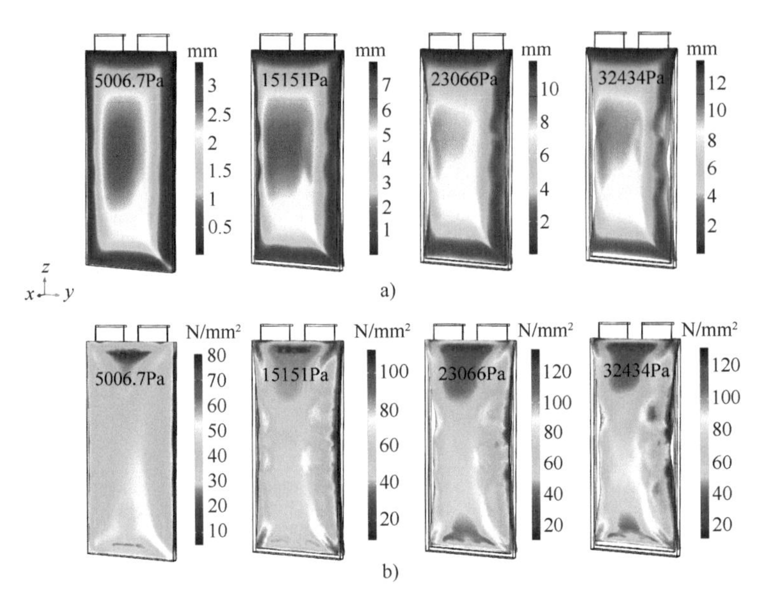

图 3-23　不同内部压力下单体电池膨胀仿真云图

a）位移云图　b）应力云图

积测量方法是以光固化立体造型（Stereolithography，STL）文件的形式导出膨胀单元的表面位移图。然后，将 STL 文件导入到新的三维组件中，使用几何测量工具测量膨胀电池的体积。单体电池膨胀仿真结果表明，在 32434Pa 的内部压力下，电池体积变化偏移量可达 277.6%。接着，可以通过将仿真测量的膨胀电池体积与已有文献中记录的体积数据进行比较来获得内部压力与 SOC 之间的关系。图中，过充过程电池体积变化偏移量从 0%增加到 80%，对应内部压力范围为 0~4763Pa。由于未考虑铝塑膜的热膨胀，在同一体积偏移下仿真内部压力与实际值之间可能存在误差，但不影响相互作用仿真分析。

（3）电池相互作用仿真

相互作用仿真即对两个或者两个以上的过充电池进行挤压接触模拟。但是，如图 3-25 所示，由于过充电的不一致，模组中不同电池之间的膨胀情况并不一致。为此，将电池之间的膨胀接触分为两种工况。工况Ⅰ：一个膨胀电池与另一个正常电池挤压；工况Ⅱ：两个膨胀电池相互挤压。两种工况对应了电池接触压力的下限值和上限值，当一个膨胀电池挤压正常电池时，只有一个电池存在压力源（来自内部气体），此时电池之间的接触力是最小的。当两个电池同时膨胀时，两个电池都存在压力源，并且挤压程度大于相继膨胀的工况，电池间的接触力是最大的。电池的机械参数来源于文献，其中工况Ⅰ中正常电池的杨氏模量为 368MPa，泊松比为 0.01，密度为 $2000kg/m^3$。

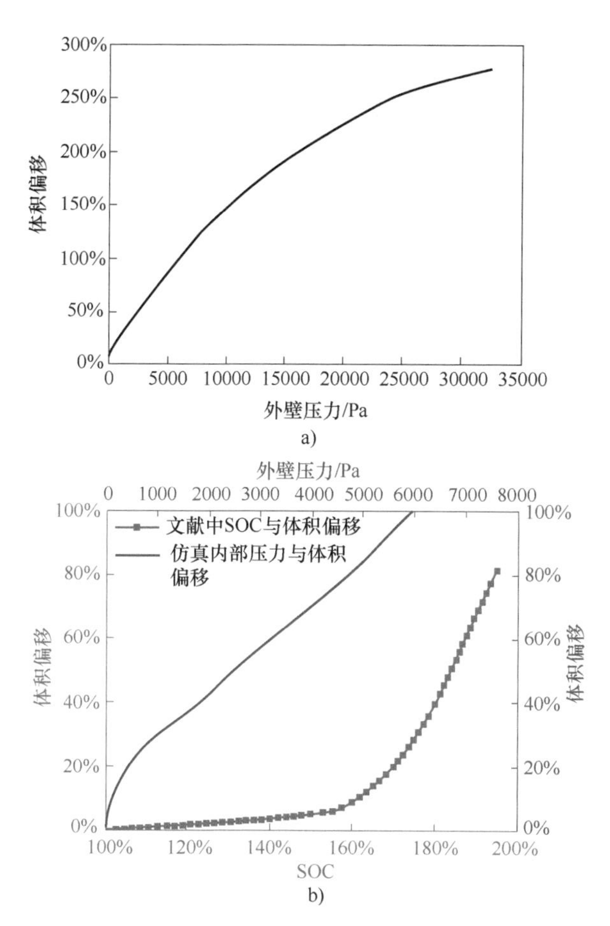

图 3-24　仿真与文献中实验测定的内部压力与体积偏移关系

a）仿真内部压力与体积偏移曲线　b）文献中 SOC 与体积偏移曲线、仿真内部压力与体积偏移曲线对比

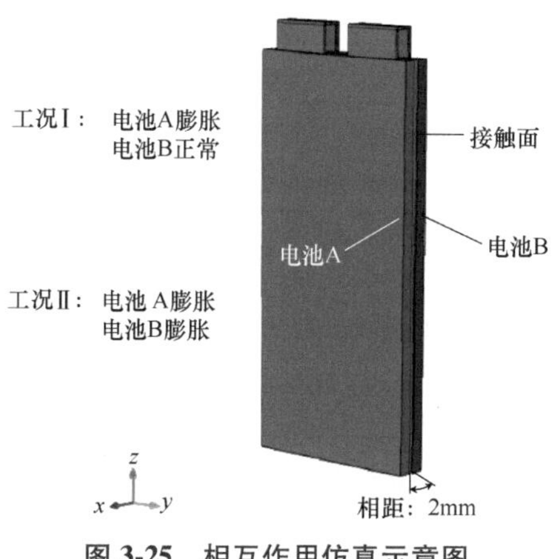

图 3-25　相互作用仿真示意图

图 3-26 所示是工况 I 中电池的最大位移、最大应力和最大接触压力的仿真结果。图 3-27a 是相互作用位移云图，图 3-27b 是压力分布云图。

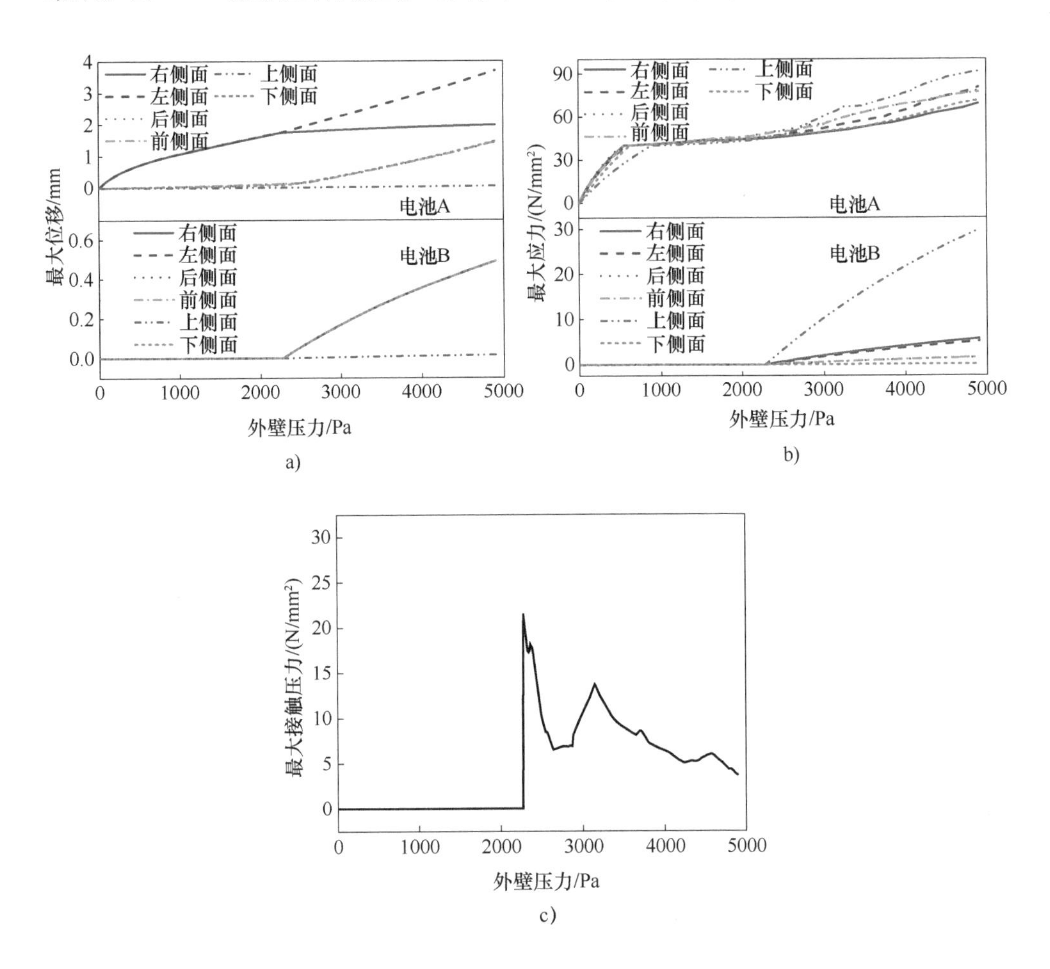

图 3-26 工况 I 中电池的最大位移、最大应力和最大接触压力随内部压力的变化

a）最大位移 b）最大应力 c）最大接触压力

仿真结果表明，由于接触力的约束，电池 A 左侧表面的最大位移为 3.7mm，而右侧为 1.97mm。如图 3-27a 所示，电池 A 在内部压力为 2282Pa 时与电池 B 接触，此时电池 A 的 SOC 为 128%。电池 B 在接触力的作用下旋转，底部最大位移为 0.49mm，如果继续膨胀，电池 B 的位移值会更大。两个电池的初始接触压力最大，达到 21.5N/mm^2，由于接触面积的增加，接触压力逐渐降低。如图 3-27b 所示，电池之间的初始接触位置在电池的中心，然后逐渐移动到顶部。

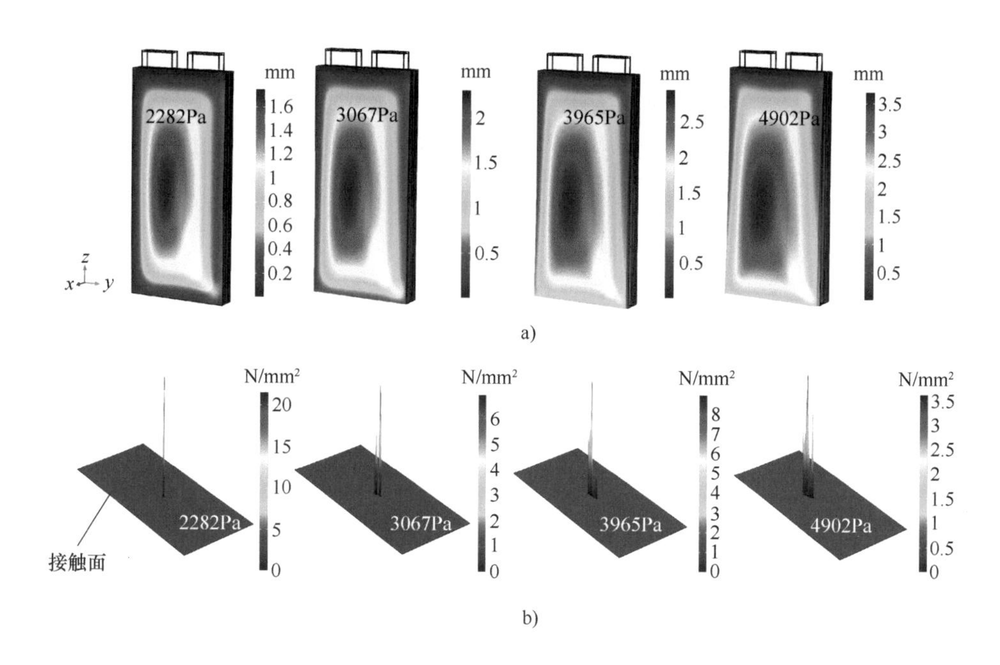

图 3-27　工况 I 中电池的位移、接触压力云图

a）位移云图　b）接触压力云图

图 3-28 所示是工况 Ⅱ 中电池的最大位移、最大应力和最大接触压力的仿真结果。图 3-29a 是相互作用位移云图，图 3-29b 是接触压力分布云图。

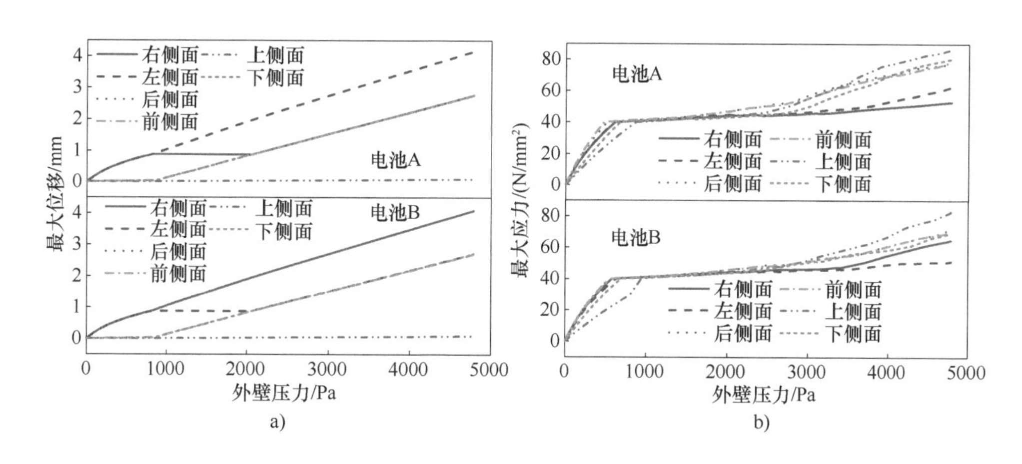

图 3-28　工况 Ⅱ 中电池的最大位移、最大应力和最大接触压力随内部压力的变化

a）最大位移　b）最大应力

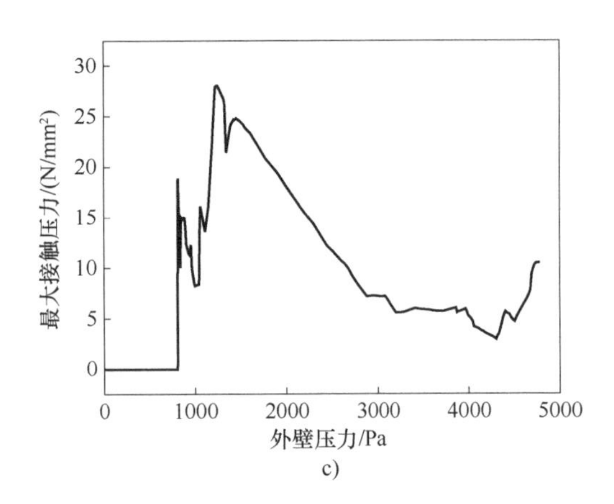

c)

图 3-28 工况Ⅱ中电池的最大位移、最大应力和最大接触压力随内部压力的变化（续）

c）最大接触压力

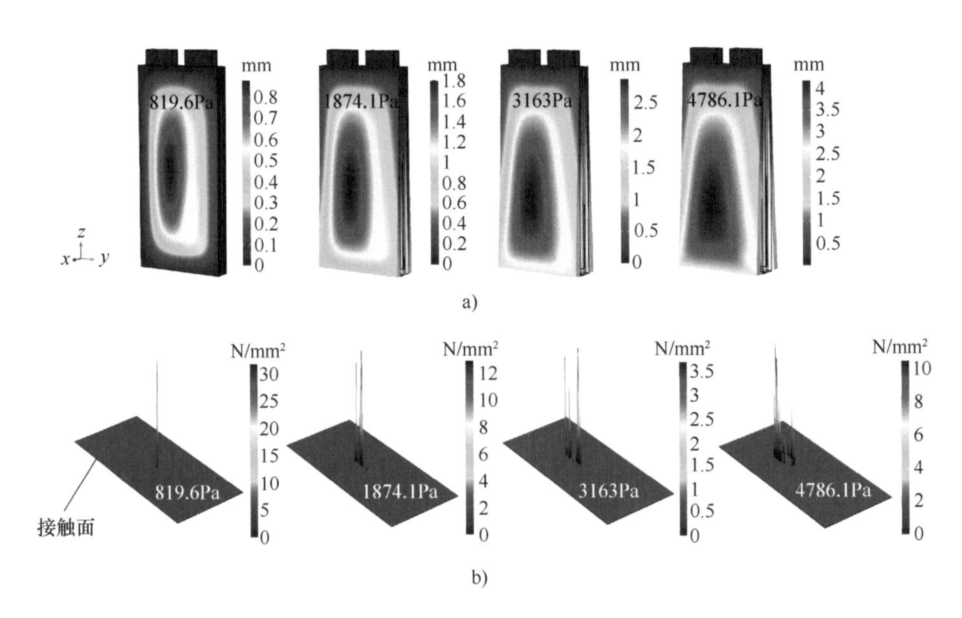

图 3-29 工况Ⅱ中电池的位移、接触压力云图

a）位移云图 b）接触压力云图

仿真结果表明，电池 A 左表面的最大位移为 4.16mm。值得注意的是，右表面的初始位移方向为右侧，然后由于接触力而变为左侧，从而导致内部压力增大到 2061.3Pa 以后电池 A 右表面和下表面的位移重合。电池 B 的位移变化与电池 A 相似。电池 A 与电池 B 接触时内部压力为 819.6Pa，SOC 为 110%。接触压力峰值为 $28N/mm^2$，此时内部压力为 1238.3Pa，SOC 为 115.5%。

比较工况Ⅰ和工况Ⅱ的两种情况发现，当两个电池都膨胀时（工况Ⅱ）破坏作用更大，导致电池容易爆裂。仿真中，工况Ⅰ的初始接触发生在 SOC 为 128%时，接触压力峰值为 21.5N/mm^2；工况Ⅱ的初始接触发生在 SOC 为 110%时，接触压力峰值为 28N/mm^2。

综上所述，利用 COMSOL 仿真技术可以研究软包单体电池膨胀时的力学特性变化，并且可以实现电池之间接触的模拟，后续研究可以通过内部压力、接触压力的实际测量验证模型的准确性。本小节的仿真研究为实现电池之间的压力预警研究提供了仿真参考，该仿真方法同样适用于硬壳电池，只需要将铝塑膜的力学特性参数设置为铝合金的力学参数。

3.2 过充热蔓延特性

电池热失控特性与表面温度和过充倍率相关，高倍率过充条件下电池表面温度更高，对相邻电池的影响更大。接下来对电池在 0.5C 充电倍率过充时的热蔓延特性进行仿真分析，包括过充电池对相邻电池以及在整个模组内的热蔓延规律，为储能电池模组内部可能发生的过充热失控蔓延进行安全性评估。

3.2.1 单体电池间热蔓延实验和仿真

为研究热失控电池是否会引发周围电池的热失控，本节先进行两个单体电池间的过充热蔓延实验及仿真研究。

（1）单体电池间热蔓延实验

用聚酰亚胺胶带将两个处于满电状态的 86Ah 单体电池紧贴在一起，使用 0.5C 的充电倍率对满电状态下的一个单体电池进行充电，当电池发生热失控时停止充电。在两个电池侧边中心布置热电偶，监测电池表面温度变化，鉴于电池在热失控阶段会产生浓烟并遮挡可见光摄像头，通过红外摄像头监测整个过充阶段的画面。

红外监测记录如图 3-30 所示。图 3-30a 为电池充电初期的红外监测画面，电池表面温度和环境温度保持一致，均为 20℃。图 3-30b 为过充电池鼓包膨胀时的画面，可以发现由于过充电池的膨胀，两个紧贴的电池间出现缝隙，此时过充电池温度最高温度为 72℃，相邻电池温升有限，但是已经明显高于环境温度。图 3-30c 为过充电池安全阀打开时的画面，此时过充电电池严重变形，最大厚度约为正常电池的两倍，且过充电池最高温度已经高于红外探头的监测范围（156℃），正常电池仍未发生任何变化。图 3-30d 为产气阶段的画面，此时红外监测温度仍高于红外系统的监测范围，相邻电池始终未发生明显的变化。

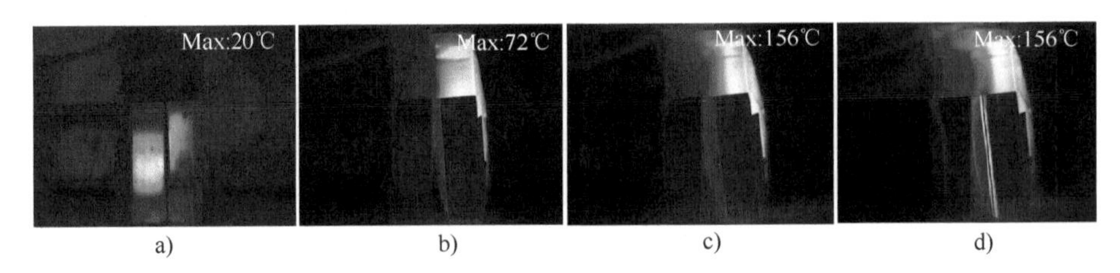

图 3-30　过充时两个相邻单体电池红外监测图像

a）初始阶段　b）鼓包膨胀　c）安全阀开启　d）产气

过充时两个相邻单体电池的表面温度变化如图 3-31 所示。

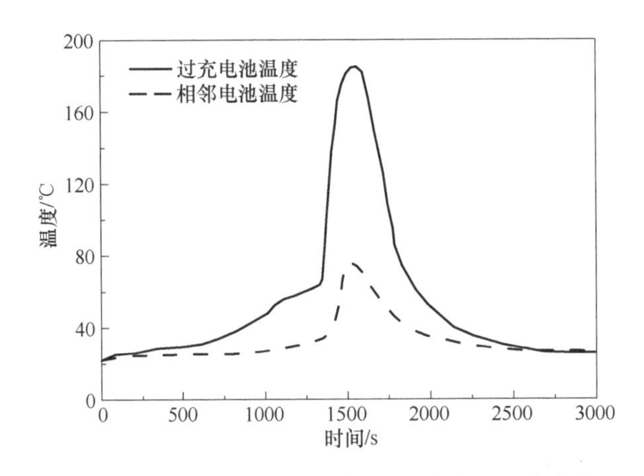

图 3-31　过充时两个相邻单体电池的表面温度变化

图 3-31 表明：①过充电池在前 1300s 温升较小，此时相邻电池的温度数据基本不变；②当 t>1300s 后，由于过充电池剧烈反应，产出大量热量，通过热辐射和固体传热不断向相邻电池传递热量，相邻电池的温度迅速上升，最高温度达 76.8℃，但是低于 SEI 膜分解的临界温度（90℃）；③随着过充电池热失控的结束，相邻电池的温度也随之降低。根据温度变化规律可以发现，在仅有两个单体电池的情况下，某一电池发生热失控时，会对相邻电池的温度造成影响。可以预见，随着过充电池热失控时间增加及热量不断累积，可能触发相邻电池模组的温度到达热失控临界点，届时，相邻电池模组将会自发地产热。这一情况放置在模组中更加严峻，因为模组内电池数量多且排列更紧密，单体电池的热失控对周围单体电池的影响更大，热连锁反应会导致模组整体的热失控。

（2）两个单体电池热蔓延仿真

电池过充时表面温度会迅速上升，进而蔓延到正常电池，影响正常电池的工作状态。根据前文分析可知，引发电池热失控的是电化学副反应产热，其中

SEI 膜分解临界温度为 90℃，正常电池整体温度达到该临界条件时，有可能会发生热失控现象。在研究电池的热蔓延仿真时，对正常电池设置相应的边界条件，当电池平均温度高于临界温度时，开始副反应产热。

将两个紧挨的磷酸铁锂单体电池（间距接近 0mm）组成一个电池组（模拟过充热失控的最大影响），以 0.5C 充电倍率对其中一个电池进行过充，该电池组的几何模型如图 3-32 所示。

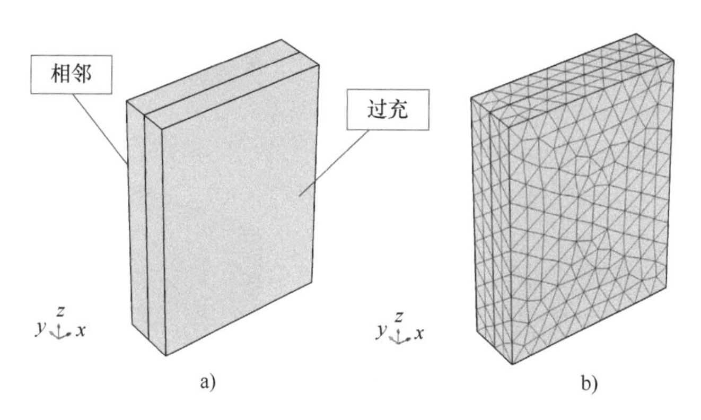

图 3-32　电池组的几何模型及网格划分图

a）几何模型　b）网格划分

截取了四个仿真时间点对比过充电池对相邻电池的热量传递规律，如图 3-33 所示。

图 3-33a 为两个单体电池初始阶段的温度云图，初始温度为 20℃。图 3-33b 为 $t=1352$s 时的温度云图，此时过充电池的最高温度为 118℃，已经进入了化学副反应阶段，热量由过充电池向常态电池逐渐转移，通过温度云图的图例可以发现，靠近过充电池侧的相邻电池温度高于 80℃，电池最低温度为 27.4℃。图 3-33c 为 $t=1512$s 时电池组的温度云图，电池组温度达到峰值，此时电池最高温度为 230℃，最低温度为 67.5℃，且相邻电池整体温度均处于该范围，整体温度未达到化学副反应的临界温度，随后电池组温度开始降低。图 3-33d 为 $t=1850$s 时的温度云图，此时电池组最高温度为 86.4℃，最低温度为 22.2℃，整体相较 $t=1512$s 时刻的温度大幅度降低。

根据仿真结果分析可知，当两个单体电池紧挨时，过充电池会向相邻电池持续性扩散热量，尤其是当电池进入化学副反应阶段以后，过充电池产生大量的热量，通过固体传热直接传播，相邻电池整体温度迅速提升。当过充电池温度达到峰值时，此时常态电池最低温度为 67.5℃，电池整体温度未达到化学副反应 SEI 膜的分解温度 90℃，从数值上说，此时相邻电池的温度还不足以进入自发热失控，但是在实际情况下，由于电池的热量累积，相邻电池仍可能进入热失控。

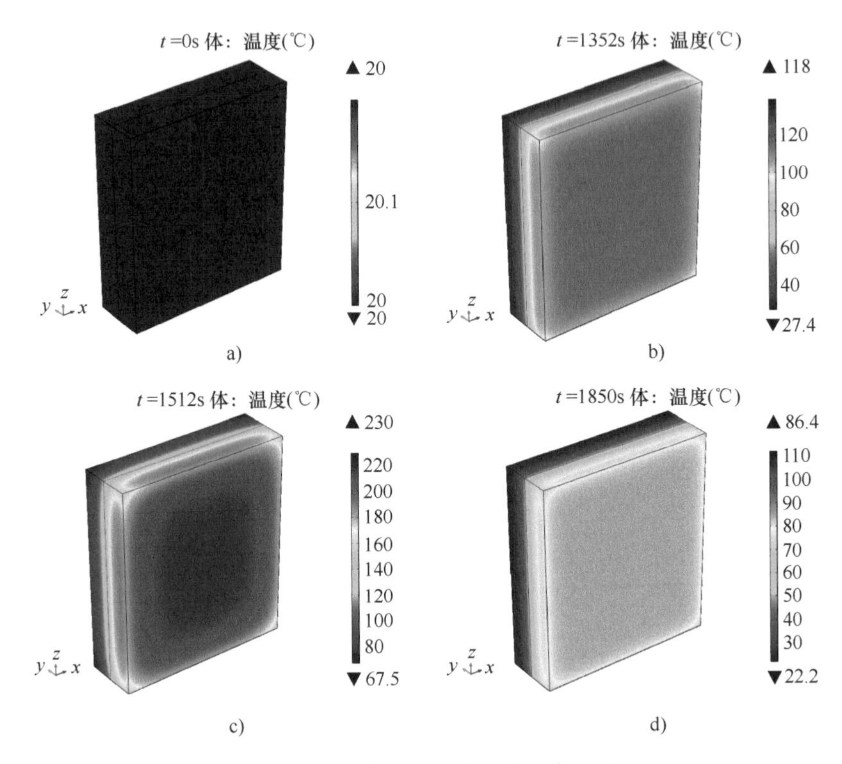

图 3-33　电池组不同时刻的温度云图

为更加直观地看到电池组温度峰值时刻电池间热量传递规律，这里截取 t = 1512s 时电池组的截面图，如图 3-34 所示。

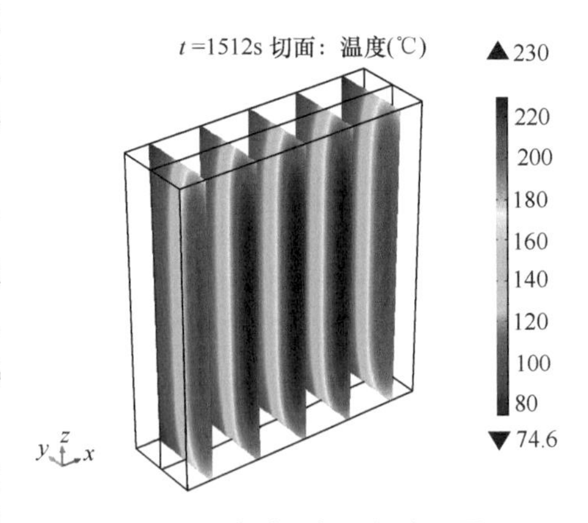

图 3-34　电池组切面温度云图

根据切面云图可知，t = 1512s 时常态电池靠近过充电池侧最高温度可达 120℃左右，但是电池导热性能较差，电池最低温度仅 74.6℃，未达到电池热失控的临界条件。

仿真表明，当邻近紧贴电池热失控时，不会触发常态电池热失控。但是邻近电池的整体温度已经接近 SEI 膜的分解温度（90℃），考虑实际的热失控并没有准确的温度阈值，电池热蔓延导致邻近电池的热失控仍非常可能发生，应尽量避免单个磷酸铁锂电池过充电现象。

3.2.2　模组内单体热蔓延仿真

长期充放电工作环境会导致模组内部的单体电池间出现不一致性，造成部分电池过充电的现象。模组内部电池间距小、散热环境差，热量易于积聚，研究单个电池过充时对整个模组的热蔓延行为十分必要。

为更好地模拟模组内部电池的温度变化，在仿真研究时忽略模组外壳。由于模组加装外壳后内部电池和外部空气对流换热受影响，为实现与加装模组外壳同等封闭的效果，将电池环境对流换热系数设为 0W/(m · K)。根据实验所用的磷酸铁锂电池模组的实际尺寸建立模组的几何模型：模组共由 32 个单体电池构成，单个电池宽度 173mm、高度 200mm、厚度 27mm，电池间距 3mm。为表征单体电池过充热失控对模组造成的最大影响，设置中心电池为过充电池。利用 COMSOL 自带的网格划分模块对模组进行网格划分，网格数量为 18656 个，网格质量为 0.765，满足计算精度。图 3-35 所示为模组的几何模型与网格划分图。

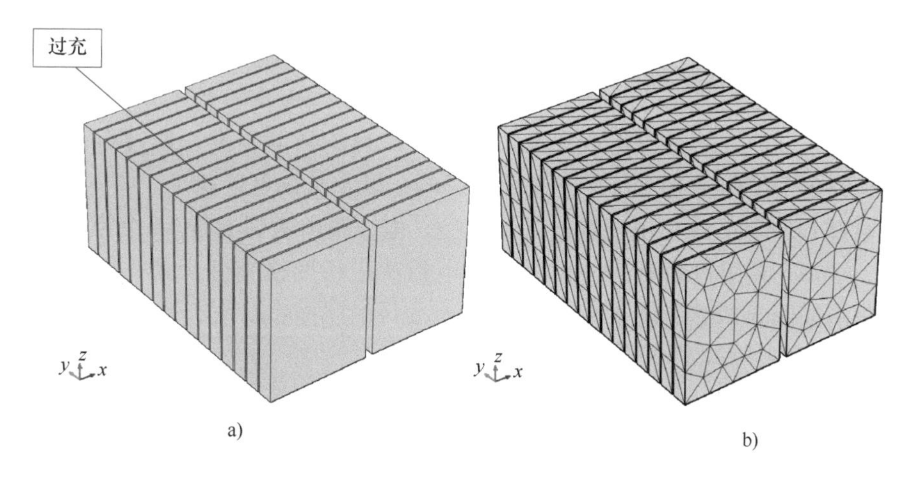

图 3-35　模组的几何模型及网格划分图

a）几何模型　b）网格划分

通过建立的过充热失控仿真模型，求解模组在 $t=1512$s（最高温度）时的温度云图，如图 3-36 所示。

根据图 3-36 可知，电池最高温度为 263℃，高于单体电池过充的最高温度 243℃（图 3-14 中 0.5C 过充倍率下磷酸铁锂电池内部最高温度），这是因为模组散热条件较差，整体温度偏高。仅有与过充电池大面积相邻的两个单体电池温度较高，但也仅为 40℃左右。温度较低的主要原因有两个：首先是电池间距较大，电池之间传热仅靠自然对流和热辐射，热传递效果较差；其次过充电池外表面最高温度仅 190℃，热源温度较小。对比单体电池间的热蔓延仿真可以发

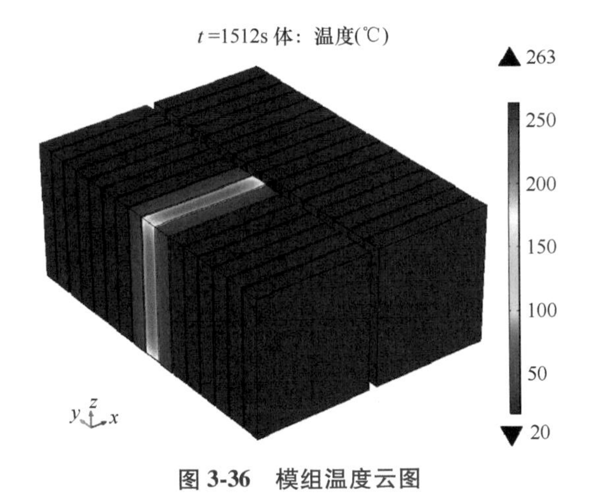

图 3-36　模组温度云图

现，单体电池对模组的影响反而更小，其主要原因是模组间的电池有 3mm 的间距，空气传热较少，所以热扩散效果不明显。

3.2.3　模组间热蔓延仿真

模组是电池簇的重要组成单元。本章从产热的角度出发，通过有限元仿真软件探究单个模组过充对整个电池簇的影响，以及其热蔓延规律。

通过 COMSOL 建立电池簇的几何模型，电池簇由两列七排 14 个模组串并联组成，对每个模组进行标号。此外，对电池簇进行网格划分，其几何模型和三维简化图如图 3-37 所示。

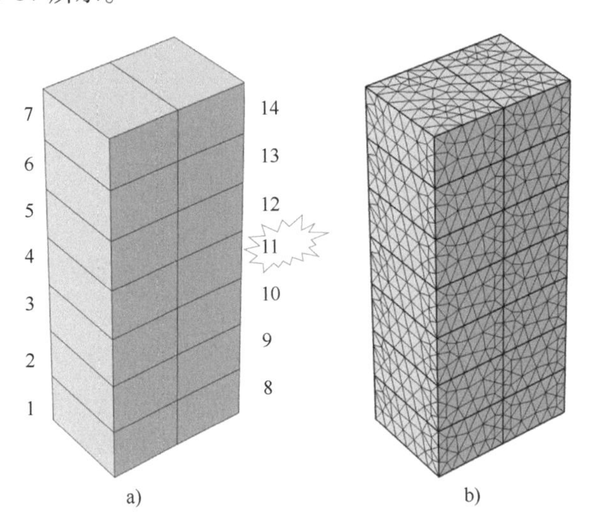

图 3-37　电池簇的几何模型和网格划分

a）几何模型　b）网格划分

为最大程度分析过充模组对周围模组的影响，选用中间的 11 号模组为过充模组，研究其过充时对周围模组的热蔓延现象。图 3-38 所示为在 0.4C 充电倍率过充时的温度云图。

根据图 3-38a~d 的温度云图可知，过充模组表面温度先上升后降低，由于过充的模组下表面电池温度更高（最高温度 220℃），所以对正下方模组影响较大，但自始至终未触发下面模组的热失控。从传热的角度出发，单个模组 0.4C 倍率过充时对电池簇造成的影响有限。

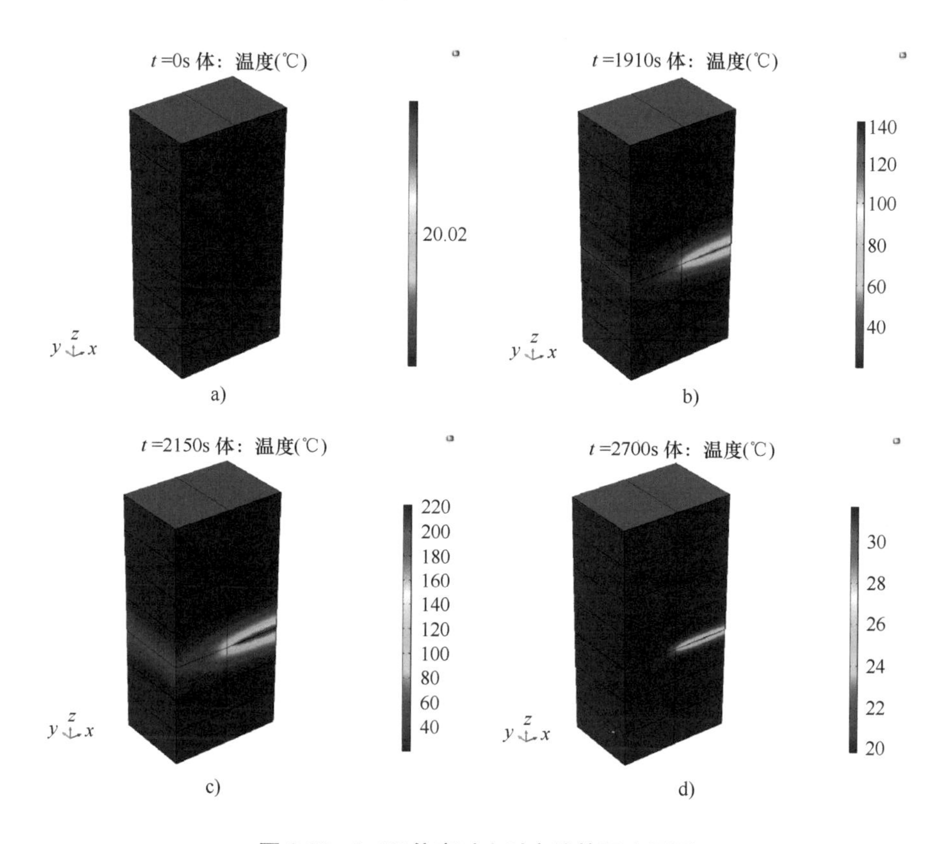

图 3-38　0.4C 倍率过充时电池簇温度云图

模组以 0.5C 充电倍率过充时的温度仿真云图如图 3-39 所示。

由图 3-39a~d 的温度云图可知，0.5C 过充时，由于 11 号模组上表面温度持续保持在高温阶段，会对 12 号模组不断传递热量，逐级引发 12 号、13 号、14 号模组的热失控反应。模组的热失控现象会呈向上蔓延的趋势，底面模组和左侧模组温度虽然也受燃烧模组的影响，但由于过充模组侧面及底面温度较低，未发生热失控的扩散现象。

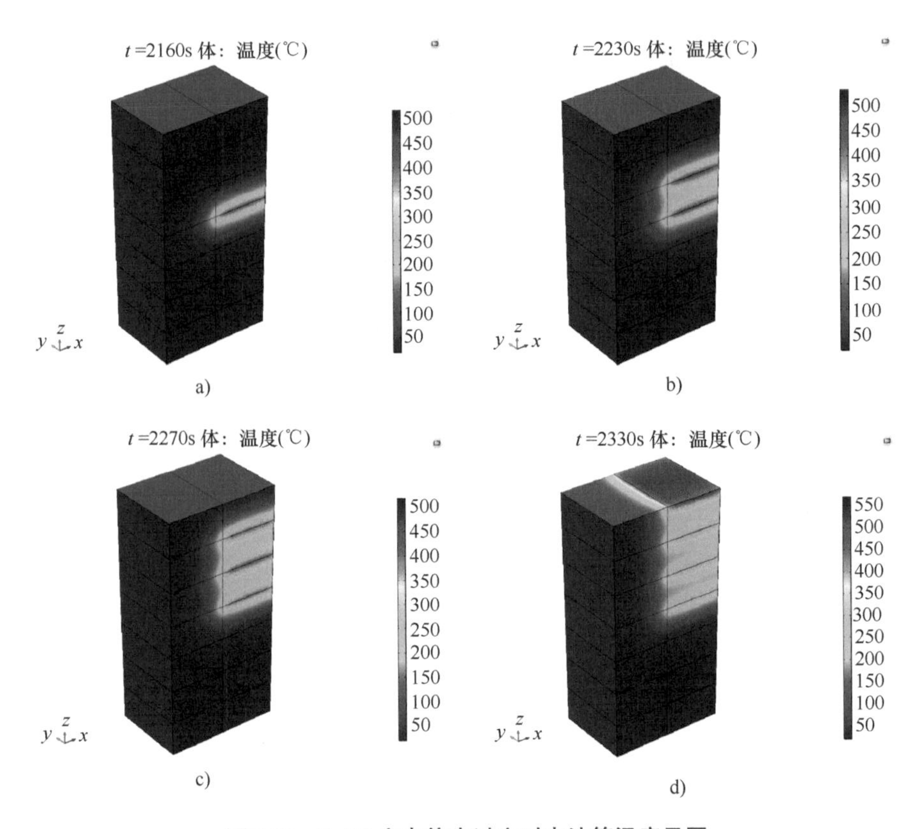

图 3-39　0.5C 充电倍率过充时电池簇温度云图

11 号、12 号、13 号、14 号模组的最高温度监测曲线如图 3-40 所示。

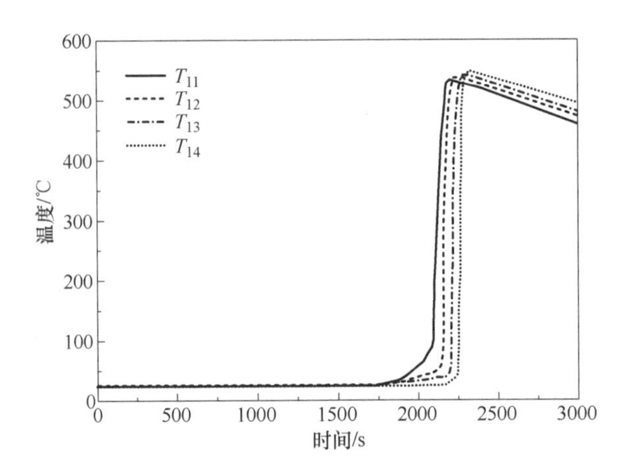

图 3-40　11~14 号模组最高温度监测曲线

图 3-40 中 T_{11}、T_{12}、T_{13}、T_{14}为四个热失控模组的电池最高温度变化曲线，11 号模组过充发生热失控后，会迅速触发 12 号、13 号、14 号模组热失控，平均触发时间为 60s 左右。模组被引发热失控后，温度迅速上升，由于受到邻近模组热传递的影响，整体温度下降较慢，电池簇将长时间保持在较高的温度水平。

综上所述，当过充倍率提高时，逐级向上触发模组热失控的概率就越大。因此，有必要进行热防护研究，阻止单体电池或者模组之间的热蔓延。

3.3 过充热防护设计

3.3.1 不同散热条件对单体电池的影响

由第 2 章的电池热失控机理可知，电池发生热失控的主要原因为电池产热和散热无法保持平衡，电池散热条件对磷酸铁锂电池过充热失控行为十分重要。以 0.4C 倍率恒流过充电为例，不同散热条件对电池过充热失控的抑制作用不同，图 3-41 为对流散热系数为 5W/(m^2 · K)、30W/(m^2 · K)、100W/(m^2 · K) 时电池最高温度变化曲线。

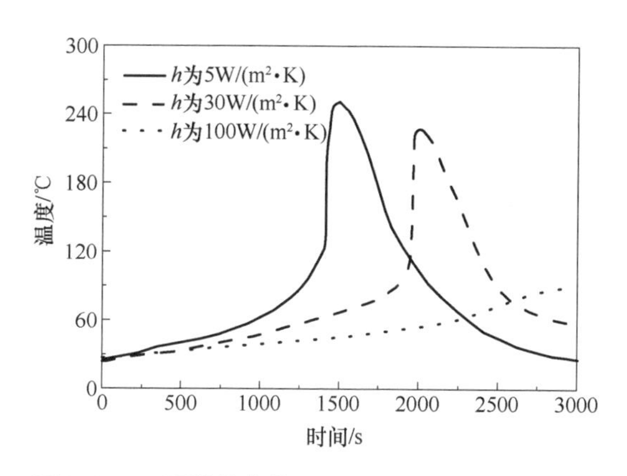

图 3-41 不同散热条件下过充电池的最高温度变化

当散热系数为 5W/(m^2 · K) 时，过充 1500s 发生热失控，电池最高温度为 249℃；散热系数为 30W/(m^2 · K) 时，过充 1980s 发生热失控，电池最高温度为 228℃；而电池散热系数为 100W/(m^2 · K) 时，仿真进行至 3000s 时温度上升较为缓慢，温升速率接近于 0，电池仍未发生热失控。根据仿真结果可知，良好的散热条件对过充电引发的热失控具有一定的抑制作用，可避免电池热失控的发生。

3.3.2 不同散热条件对模组的影响

以模组在 0.4C 倍率过充工况为例，研究不同散热条件对模组过充热失控的抑制作用，模组其余边界条件保持一致。图 3-42 是对流散热系数为 5W/(m^2·K)、30W/(m^2·K)、60W/(m^2·K)、100W/(m^2·K) 条件下，t=2150s（最高温度时刻）时的温度云图。

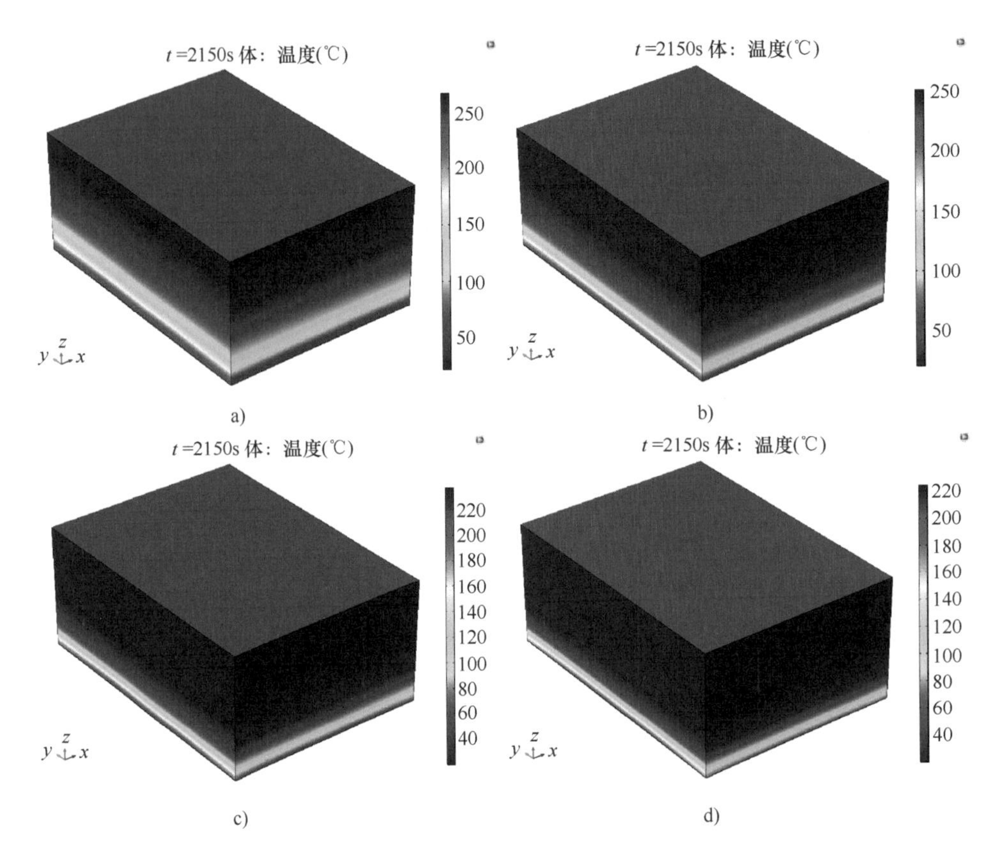

图 3-42 不同散热条件下模组温度云图

a）5W/(m^2·K) b）30W/(m^2·K) c）60W/(m^2·K) d）100W/(m^2·K)

由温度云图可知，随着散热条件的增强，模组整体温度整体有所降低，但是模组最高温度均超过 200℃，仍会发生热失控。这是由于强制散热主要是降低模组外围的温度，而模组产热源是内部电池，由于环境封闭，外部散热对内部电池本体影响较小，加强散热无法有效抑制模组过充热失控。

3.3.3　电池簇热防护

由于电池在 0.5C 倍率过充时会引发逐级热失控，对储能系统造成严重的损害，因此研究模组热失控防护策略非常重要，可以防止事故的大规模蔓延，降低经济损失。目前对电池热失控的防护主要针对单体电池一级，模组的热失控蔓延策略研究相对较少。

目前锂离子电池的热失控防护措施主要是通过热管理的方式。电池簇内部的模组发生过充燃烧事故时，由于电池簇内热失控的蔓延具有受热面积大、热传递能量高的特点，传统的风冷和液冷等热管理方案无法有效地抑制。本小节通过在模组间加装隔热材料作为隔热板的方式，探索其对模组 0.5C 倍率过充热蔓延的防护作用。

根据模组在电池簇内部的热失控扩散规律可知，模组间热量主要通过上下间传递，所以将隔热板加装到模组上下表面之间。图 3-43 所示为 COMSOL Multiphysics 绘制的电池簇内部加装隔热板位置的示意图。隔热板长 500mm、宽 356mm、厚 20mm，分别以云母板（导热系数 0.23W/(m·K)）、陶瓷纤维（导热系数 0.175W/(m·K)）、气凝胶（导热系数 0.023W/(m·K)）为隔热材料，对模组过充热蔓延进行防护。

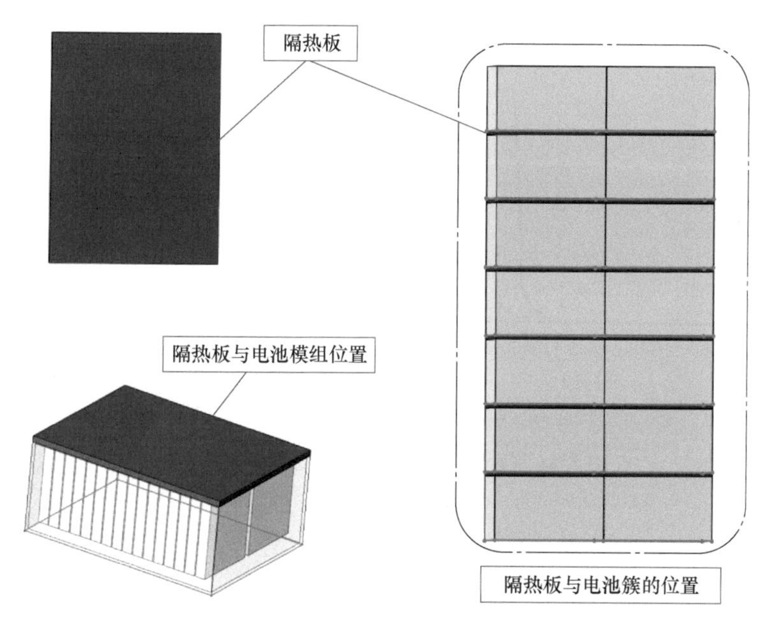

图 3-43　电池隔热板、模组、电池簇的位置关系

将环境初始温度设为 20℃，对流散热系数设为 5W/(m^2·K)，隔热板导热

系数为分别设为 0.23W/(m·K)、0.175W/(m·K)、0.023W/(m·K)。

对比不同工况下的 11 号、12 号、13 号、14 号模组温度监测数据如图 3-44 所示。可以发现，加装隔热板后，模组热蔓延的延迟时间显著增加。隔热材料中云母板的导热系数最高，因此传热性能较好，11 号模组发生过充热失控后约 160s，12 号模组发生热失控现象，随后模组逐级向上热失控；陶瓷纤维的导热性能相对云母板较差，热扩散延迟时间相对增加，模组间的平均热扩散时长约 200s；气凝胶导热系数远低于前者，第一个模组发生热失控后，其余各模组的监测温度无明显变化。

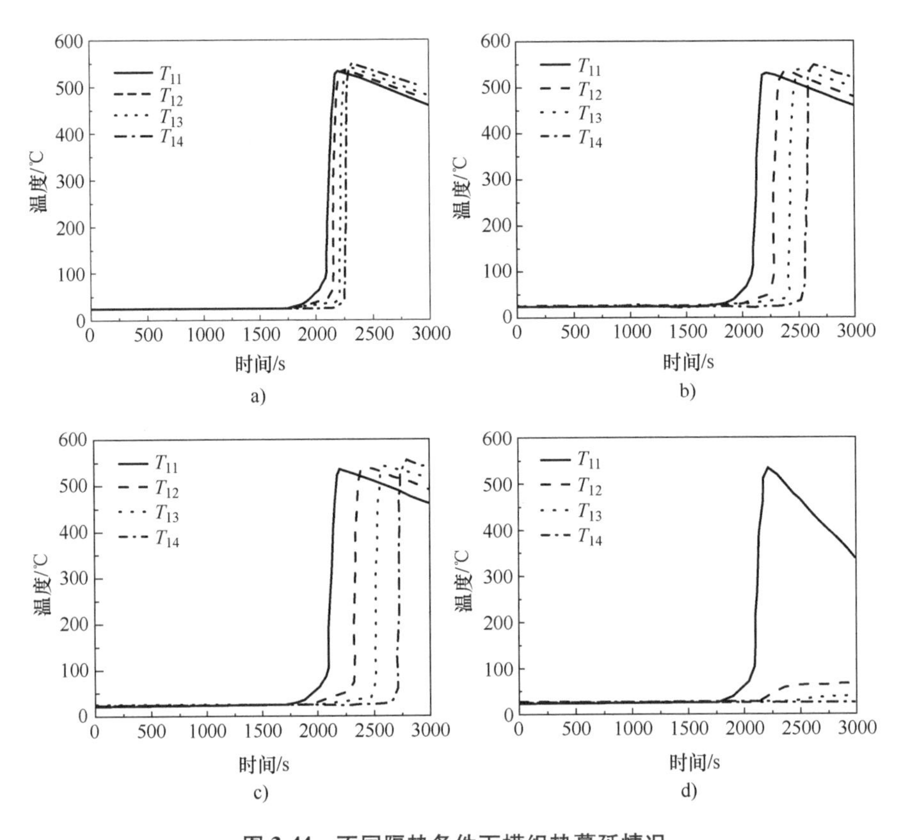

图 3-44　不同隔热条件下模组热蔓延情况

a）无隔热材料　b）云母板　c）陶瓷纤维　d）气凝胶

不同隔热条件下的电池簇温度云图如图 3-45 所示。

由温度云图可知，第一个模组热失控是由过充引发，所有工况下第一个模组触发时间一致，电池热失控的触发规律均为由下向上触发热失控；各模组的热失控时间与加装隔热板的导热性能一致性较好，隔热材料的导热性能越差，

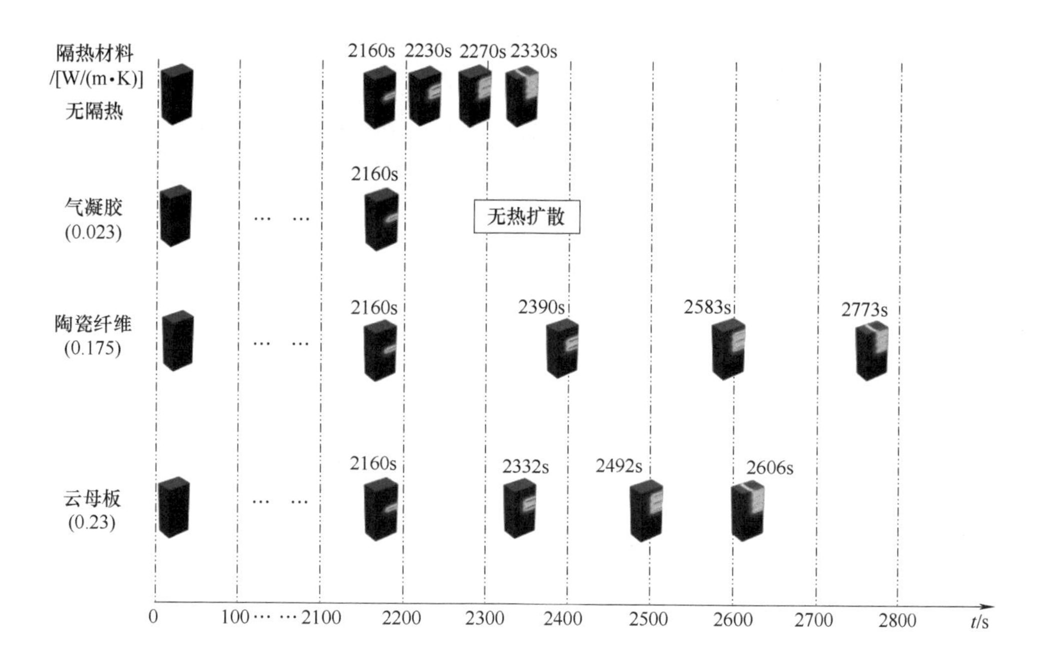

图 3-45　不同隔热条件下电池簇温度云图对比

热失控扩散时间越长；当加装气凝胶隔热板时，不会发生模组热失控的蔓延现象，起到对电池簇安全防护的作用。

由上文仿真结果可知，电池簇内加装气凝胶隔热板可以有效抑制模组的热失控蔓延。为更好地展示隔热板的抑制效果，对加装气凝胶隔热板的电池簇热失控抑制效果进行分析，温度云图如 3-46 所示。

由图 3-46a 可以发现，11 号模组过充时，模组热量从各个方向扩散，其中模组上表面温度最高，故对 12 号模型影响最大。图 3-46b 为 $t=2160$s（最高温度时刻）时的温度云图，图 3-46c 为 11 号模组与气凝胶隔热板的温度云图。对比两者可以发现，经过加装隔热板，模组上表面最高温度由 500℃左右降低到 100℃以内，硅凝胶隔热效果明显。图 3-46d、e 分别为 12 号模组以及 12 号模组内部电池的温度云图，受 11 号模组的热量传递的影响，12 号电池最高温度为 73. 3℃，最低温度为 53. 6℃，远低于电化学产热的初始温度（SEI 膜分解 90℃），12 号模组不会发生热失控，模组热失控的蔓延得到有效抑制。

综上所述，加装隔热板可以延迟模组热失控扩散的时间乃至抑制模组热失控的扩散效果。隔热板隔热效果与隔热材料有直接关系，如果隔热材料的导热系数足够小，可以有效阻止模组热失控的蔓延。

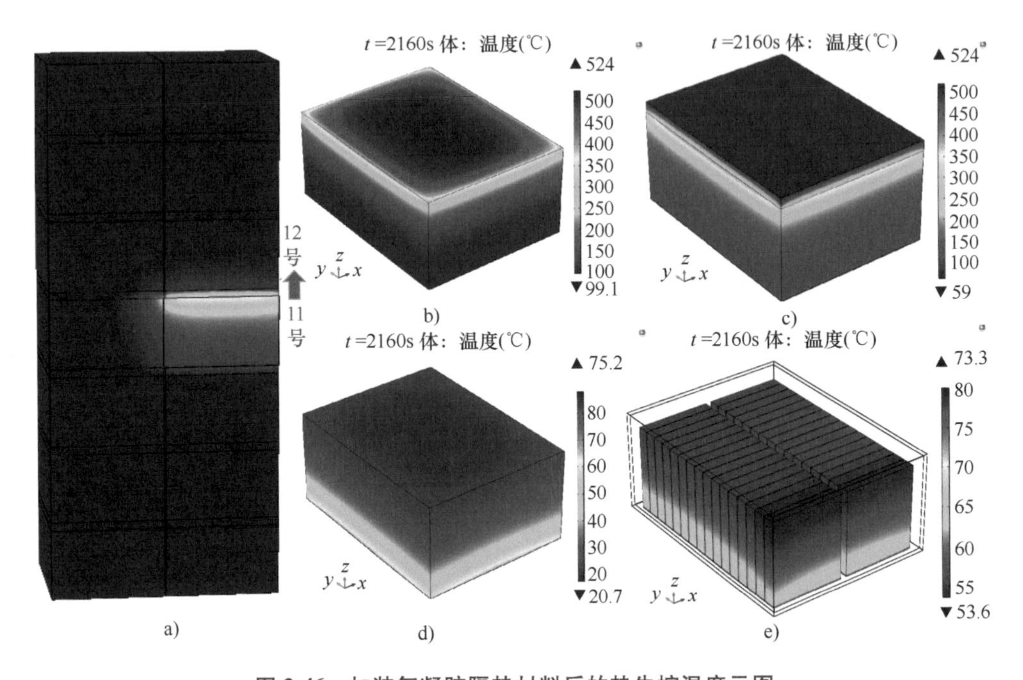

图 3-46　加装气凝胶隔热材料后的热失控温度云图

a）电池簇　b）11 号模组　c）11 号模组+隔热板　d）12 号模组　e）12 号模组内部

3.4 本章小结

本章主要讨论了磷酸铁锂电池单体及模组过充特性、热蔓延问题和热防护方法。在电池过充特性方面，主要研究了过充热特性和过充机械特性。通过实验及仿真发现，磷酸铁锂单体电池不同倍率过充时均会发生鼓包等现象；单体电池过充倍率越高，热失控时间越早；通过对过充机械特性的仿真研究发现，当电池过充鼓包时，由于内部压力的增加，接触表面的应力急剧增大，将会加速电池的破裂。在热蔓延方面，仿真研究发现电池发生热失控后，电池内部温度高出表面温度许多；同时，单个储能电池发生热失控，造成危害较小，模组中心位置电池发生过充热失控时，引发周围电池热失控的概率较小。在过充热防护方面，如果在电池簇内加装隔热板，可以延迟模组的热蔓延速度；当隔热材料足够低时，从产热的角度出发可以避免模组过充热失控的蔓延，为抑制模组热失控提供了有效的解决方案。

第 4 章

储能电站早期安全预警

锂离子电池储能电站一旦发生热失控致火或者爆炸事故，后果不堪设想。预警是储能电站安全防护体系最重要的功能。早期预警指的是在电池发生故障以后，能够在故障初期阶段及时地检测到故障信号并发出预警信息，避免故障向热失控进一步地发展，通过早期预警可以消除火灾隐患。然而，现有储能工程应用中的预警措施尚不完善，大部分为热失控致火告警，此时的电池系统已经处于高危险状态，即使发出告警信号也不能完全保证避免火灾的发生，即达不到早期预警的效果。本章提出了新的早期安全预警概念，根据作者近几年的相关研究成果，梳理更加可靠、高效的早期安全预警方法。

4.1 早期安全预警的概念

目前储能系统的安全预警均以电池管理系统某些特征参数的阈值判断来识别电池是否有热失控风险，其对安全管理的定义主要是指消防安全，对应的预警主要是指热失控告警。针对锂电池热失控风险的预警包括判断各种滥用阈值是否被触发、是否监测到滥用过程副反应产气等。然而发展到该阶段时，电池内部链式反应已经产生，单体热失控已不可逆。

本书提出的锂离子电池储能电站早期安全预警的概念为：电池开始出现故障时发出预警信号，通过断电等操作就可以完全中止电池热失控的发展或者火灾的发生，称为早期安全预警。早期安全预警属于事故前预警，完全区别于现有储能电站的火灾预警（属于事故后告警）。早期安全预警的主要目的是提前预判热失控的发生，给运维人员和消防系统的介入争取足够的时间，控制事故的扩大。

实现早期安全预警的信号必须具有及时性和有效性。电池从正常运行状态演变至热失控阶段，中间还要经历渐变故障演化和滥用故障触发两个阶段。当热失控触发以后再发出告警信号为时已晚，因此，必须在渐变故障演化和滥用故障触发两个阶段准确检测到故障电池的状态特征参量，当某一特征参量突然出现或者已有特征参量超过阈值时发出预警信号，以实现早期安全预警的功能，避免热失控致火事故触发。图 4-1 所示为早期安全预警的作用时间示意图，期望达到的早期预警时间要比热失控致火时间早 10min 以上。

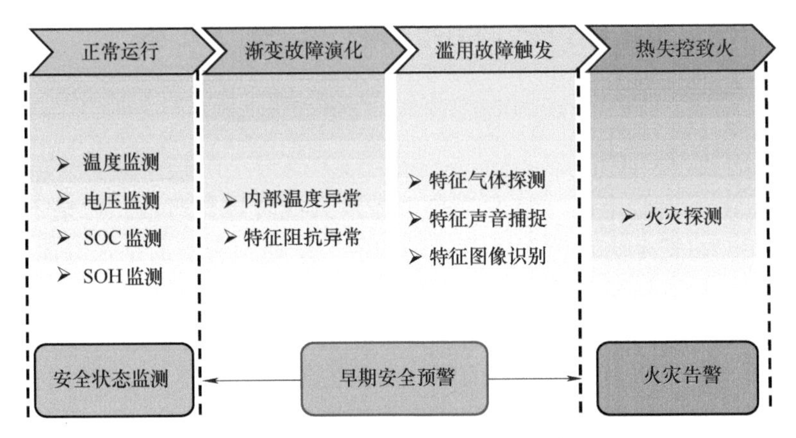

图 4-1　早期安全预警作用时间示意图

电池在事故初期呈现出的状态参量很多，包括外部信号和内部信号，并且处于不断演化的状态。从中选取并识别出最有效的信号作为早期预警特征参量至关重要。电池本体安全状态参量演化包括内部温度演化、阻抗演化等方面，外部状态参量演化包括外部声音、外部气体、外部压力等方面。如对电池内部温度和阻抗的识别，可以获取更准确的故障信息。当某电池本体的阻抗在某一阶段发生微小变化，相应的内部温度即检测出电池异常变化，利用温度预警就能准确捕捉到这一微小变化并使运维人员提前关注电池状态。事实上，电池运行环境和状态参量复杂多变，本书将从内部温度监测、阻抗识别、声音和图像识别技术等多维度出发提出多级安全预警系统，以实现高准确和低延迟地发出早期预警信号，为锂离子电池储能电站安全运行提供可靠的安全保障。

4.2　多级安全预警系统

基于锂离子电池储能电站早期安全预警概念，进一步提出早期多级安全预警系统。该多级预警系统总共分为三级，如图 4-2 所示。

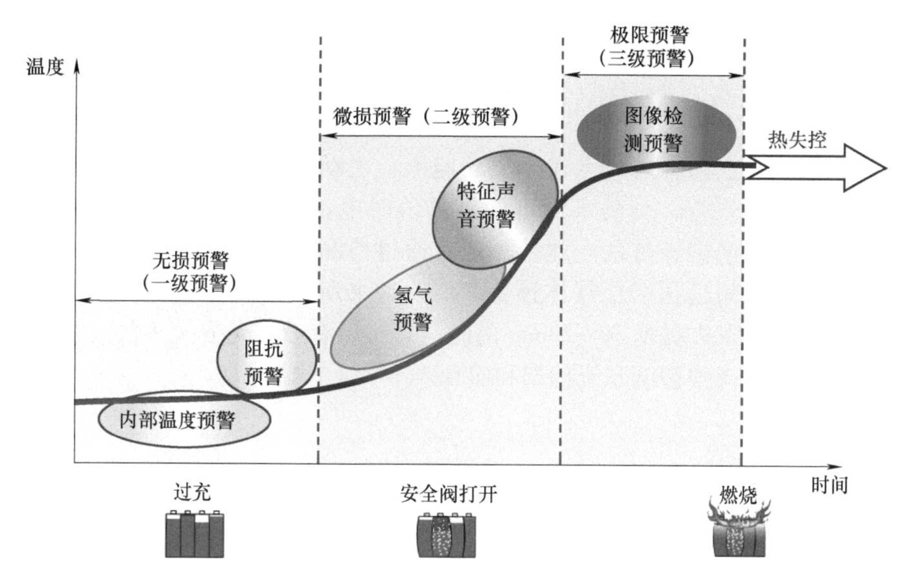

图 4-2　早期多级安全预警示意图

第一级，通过监测内部温度和阻抗实现一级预警，也称无损预警，指在不影响电池正常运行且不需要对电池结构改造的情况下实时监测锂离子电池运行状态，并根据阻抗和内部温度信息发出预警信号。在过充或者微过充条件下，电池内部的异常状态往往会反映在阻抗和内部温度的变化上。通过测量电池阻抗可以建立与电池内部温度之间的联系，进而实现内部温度的监测。相比表面温度受外部空气对流的影响，内部温度更加准确地反映了电池的安全状态。之所以称为无损预警，是因为如果能依据内部温度和阻抗的变化及时发出预警信号，通过控制系统及时调整电池运行状态，直至预警信号消失，则能实现储能系统继续恢复正常运行。

第二级，通过监测特征气体和特征声音变化实现二级预警，也称微损预警，指随着故障过程的演化，磷酸铁锂电池会释放特征气体如 H_2，可以作为气体预警的有效特征气体；根据电池结构特点，电池安全阀会在内部压力作用下打开而发出特征声音，可以通过提取该特征声音信号，通过去噪等信号处理将声音信号转化为电信号发出预警信息。之所以称为微损预警是由于检测到特征气体和特征声音信号时，电池已经发生了轻微损伤，若能及时停止运行进行安全检修，更换受损电池或模组后，储能系统仍能恢复正常运行。

第三级，通过监测特征图像实现三级预警，也称极限预警。这里的特征图像特指电池安全阀打开以后，随着电池内部温度的继续升高，电解液产生气化现象，表现为明显的雾状。通过采集储能舱内的实时视频图像信号，经过对比分析，便可以判断出汽化电解液的产生，发出预警信息。之所以称为极限预警是由于此时已经距离电池热失控致火很近了，电池已经严重受损，处于一种相对危险的状态，除了停止运行进行安全检修外，还必须尽早将汽化电解液排出储能舱，防止火灾发生。

早期多级安全预警的特点在于主动监测、主动识别和可靠有效。传统的热失控告警如温度告警，当外部温度达到阈值时电池内部已经进入热失控状态，其效果远不及无损预警方法。此外，现有通过检测火灾产生的烟气进行告警的方法，其作用时间远在特征气体预警之后。本书所提出的三级预警系统，可实现比电池热失控致火提前 10~20min 的时间，可以有效避免安全事故发生。接下来将简要介绍多级预警的系统构架和实现。

4.3 系统构架和实现

图 4-3 所示为多级安全预警系统的基本构架，包括电源设备、交换机、内部温度测量装置、AI 开发板、声信号采集卡。其中，交换机是一种用于电（光）信号转发的网络设备，它可以为接入交换机的任意两个网络节点提供独享的电信号通路，从而实现与主机的通信。在实际应用中，安装安全预警监测装置并与氢气传感器、声音传感器、摄像头连接，实现对锂离子电池的多方位监测。图 4-4 所示为多级安全预警系统软件界面。

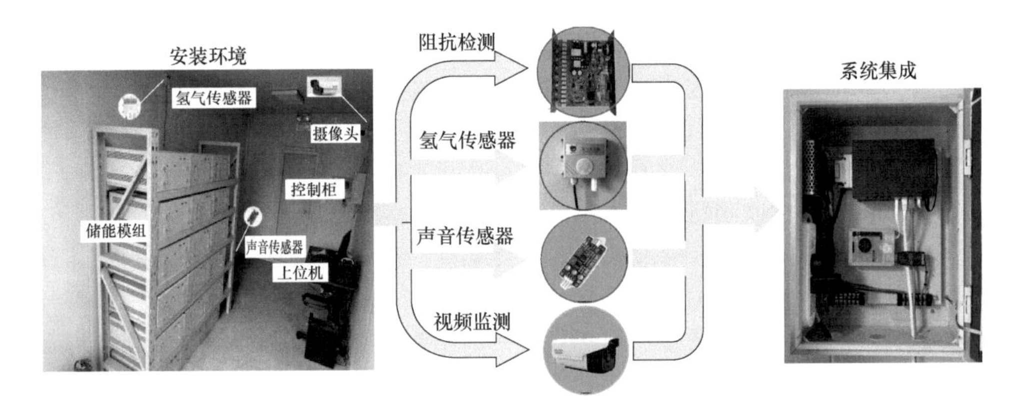

图 4-3　多级安全预警系统的基本构架

多级安全预警系统工作过程分为三个阶段。

第一阶段：锂离子电池发生故障时，温度最先发生异常变化。内部温度测量装置基于交流阻抗测量法对电池内部温度进行测量，并通过网线与安全预警

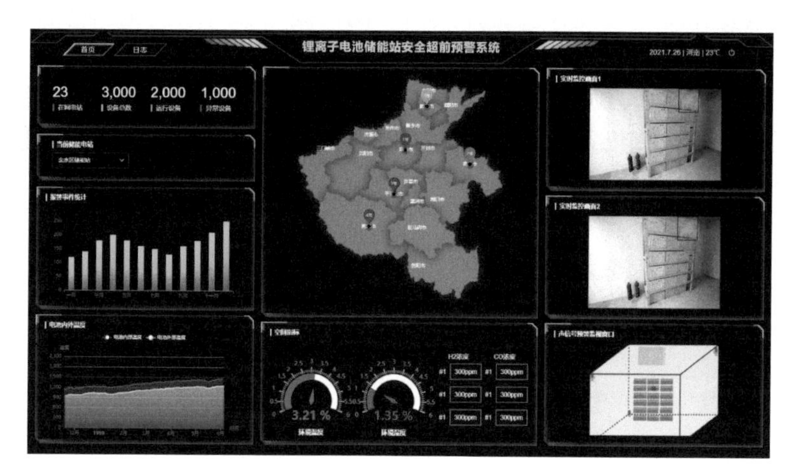

图 4-4　多级安全预警系统软件界面

监测装置中的交换机连接，当检测到异常温度变化（>50℃）时，发出一级预警信号。

第二阶段：锂离子电池过充早期，锂枝晶和聚合物黏结剂发生反应产生氢气，相比于其他热失控气体能最早检测到。采用测量范围为 $1\times10^{-6}\sim1000\times10^{-6}$、测量精度为$\pm(10\times10^{-6}+5\%FS)$、响应时间低于 3s 的氢气传感器对氢气进行检测。氢气传感器通过 RS485 转 USB 接口连接到 AI 开发板，再经过网线连接到交换机。氢气产生一段时间后，锂离子电池内部会急剧分解并产生气体，导致锂离子电池内部气压升高，泄压装置进行泄压并发出特定频率的声音。故采用声音传感器模块，将声信号转换为电信号，对安全阀打开的声音进行检测并定位到声源。麦克风的四根声信号连接成一个转接口并接到声音采集卡，通过网线连接到交换机。当检测到异常浓度的氢气或安全阀打开声信号时，发出二级预警信号。

第三阶段：随着温度不断升高，锂离子电池内部会产生高热，造成电解液持续汽化。采用分辨率为 1080P 的摄像头采集图像信息，直接通过网线连接到交换机。当检测到汽化电解液时，发出三级预警信号。

上述多级预警系统的协同配合充分利用了电池故障早期的相关温度、内阻、气体和声音等特征，对这些特征进行监测、提取和识别，从而可以保证在热失控前及早地发出预警信号，极大地延长了应急反应和处置的时间。

4.4 本章小结

本章介绍了锂离子电池储能电站早期安全预警的概念，重点阐述了早期安全预警的重要性及其与现有预警方式的不同；提出了多级安全预警系统，主要包括：一级预警（无损预警）、二级预警（微损预警）和三级预警（极限预警）；介绍了多级安全预警系统的构架和实现方法，提出以内部温度、阻抗、特征声音、特征图像等状态参量作为预警信号，下面将在各章中详细阐述各早期预警的原理和方法。

第 5 章

阻抗预警

阻抗特性伴随着电池完整的生命周期，在电池充放电、静置和事故时会有不同的表现。电池在不同激励频率下表现出不同的阻抗，这一阻抗特性能够反映特定的电化学过程，也能提供电池的状态信息，如一致性、SOC、SOH 等。然而，阻抗的测量不如电压、表面温度那样直接和容易，常规的电池管理系统在设计阶段没有考虑阻抗测量功能，也没有专门基于阻抗进行的电池安全预警功能。

本章介绍了电化学领域研究中常用的电化学阻抗谱的原理和分析方法，以此为基础提出了电流激励型的单频点阻抗的测量方法，并设计硬件实现了单频点阻抗的在线测量。随后，以单频点阻抗为基础，分别研究了电池过充和鼓包前后的阻抗特征，提出了基于单频点阻抗特征的早期安全预警方法。

5.1 单频点阻抗

5.1.1 电化学阻抗谱

电化学阻抗谱（Electrochemical Impedance Spectroscopy，EIS）可以用于分析电极过程动力学、双电层和扩散等，研究电极材料、固体电解质、导电高分子以及腐蚀防护机理等，也是分析电池状态参数、获得等效电路参数的常用方法。

EIS 是电化学系统的传递函数，给电池施加微弱的扰动信号 X，获得响应信号 Y，则该电池的传递函数 $G(f)$ 可以表示为

$$G(f)=Y/X \tag{5-1}$$

在正弦激励条件下，扰动信号 X 和响应信号 Y 都是角频率为 f 的正弦信号 $X(f)$ 和 $Y(f)$。如果 $X(f)$ 是频率为 f 的正弦激励电动势，那么 $Y(f)$ 就是响应

电流的频率为f的部分，$G(f)$ 是该电池的导纳，表示为$1/Z(f)$；如果$X(f)$ 是频率为f的正弦激励电流，那么$Y(f)$ 就是响应电压的频率为f的部分，$G(f)$ 是该电池的阻抗，表示为$Z(f)$：

$$Z(f)=\frac{U(f)}{I(f)} \tag{5-2}$$

激励信号可以是小振幅的$U(f)$ 或$I(f)$。对电池使用小振幅的信号不仅可以避免对电池产生大的影响，而且扰动与响应呈近似线性关系，简化了测量结果的处理。

对电池施加从 mHz 到 MHz 级别上所有典型频率的激励信号，获得这些频率对应的电化学阻抗$Z(f)$，即可得到该电池的 EIS。

EIS 的每个$Z(f)$ 都是向量，包含实部和虚部：

$$Z(f)=Z'(f)+\mathrm{j}Z''(f) \tag{5-3}$$

式中，$Z'(f)$ 表示实部，有时也写作Z_{Re}、$\mathrm{Re}(Z)$；$Z''(f)$ 表示虚部，有时也写作Z_{Im}、$\mathrm{Im}(Z)$；$\mathrm{j}=\sqrt{-1}$。以实部$Z'(f)$ 为横坐标，以虚部的相反数$-Z''(f)$ 为纵坐标来绘制X-Y图，就是 EIS 的奈奎斯特（Nyquist）图表示法，如图 5-1 所示。

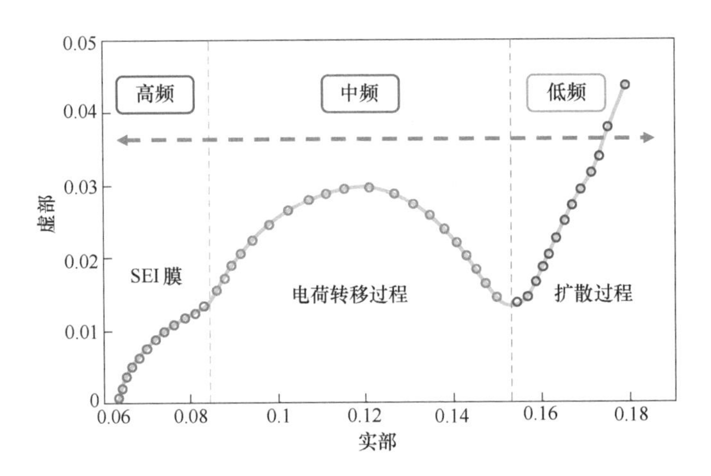

图 5-1　电化学阻抗谱的奈奎斯特图表示法

$Z(f)$ 还可以表示为极坐标形式：

$$Z(f)=|Z|(f)\mathrm{e}^{\mathrm{j}\varphi(f)} \tag{5-4}$$

式中，$|Z|(f)$ 表示阻抗的模值，$\varphi(f)$ 表示阻抗的相角：

$$|Z|(f)=\sqrt{Z'(f)^2+Z''(f)^2} \tag{5-5}$$

$$\varphi(f)=\arctan\frac{Z''(f)}{Z'(f)} \tag{5-6}$$

分别以阻抗的模值 $|Z|(f)$ 和相角 $\varphi(f)$ 随频率的对数 $\log f$ 的变化绘制两条曲线，就是 EIS 的伯德（Bode）图表示法，如图 5-2 所示。

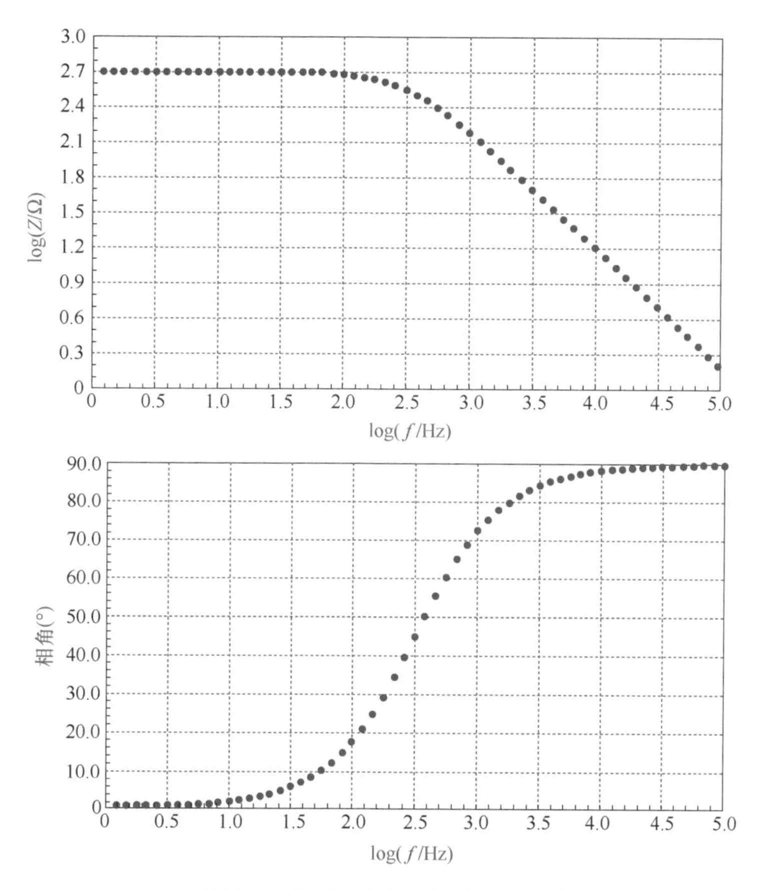

图 5-2　电化学阻抗谱的伯德图表示法

各频段的 EIS 可以用等效电路的方式来拟合。以磷酸铁锂电池为例，典型磷酸铁锂电池的 EIS 如图 5-3a 所示。

在图 5-3a 中，电化学阻抗谱在低频段呈现一条倾斜 45°的斜线；而在中频段形成一条半圆弧线。直到某个频点上呈现完全的电阻特性，此时的阻抗为电池的欧姆阻抗。在高频段，阻抗越过实轴到达第四象限，虚部变为负值，原因主要是来自电池极耳、接线等带来的电感效应。

图 5-3a 的阻抗变化可以用图 5-3b 的等效电路模型（Equivalent Circuit Model，ECM）来模拟，等效电路的整体阻抗表达式是

$$Z = \mathrm{j}\omega L + R_{\mathrm{b}} + Z_{\mathrm{CPE}} // (R_{\mathrm{ct}} + Z_{\mathrm{w}}) \tag{5-7}$$

式中，R_{b} 表示电池的欧姆阻抗，它的表达式是

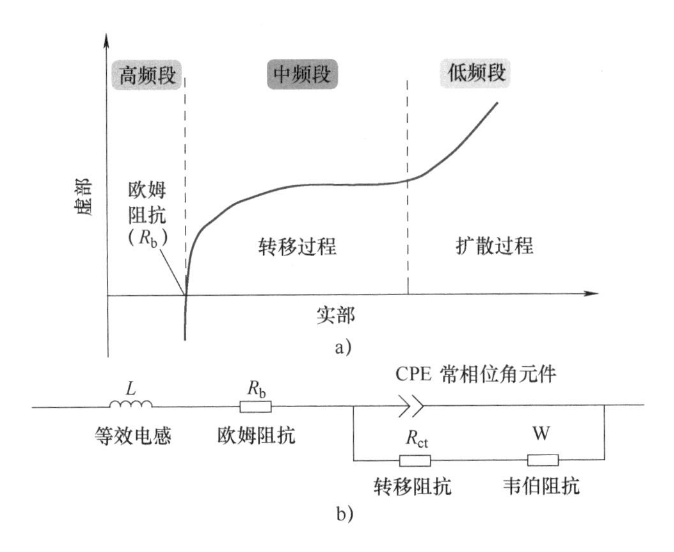

图 5-3　锂离子电池的电化学阻抗谱和等效电路

a）电化学阻抗谱-奈奎斯特图　b）锂离子电池等效电路

$$R_b = R_s + R_l = \frac{1}{\varepsilon_s^{1.5}\sigma_s(T)} + \frac{1}{\varepsilon_l^{1.5}\sigma_l(c_l, T)} \tag{5-8}$$

低频段的 W 为韦伯（Warburg）阻抗，它的阻抗表达式是

$$Z_w = \frac{R_w}{T_w(j\omega)^{P_w}} \text{arctanh}[T_w(j\omega)^{P_w}] \tag{5-9}$$

Z_w使阻抗谱的低频段表现为45°斜线，中高频段接近零阻抗。

中频段主要为转移阻抗 R_{ct}和常相位角元件 CPE，共同构成半圆弧形的频带特征，CPE 的阻抗表达式是

$$Z_{CPE} = \frac{1}{T_c(j\omega)^{P_c}} \tag{5-10}$$

L 为高频段的等效电感元件，形成了高频段垂直于实轴的频带特征。

5.1.2　单频点阻抗的提出

EIS 尽管能够分析电池的电化学参数，但不能直接应用于热失控预警，原因包括以下几方面：

1）成本过高。目前完整频带的 EIS 设备的价格在几万元到几十万元不等，然而大规模储能系统对于预警装置的数量要求是巨大的，一个储能舱内部通常有成百上千个电池，即使采用十几个电池共用一台 EIS 装置的采集方案，成本也是不可接受的。

2）难以建立有效的模型。常用的EIS的数据分析方法要求几十个频点的数据，测量时间需要几分钟至十几分钟。电池的内部参数在这个测量过程中不断变化，使传统的电化学和等效电路的结论失效。

3）预警失去及时性。电池的过充和鼓包的预警窗口通常只有几分钟，错过后电池将进入不可逆的热失控状态，最终危及整个储能舱的安全。过长的测量时间会使预警的发出错过最佳干预时间，导致预警失效。

4）抗干扰能力不足。传统的EIS设备要求电池在测量前先经过几小时的静置，而电池预警要求EIS设备能在电池运行时测量阻抗数据，这要求设备有很强的抗干扰能力。

针对以上问题，本章提出使用电流激励的单频点阻抗来判断电池是否处于异常状态，并发出预警。单频点阻抗是指单个频率激励信号下的电化学阻抗。与EIS相比，单频点阻抗测量时间短，避免了因测量过程中电池内部参数变化引起的误差，也降低了成本，使阻抗预警方法的大规模应用成为可能。

5.2 电流激励型阻抗测量设备

5.2.1 设计思路

传统的EIS设备采用电压型激励，要求电池电压保持不变，而在电池充放电过程中其电压往往是不断变化的，很难跟随。相反，电流型激励的最大优势是输出激励不需要根据电压或负载电流调整，具有在线测量能力。因此，要研究单频点阻抗预警，必须先研制电流激励型阻抗测量设备。

使用通用型模块（如NI的DAQ数据采集卡，Matlab的专用数据分析软件等）来搭建一个测试平台从理论上也是可行的，但是在实现大规模阻抗测量和预警时会付出极高的成本。另外，商用数据采集卡在软件架构上依赖特定的平台，其数据同步、时延控制等方面有自身的处理技术，用户无法保证采集到的是最原始的信号。

相比之下，自研设备最大的优势就是软硬件完全可控，并且可以为大规模的预警和监测设计专门的平台架构，也能为研究结论的推广提供不受限的支持。因此，测试开始之前先进行电流激励型阻抗测量设备的研制。

电流激励型阻抗测量设备的基本结构是一个激励电流源和一对信号隔离放大同步采集装置。由于响应电压信号有直流分量和充放电电流引起的电压扰动，电压隔离放大通道还旁路有专门的电压跟随环节。设备还应满足以下要求：

1）宽频带、低谐波的激励电流源：尽管本设备的最终目的是研究单频点阻抗对电池的预警，但是在研究阶段应具有宽频带阻抗测量的能力，因此激励电流源必须覆盖到锂离子电池的大多数特征频率（1Hz 到 1kHz）。以电池为代表的电化学系统具有非线性特性，一个频率的激励会在多个频率上产生响应，同理多个频率的激励也会作用于特定频率的响应，给测量结果带来误差，因此本装置的激励电流源必须有极低的谐波。

2）高同步率的采集通道：阻抗的计算需要同步的电压和电流序列，序列信号的时延误差会造成阻抗的误差（尤其是相角的偏差及其造成的实部和虚部偏差），因此电压和电流信号的隔离放大通道必须设计为完全一致，并且采集单元（AD 芯片）也必须有同步采集功能。

3）灵活的电压跟随：本设备的设计初衷是能够在线测量电池的阻抗，以期实时监测电池状态、预警安全风险，因此抗充放电及串扰信号对电压的干扰是本设备的关键。

4）可替换为定频输出的电流源：研究阶段与推广阶段对设备的要求不同，本设备的电流源在推广阶段需要替换为成本较低的定频电流源，以降低推广门槛。

5）灵活的网络架构：为了能在大规模储能系统中推广，本设备除了满足以上要求，还应以 RJ45、RS485 总线或无线跳频通信的方式与上位机组网通信，实现网络化监测和预警。

5.2.2 设计方案

基于以上思路和要求，本章设计的阻抗在线测量设备原理如图 5-4a 所示。

该方案采用数字信号处理器（DSP）作为主控芯片，一方面驱动电流源产生正弦激励电流，励磁电流源用于产生频率为f_e的正弦电流（i_e）：

$$i_e = A\sin(2\pi f_e t) \tag{5-11}$$

式中，A 是电流扰动的大小，当测量对象是锂电池储能电站或电动汽车中大容量电池时，A 通常大于 20A；如果为了实现更高的测量精度并减少对电池的额外加热，A 取 1A（小于 0.05C）。

DSP 另一方面采集实时的响应电压 u_r 和激励电流 i_e。电压采集部分使用仪表放大器（INA）、可编程增益放大器（PGA）和模数转换器（ADC）收集响应电压 u_r，此过程中还有电压跟随单元以去除直流电压的影响。电流采集部分首先将激励电流 i_e 通过精密的采样电阻 R_s 转换为采样电压 u_s，u_s 的采集方法与 u_r 相同，i_e 和 u_s 之间存在着以下关系：

$$i_e = \frac{u_s}{R_s} \tag{5-12}$$

式中，R_s 与被测电池的阻抗保持同一数量级，如 10mΩ。

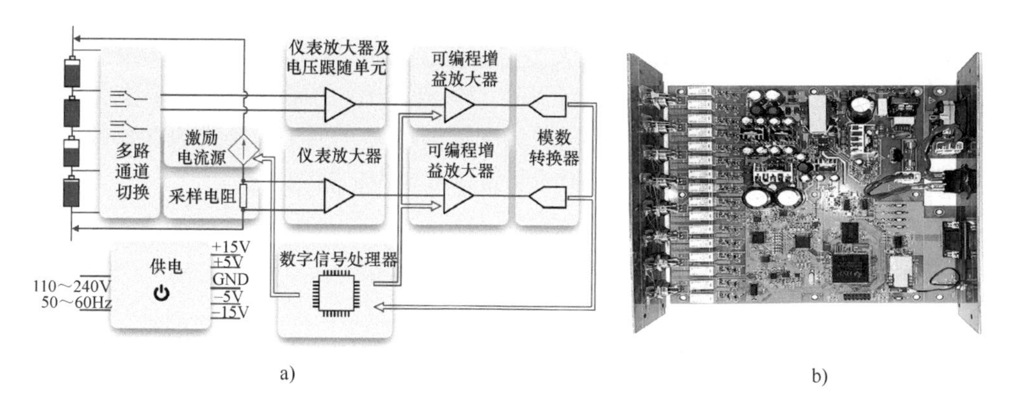

图 5-4　阻抗在线测量设备原理图及设备实物图

a）阻抗在线测量原理　b）阻抗在线测量设备实物图

此外，该设备中包括两个多路复用器，其中一个多路复用器的输入连接到 8 个单元的正极，输出连接到仪表放大器的正极；另一个多路复用器的输入连接到 8 个单元的负极，输出连接到仪表放大器的负极。在这种连接方式下，通过切换通道可以实现测量 8 个电池单元。

这种设计方案有如下优点：

1）集成度高。所有的激励、采集和计算功能都在一个装置上实现，降低了远程上位机的计算和调度负荷，有利于在大规模储能系统中应用。

2）可靠性强。DSP 只负责输出激励电流、采集响应电压和采样电压，并对信号进行处理，整个过程中没有反复调参的过程。

5.2.3　数据处理和功能验证

通过傅里叶变换计算频率 f_e 处的电流和电压分量：

$$\hat{f}(\xi)=\int_{-\infty}^{\infty} f(x)\,\mathrm{e}^{-2\pi \mathrm{j} x \xi}\,\mathrm{d}x \tag{5-13}$$

式中，向量 $\hat{f}(\xi)$ 是频率 ξ 处的分量，$f(x)$ 是时域内原始信号，频率 f_e 处的阻抗 $|Z|$ 可通过向量除法计算：

$$|Z|=\left|\frac{u_r}{i_e}\right| \tag{5-14}$$

依据以上原理制作的单频点阻抗测量设备如图 5-4b 所示。该设备采用四线制测量方法，能够避免测量线路对阻抗的影响。此外，该装置能够分别测量 8 个电池的 1Hz 到 1kHz 任一频率的阻抗（间隔 1Hz），该频段已经能覆盖反映锂离子电池特性的中频带。每个通道的单个频点阻抗测量时间小于 1s，能够满足基于阻抗预警的实时性要求。

随后进行了本设备的测量精度验证。先后使用通用EIS设备和本章的电流激励型阻抗测量设备测量10mΩ精密无感电阻的1Hz到1kHz的阻抗谱，按照奈奎斯特图表示法绘制如图5-5所示。可见在1Hz到1kHz的频段上，两个设备的阻抗谱实部都保持在10mΩ，虚部都随着频率逐渐增大（由于连接线的电感效应且感抗与频率呈正比），说明本章研制的装置具有较高的幅值精度。

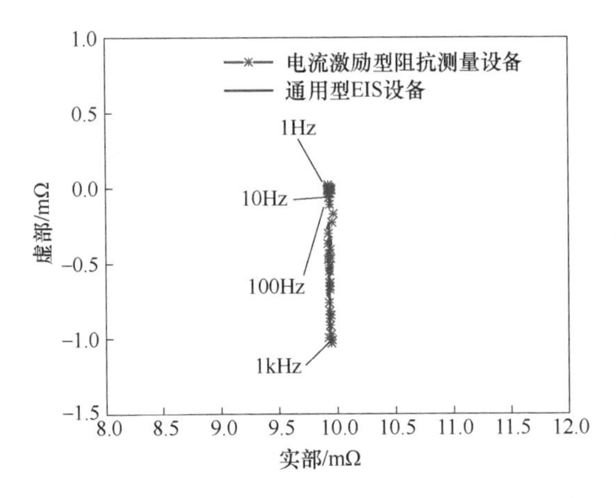

图5-5　与通用EIS设备的精度比较（10mΩ精密无感电阻）

首先使用通用EIS设备测量24Ah方形铝壳磷酸铁锂电池0.1Hz到5kHz的阻抗谱，然后使用本章的电流激励型阻抗测量设备测量该电池的1Hz到1kHz阻抗，按照奈奎斯特图表示法绘制如图5-6所示。可见在1Hz到1kHz的频段上，两个设备的阻抗谱是重合的，说明本章研制的装置具有较高的幅值和相位精度。

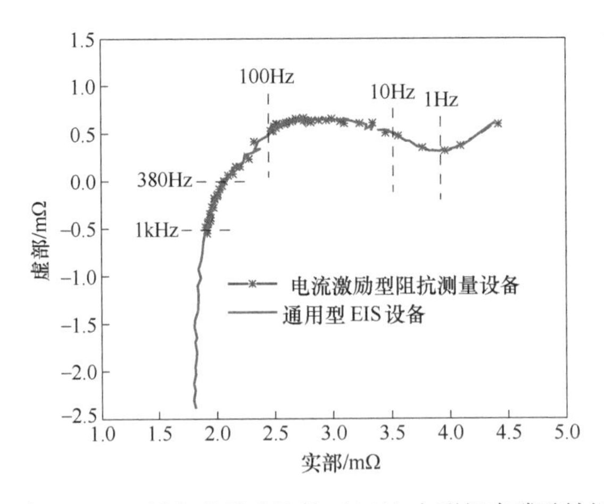

图5-6　与通用EIS设备的精度比较（24Ah方形铝壳磷酸铁锂电池）

5.3 单频点阻抗过充预警

5.3.1 过充前的单频点阻抗特征

由于电池生产工艺存在差异，在长期运行中，模组内会出现 SOC 不一致的现象。该现象引起部分单体电池的微过充、微过放和局部过热，进一步增大电池的差异，最终造成 SOH 不一致。如图 5-7a 所示，这两种不一致现象会加剧部分单体电池的过充，有可能导致电池失效，甚至引起安全事故。因此，本节专门研究基于单频点阻抗的电池过充预警。

此外，任何一种基于电信息（电压、电流、阻抗等）的检测或预警方法都不可避免地会带来额外的接线。以电压检测为例，检测线路需要连接在每一个电池的两端。对于 N 个单体电池的模组来说，电压检测单元增加的额外检测线路为 $2N$ 条。即使是通过复用线路检测的方式，接线数量也至少是 $N+1$ 条。本章使用的单频点阻抗测量设备采用四线制测量，向电池注入激励电流并测量电池响应电压。对于 N 个电池的模组，需要的接线数量为 $4N$ 条。采用复用线路的方式，可以将测量线路减至 $N+3$ 条。

即使是采用最节省线路的 $N+3$ 条的方式，对于模组来说，仅仅是检测电池阻抗需要增加的线路也达到了十几条。这无疑给基于阻抗的预警增加了改造模组的工作量，也带来了安全隐患。因此，本节提出使用检测整个模组阻抗的方式来避免改造模组。这样做不仅能避免由于接线带来的安全隐患，也能从轮流检测每一个电池单体改变为一次检测整个模组，提高检测效率，也提高预警的及时性。

通常的电池预警是设置各指标的正常范围，如磷酸铁锂电池的电压范围为 2.8~3.6V，温度范围通常要求不高于 55℃。然而，由于 SOC 不平衡和 SOH 不平衡的存在，在少数电池即将发生事故时，异常指标会淹没在模组内大量正常电池的指标中，不会使监测设备采集到的总指标越限。以磷酸铁锂电池为例，当有电池单体电压因微过充而超过 3.6V 时，可能其他几十个电池都接近但没有达到 3.6V，会使整个模组（N 个电池）的电压低于 $3.6\text{V}\cdot N$ 的总电压上限。

因此，基于阻抗开发一种不依赖数量上下限的预警装置，在模组上监测内部是否有电池即将过充，成为了一种值得研究的方法。

通过对不同 SOC 下的 EIS 的分析以及多组过充预警测试，我们发现接近过充的电池表现出与正常电池不同的阻抗特性。容量正常的电池在整个过程中阻抗变化稳定，如图 5-7b 中“正常单体电池”曲线所示。低容量电池的阻抗在过充电之前急剧下降，如图 5-7b 中“接近过充的单体电池”曲线所示。

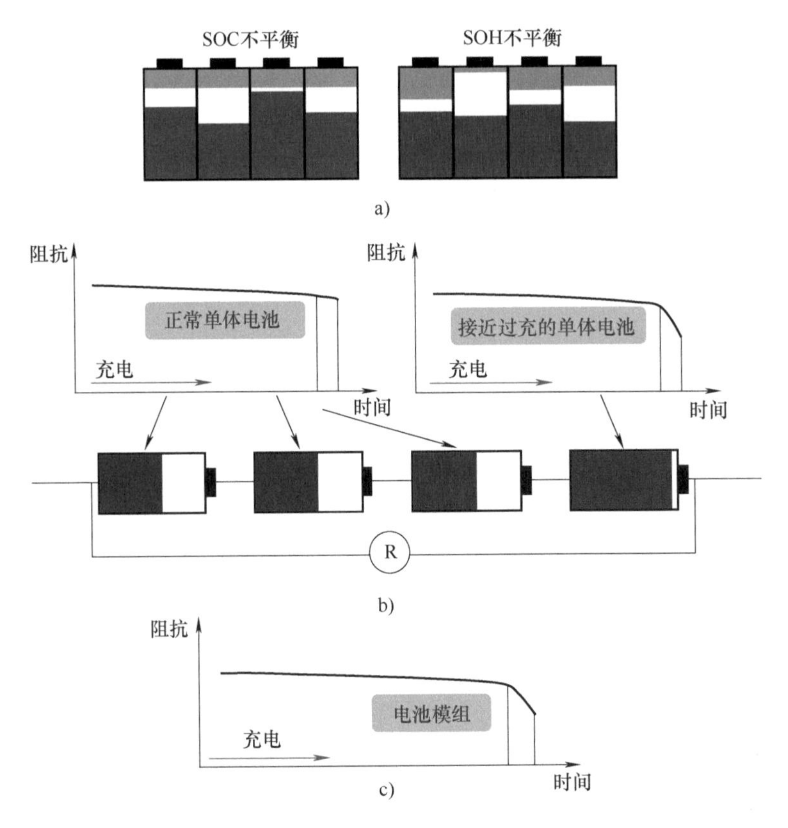

图 5-7　锂离子电池过充前阻抗特性示意图

a）SOC、SOH 不平衡示意图　b）单体电池过充前阻抗变化曲线　c）模组过充前阻抗变化曲线

在一个串联模组中，多个单体电池的阻抗满足串联相加的原则，一个电池中阻抗的明显的趋势变化可以在模组的总阻抗中观察到，如图 5-7c 所示。这一现象可以被用来诊断模组中的局部过充（电池过充），节约测量成本，并减少接线，避免额外的安全隐患。

5.3.2　正常充电时单频点阻抗变化

为了探究过充前阻抗谱随 SOC 变化的特征，本节进行如下 EIS 的测试。

选用全新的 20Ah 的软包磷酸铁锂电池，设置 SOC 为 0%，使用通用型 EIS 设备测量从 10mHz 到 10kHz 的电化学阻抗谱。然后，将单体电池以 0.05C 电流充电至 10% SOC，放置 4h，测量电池的 EIS（从 10mHz 到 10kHz）。以相同的电流重复充电、静置和测量，直到 SOC 达到 100%。

测试结果如图 5-8a 所示，电池在所有 SOC 下的 EIS 呈现相似的轮廓，可分为三个特征频段。在高频范围内（高于 1kHz），EIS 呈现电感主导的垂直特性；在中频段（10Hz 到 1kHz 之间），它们呈现出以双电层为主的半圆形特性；在低频段（低于 10Hz），它们呈现出大约 45°的线，由 Warburg 阻抗（Z_w）主导。

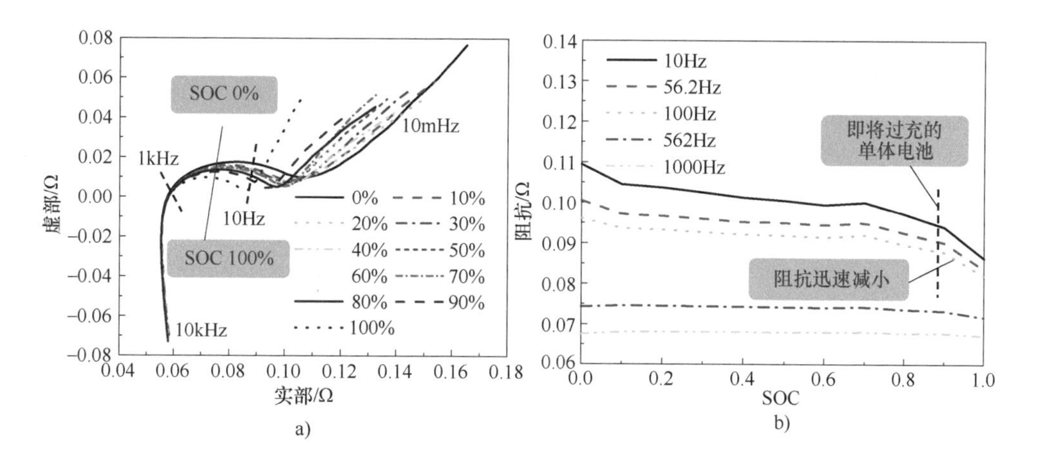

图 5-8　电池充电时的 EIS 变化和单频点阻抗变化

a）不同 SOC 下 EIS 变化曲线　b）关键频点阻抗随 SOC 的变化曲线

根据 EIS 理论，中频带半圆的半径为电池的电荷转移电阻（R_{ct}），R_{ct}随着 SOC 的增加而减小。如图 5-8a 所示，当 SOC 低于 70%时，R_{ct}几乎均匀降低；当 SOC 高于 70%时，R_{ct}加速下降。然而，通过测量整个 EIS 来计算 R_{ct}是不现实的，需要一种合适的方法利用交流阻抗警告电池过充。

从图 5-8a 中可以看出，接近 1kHz 的频段上，各 EIS 曲线几乎重合，说明 R_{ct}对大于 560Hz 频段的阻抗影响不大。从图 5-8a 中还可见，在 10Hz 到 560Hz 的频段内，SOC 小于 80%的 EIS 曲线比较接近，SOC 为 90%和 100%的曲线偏离得较远。说明在 10Hz 到 560Hz 的频段上，R_{ct}的变化对整体阻抗的影响很大。

将几个典型频率上的阻抗单独摘出来，与其所处的 SOC 绘制在同一个坐标上，可以得到图 5-8b。可见 10～100Hz 频段内阻抗在 SOC 低于 70%时均匀降低，当 SOC 高于 70%时加速降低。

该现象说明了 SOC 接近 100%时对 R_{ct}的影响能直接体现在关键频段的电池阻抗上，该特征有可能被用于预警电池的过充。要实现真正的过充预警，还需要进一步探索工作条件下的阻抗是否具有相同的特征。为此，进行了如下探索性研究：

选择 SOC 为 0%的 20Ah 磷酸铁锂软包电池作为测试对象。首先将单体电池的正负极连接在单频点阻抗测量设备、电压记录仪、电池测试仪，平台部署如图 5-9 所示。然后将单体电池以 0.5C 的电流充电，直到电压达到 3.6V（磷酸铁锂电池的截止电压），在充电过程中记录电池的电压、电流和 10~300Hz 的阻抗。

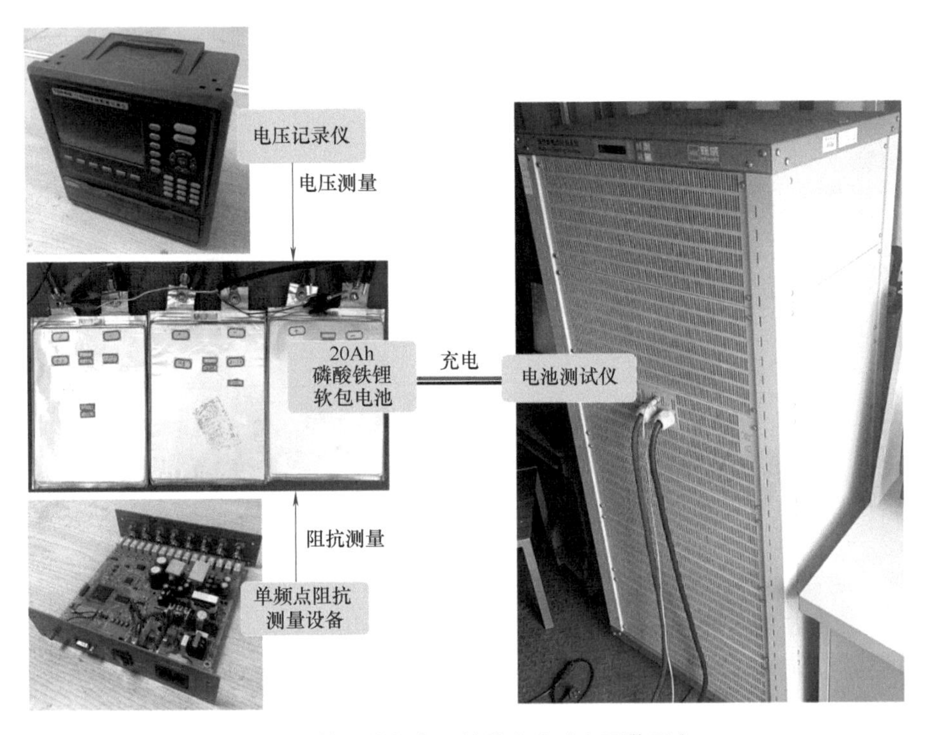

图 5-9　基于单频点阻抗的电池过充预警平台

测试结果如图 5-10 所示。每个频点的阻抗曲线呈现相似的趋势。阻抗在 6500s 之前的时间内保持不变或以恒定速度下降。当电池即将过充电时（6500~7104s），阻抗加速减小。这与上述 EIS 测试中 10~500Hz 之间的阻抗在即将过充电时加速减小的特征是一致的。

为了将基于单频点阻抗的过充预警方法应用到实际运行场景中，需要一个可靠的参数来量化过充的接近程度。因此，我们提出了一阶拟合残差 E_f，通俗解释是从充电开始时间到当前时刻的阻抗曲线 $f_t(x)$ 与对应的最相似直线 $\hat{f}_t(x)$ 之间的差异。

以 t_1 时刻为例，一阶拟合残差 $E_f(t_1)$ 计算如下。

首先选取从充电开始时间 t_0 到当前时间 t_1 的阻抗曲线，得到式（5-15）。

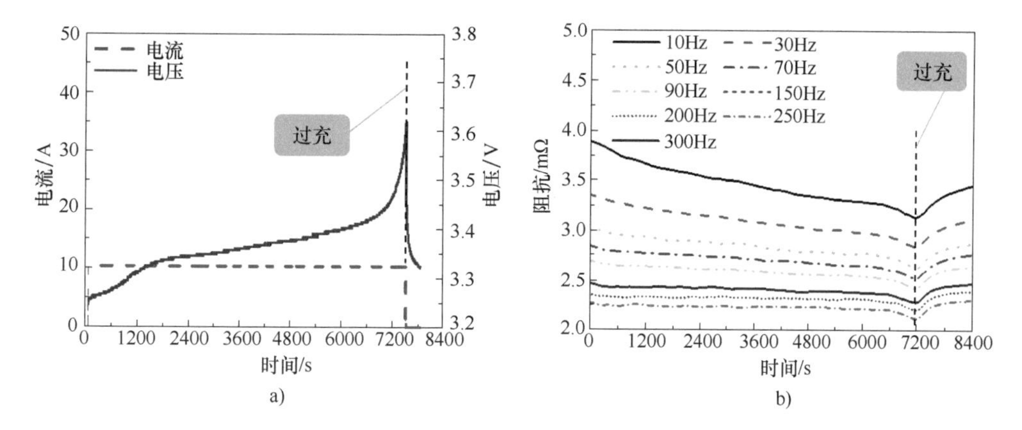

图 5-10 充电时电池电压、电流和各频点阻抗变化

a）电压、电流变化曲线 b）关键频点阻抗变化曲线

$$\begin{bmatrix} y_0 \\ y_1 \\ \vdots \\ y_N \end{bmatrix} = \begin{bmatrix} 1 & x_0 \\ 1 & x_1 \\ \vdots & \vdots \\ 1 & x_N \end{bmatrix} \begin{bmatrix} b_0 \\ b_1 \end{bmatrix} \tag{5-15}$$

x_0 到 x_N 是从 t_0 到 t_1 的每个时间点，y_0 到 y_N 是这段时间内的每个时间点的阻抗值。

用 X、Y、b 分别替换$\begin{bmatrix} 1 & x_0 \\ 1 & x_1 \\ \vdots & \vdots \\ 1 & x_N \end{bmatrix}$、$\begin{bmatrix} y_0 \\ y_1 \\ \vdots \\ y_N \end{bmatrix}$和$\begin{bmatrix} b_0 \\ b_1 \end{bmatrix}$，$b$ 可以通过式（5-16）计算。

$$b = (X^{\mathrm{T}}X)^{-1}X^{\mathrm{T}}Y \tag{5-16}$$

进而可得到与时间 t_0 到当前时间 t_1 的阻抗曲线最接近的直线：

$$\hat{f}_{\mathrm{t}}(x) = [1 \quad x]b \tag{5-17}$$

最后，曲线 $f_{\mathrm{t}}(x)$ 与直线 $\hat{f}_{\mathrm{t}}(x)$ 之间误差的平均值 $E_{\mathrm{f}}(t_1)$ 由式（5-18）计算。

$$E_{\mathrm{f}}(t) = \frac{1}{t}\sum_{x=t_0}^{t} \left|\hat{f}_{\mathrm{t}}(x) - f_{\mathrm{t}}(x)\right| \tag{5-18}$$

图 5-11 解释了 $E_{\mathrm{f}}(t)$ 与 $f_{\mathrm{t}}(x)$ 的关系。在 t_1时刻，$f_{t_1}(x)$ 与 $\hat{f}_{t_1}(x)$ 几乎重合，如图 5-11a 所示，因此相应的 $E_{\mathrm{f}}(t_1)$ 也很小；t_2时刻情况类似，如图 5-11b 所示。在 t_3时刻，$f_{t_3}(x)$ 的最后一段表现出明显的下降趋势，与 $\hat{f}_{t_3}(x)$ 呈现较大的区别，因此图 5-11c 中的 $E_{\mathrm{f}}(t_3)$ 较大。将每个时间的 $E_{\mathrm{f}}(t)$ 与 $f_{\mathrm{t}}(x)$ 绘制

在图 5-11d 中可见，在 $f_t(x)$ 平稳减小时，$E_f(t)$ 变化很小；当 $f_t(x)$ 在最后 5000~6000s 加速减小时，$E_f(t)$ 发生了激增。

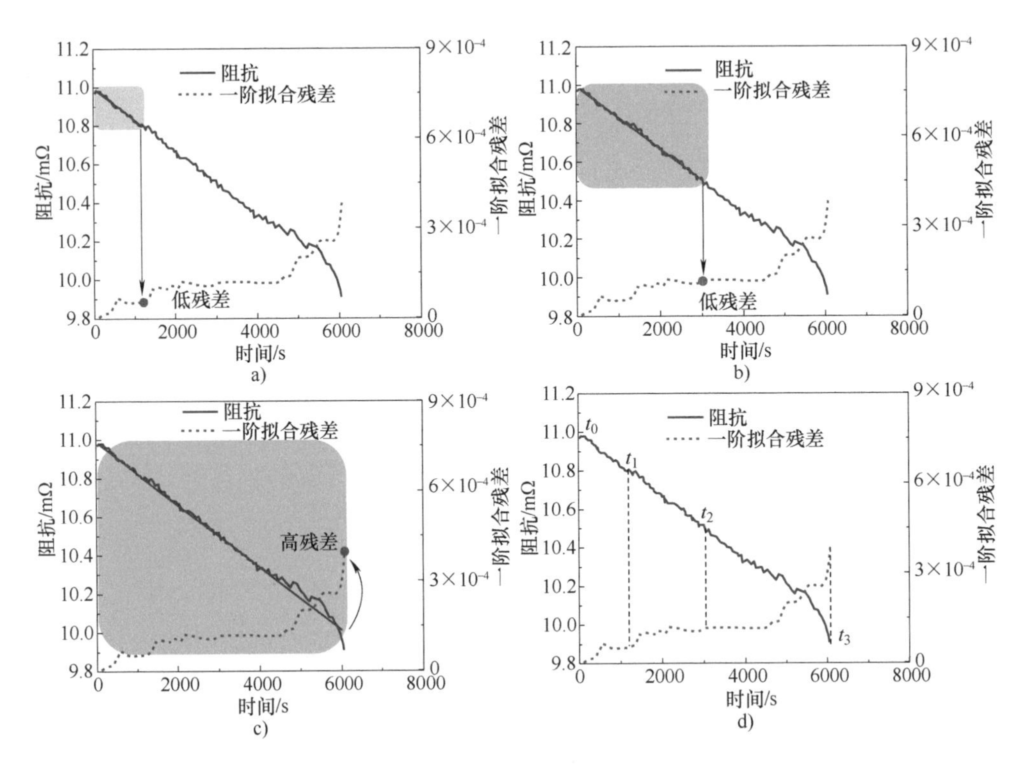

图 5-11 阻抗与一阶拟合残差

a）t_1 时刻残差 b）t_2 时刻残差

c）t_3 时刻残差 d）一阶拟合残差

可见，一阶拟合残差 E_f 可以量化阻抗曲线的变形，可以作为预警过充的指标。此外，在测试中，10~500Hz 频段阻抗特性基本一致，70Hz 阻抗最平滑。因此后面的测试选择 70Hz 作为单频点阻抗的频率。

5.3.3 基于单频点阻抗的单体过充预警

至此，已经论证了锂离子电池特定频段的阻抗在即将过充时会加速减小的特征，且减小的程度能够被一阶拟合残差量化。为了验证使用 70Hz 阻抗的 E_f 进行过充电警告的效果，我们进行了一组单节电池充电测试。

首先选取两个 SOC 为 0%的 20Ah 磷酸铁锂软包单体电池作为测试对象。将一个电池的正负极连接单频点阻抗测量设备、电压记录仪和电池测试仪，平台部署如图 5-9 所示。然后将该电池以 0.5C 的电流充电，直到电压达到 3.6V，实时记录电池电压、电流和70Hz阻抗，同步计算E_f。最后，以1.0C的电流在另一个电池上重复测试，记录相同的数据。

在0.5C充电测试中，电压在7 033s时达到3.6V，同时停止充电，如图5-12a所示。70Hz阻抗在6200s之前以恒定速率下降，之后急剧下降，如图5-12b所示。E_f曲线在6200s后迅速增长。E_f随后在6960s超过4×10^{-4}（无量纲）。E_f超过阈值的时间比电压超过3.6V的时间早73s，如图5-12a所示。

在1.0C充电过程中，电压在3564s时达到3.6V，同时停止充电，如图5-12c所示。70Hz阻抗在3100s之前以恒定速率下降，之后急剧下降，如图5-12d所示。E_f曲线在3100s后迅速增长，在3503s超过4×10^{-4}。E_f超过阈值的时间比电压超过3.6V的时间早61s，如图5-12c所示。

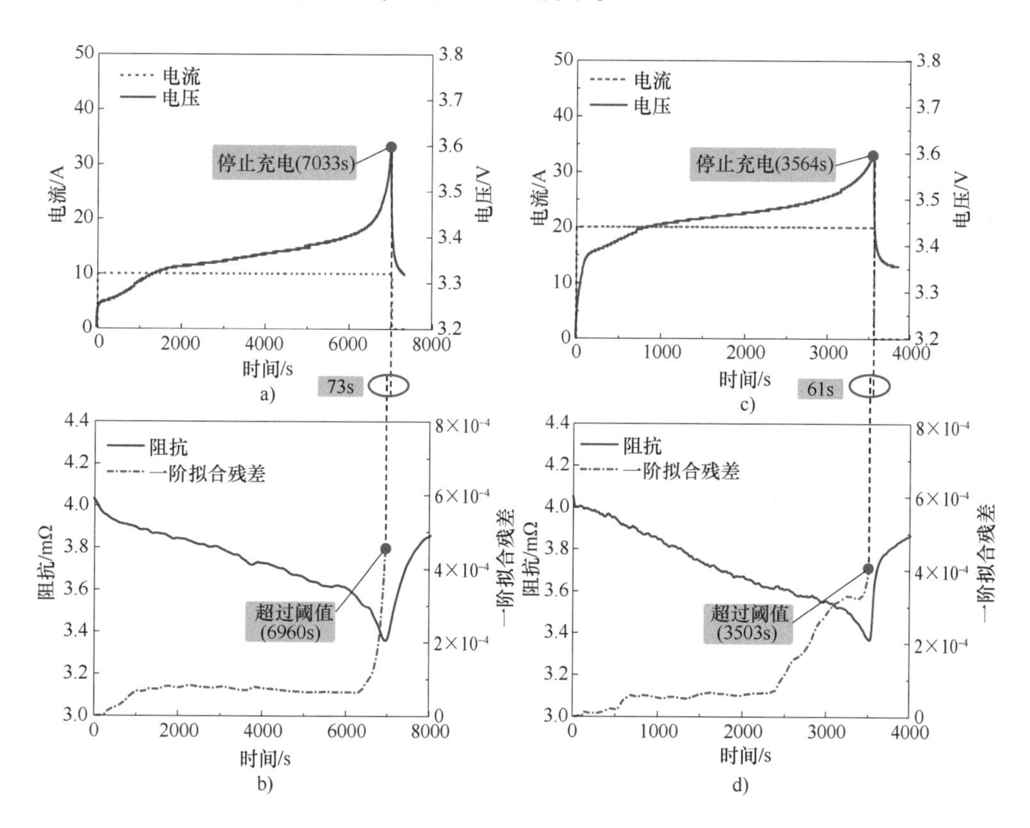

图5-12 基于单频点阻抗的电池过充预警效果

a）0.5C倍率下电池电压、电流曲线 b）0.5C倍率下电池阻抗、残差曲线

c）1C倍率下电池电压、电流曲线 d）1C倍率下电池阻抗、残差曲线

可以看出，使用70Hz阻抗的E_f可以有效地预警单个电池的过充电。在0.5C和1.0C充电测试中，E_f越过4×10^{-4}的时间比过充早了70s左右。

测试结果证明了在运行情况下，即使是不同的充电电流下，对于同一种电池也能设置相同的 E_f 阈值来预警过充。这说明电池阻抗的迅速减小不受电流影响，证明了本节提出的基于 70Hz 阻抗一阶拟合残差预警过充的方式具有较高的可靠性。

5.3.4 基于单频点阻抗的模组局部过充预警

在验证了电池单体预警效果之后，本节着手验证基于 70Hz 阻抗一阶拟合残差的预警方法在模组中的实际效果。验证本节提出的以模组为单位的预警方案的可行性，也验证对于同一种电池来说，模组是否需要选择不同的 E_f 阈值。方案设计如下：

首先，选取 SOC 分别为 5%、2.5%、0%的 3 个 20Ah 磷酸铁锂软包电池作为测试对象，将这些电池串联为一个模组。将模组正负极连接单频点阻抗测量设备和电池测试仪，每个电池的正极和负极都连接到电压记录仪，平台部署如图 5-9 所示。然后，将模组以 0.5C 的电流充电，实时记录模组的整个电压、电流和 70Hz 阻抗，并同步计算 E_f，当 E_f 超过阈值（4×10^{-4}）时，停止充电；最后，另选取三个 SOC 分别为 10%、5%、0%的 20Ah 单体电池组成的模组作为测试对象，以 1.0C 的电流充电，直到 E_f 超过阈值（4×10^{-4}），并记录相同的数据。

在 0.5C 充电测试中，充电在 6187s 时停止，如图 5-13a 所示。由于初始 SOC 不同，三个电池的电压曲线不一致。1 号电池具有较高的初始 SOC，因此具有最高电压。它在 6102s 时过充电（达到 3.6V 的截止电压），最终在 6187s 达到 3.657V。相反，在整个测试过程中，2 号和 3 号电池的电压一直低于 3.6V，3 号电池的电压始终最低。

1 号电池虽然在最后阶段过充，但整个过程平均电压低于 3.6V。当 1 号电池刚刚过充（6102s）时，模组的平均电压为 3.49V。停止充电时（6187s），1 号电池已经过充 85s，平均电压只有 3.519V，与 3.6V 相差甚远。如果以 3.6V 作为平均电压阈值的话，1 号电池应该会过充更长时间。因此，用平均电压来警告模组的过充是不可靠的，内部的电池会因为 SOC 不同而存在过充的风险。

模组阻抗在 5995s 之前以恒定速度下降，之后急剧下降，如图 5-13b 所示。根据锂离子电池在过充电前阻抗急剧下降的特点，可以推断 6067s 和 6102s 期间的异常减小来自于 1 号电池阻抗的急剧减小。于是，E_f 在 6067s 超过阈值，这比 1 号电池第一次过充电的时间早 35s。

在 1.0C 充电测试中，充电在 2774s 时停止，该现象与之前的 0.5C 充电结果相似，如图 5-13c 所示。在整个测试过程中，1 号和 2 号电池的电压低于 3.6V。3 号电池在 2678s 达到 3.6V，在停止充电时（2774s）达到 3.663V。当 3 号电池刚刚过充（2678s）时，平均电压为 3.544V。停止充电时（2774s），平均电压仅为 3.556V，与 3.6V 相差较大，此时 3 号电池已经过充 96s。

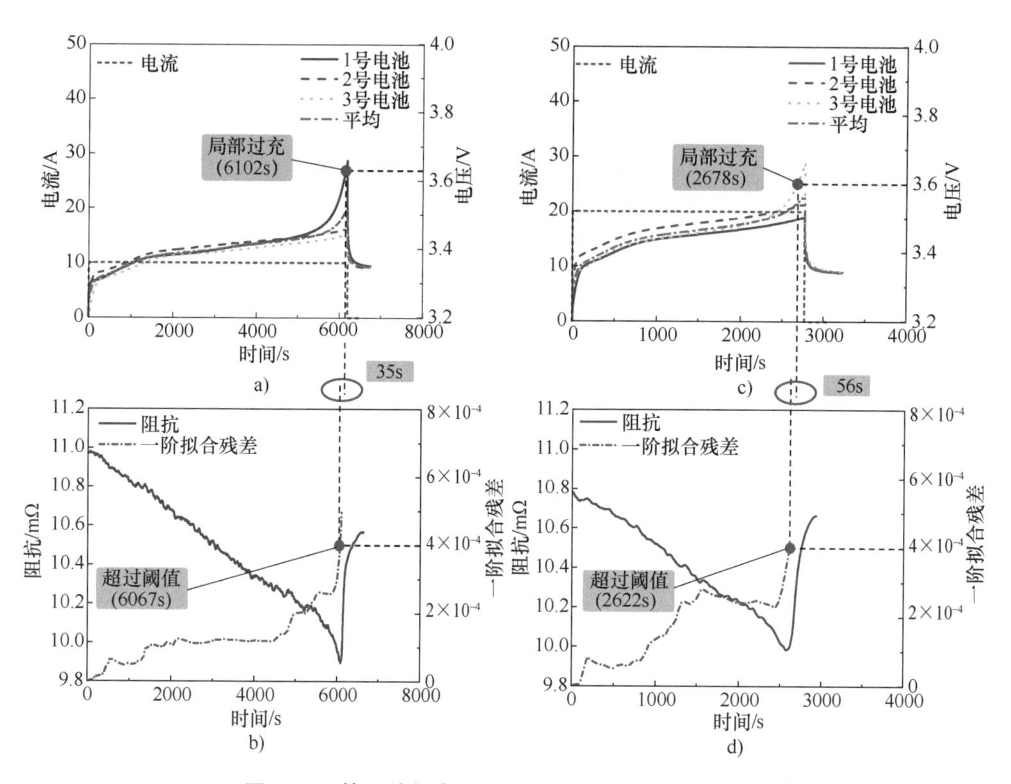

图 5-13 基于单频点阻抗的模组局部过充预警效果

a）0. 5C 倍率下模组电压、电流曲线 b）0. 5C 倍率下模组阻抗、残差曲线

c）1C 倍率下模组电压、电流曲线 d）1C 倍率下模组阻抗、残差曲线

模组阻抗在 2532s 前匀速下降，2532s 后急剧下降，如图 5-13d 所示。E_f 在 2622s 时超过阈值，比 3 号电池达到 3. 6V 的时间早 56s。至此，验证了模组阻抗的 E_f 可用于警告模组中的局部过充。

通过对不同容量、封装形式的磷酸铁锂电池进行重复测试，本节证明了当电池数量和充电电流变化时，单频点阻抗的一阶拟合残差 E_f 均能在模组中有单体电池发生过充前迅速增大。以 E_f 越过一定阈值作为预警指标，能够在过充前的几十秒内发出预警。

5. 4 单频点阻抗鼓包预警

5. 4. 1 过充鼓包前后的阻抗变化

在 5. 3 节中介绍的方法虽然能在过充前发出预警，但面临阈值选择的问题。

如果阈值选择不当，电池发出预警的时间会滞后。因此，本节提出一种不依赖阈值的预警方法，该方法作用时间是在电池过充之后，发生肉眼可见的鼓包之前，因此被称为鼓包预警。

锂离子电池从发生过充到热失控的内外部变化过程如图 5-14 所示（以软包电池为例）。在刚刚发生过充时，锂离子的过度脱嵌会导致阴极结构崩溃，电池内部产生热量和气体；当温度上升到一定值时，电池发生膨胀；当膨胀达到最大限度时，电池由于内部压力过大产生破裂。在整个过充期间，正极和负极之间产生的气体会拉长电极间的距离，直接影响到该过程中的阻抗值。可以看出，在过充初期，阻抗的斜率会由负变正，这是一个直观且易于识别的变化特征。

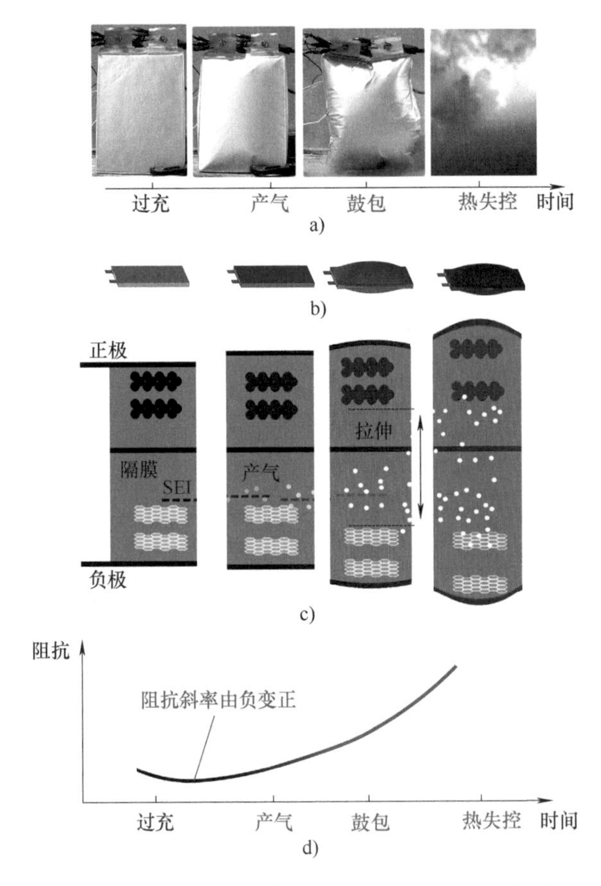

图 5-14　过充过程单体电池阻抗特性变化示意图

a）电池热失控致火过程　b）电池形体变化　c）电池内部结构变化　d）电池阻抗变化

电池充电时其内部温度上升，某些频点下的阻抗随内部温度的增加而减小。过充期间电池内部产生的气体使得电极间的距离变大，进一步造成电解质电导率下降，根据 Pouillet 定律：

$$R=\rho\frac{d}{A} \tag{5-19}$$

式中，R 是电阻，ρ 是温度 T 时的电阻率，d 是电极之间的距离，A 是电极的截面积。此外，ρ 随着温度的增加而增加：

$$\rho=\rho_0[1+\alpha(T-T_0)] \tag{5-20}$$

式中，ρ_0 是温度 T_0 时的电阻率，α 是电阻率的温度，T_0 是固定参考温度，T 是当前温度。

电极面积 A 是恒定的，在电池膨胀期间，ρ 随温度 T 的增加而增加。电极之间的间隙变长，ρ 和 d 的增加导致电阻显著增加。另一方面，根据平行板电容器方程：

$$C=\frac{\varepsilon_0\varepsilon_r A}{d} \tag{5-21}$$

式中，C 是电容，ε_0 是绝对介电常数，ε_r 是相对介电常数，A 是电极的截面积，d 是极板之间的距离。

ε_0 和电极截面积 A 是常数，d 随电池凸起而增加，产生的气体导致电解质 ε_r 减小，d 和 ρ 的变化使得电池的电容减小。根据阻抗方程，R 的增大和 C 的减小将引起 $|Z|$ 的激增。

$$|Z|=|R+jX| \tag{5-22}$$

$$X=-\frac{1}{2\pi fC} \tag{5-23}$$

5.4.2　鼓包过程阻抗变化

为了验证上述理论，本节选用比较容易鼓包的磷酸铁锂软包电池进行过充测试，使用的设备包括电池测试仪、单频点阻抗测量设备、多通道数据记录器、红外摄像机和高分辨率光学摄像机。单频点阻抗测量设备和布局如图 5-15 所示。

选用 48Ah 磷酸铁锂软包电池，以 1C 的电流将电池从 SOC 为 0%开始连续充电，记录电池在 30Hz、50Hz、70Hz 和 90Hz 的阻抗，每个频率下阻抗测量间隔为 30s，同时记录电压、表面温度、可见光图像和红外图像，在电池单体鼓包破裂后停止充电。鼓包过程电池电压、表面温度和阻抗变化如图 5-16 所示。

电池从 0s 开始充电，3600s 达到过充。从图 5-17 可以看出，直到 3720s 电池形状才发生变化，此时过充已经进行 2min；过充后 3min，电池在 3780s 开始膨胀；4010s（过充后约 7min）电池开始极速膨胀；过充后 10min，电池冒烟并在 4220s 发生热失控。

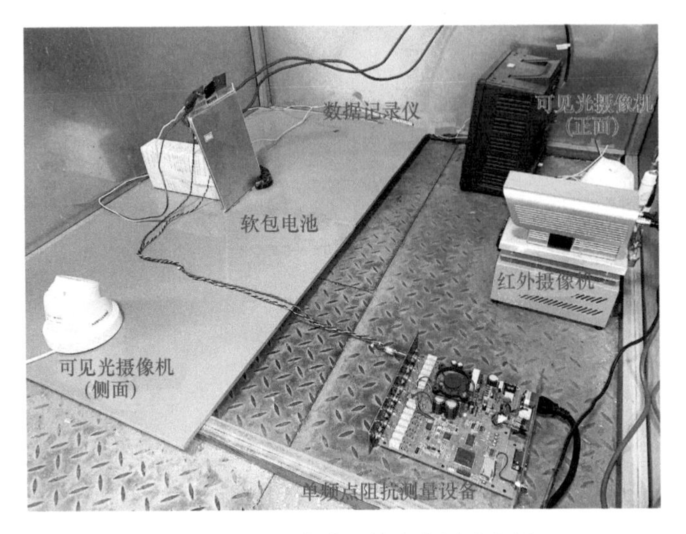

图 5-15　软包电池阻抗变化测试布局

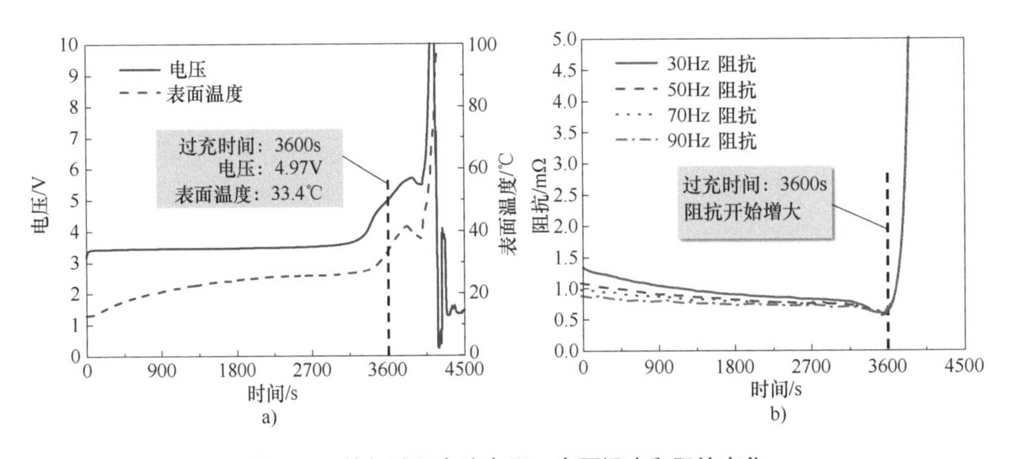

图 5-16　鼓包过程电池电压、表面温度和阻抗变化

a）电池电压、表面温度变化曲线　b）关键频点阻抗变化曲线

根据该测试可得出以下结论：

1）使用电压作为过充警告信号不准确。由于充电中的极化作用，3105s 时电池虽达到截止电压 3.6V，但此时未充满电。在标准的充电流程中还需要进行长时间的 3.6V 恒压充电才能充满。

2）使用表面温度作为过充预警信号具有明显的滞后性。过充期间电池内部产生许多热量，由于导热不良，电池表面温度会明显低于内部温度。开始过充时，表面温度仅为 33.4℃，此后缓慢增加，在过充后最初的几分钟内始终低于

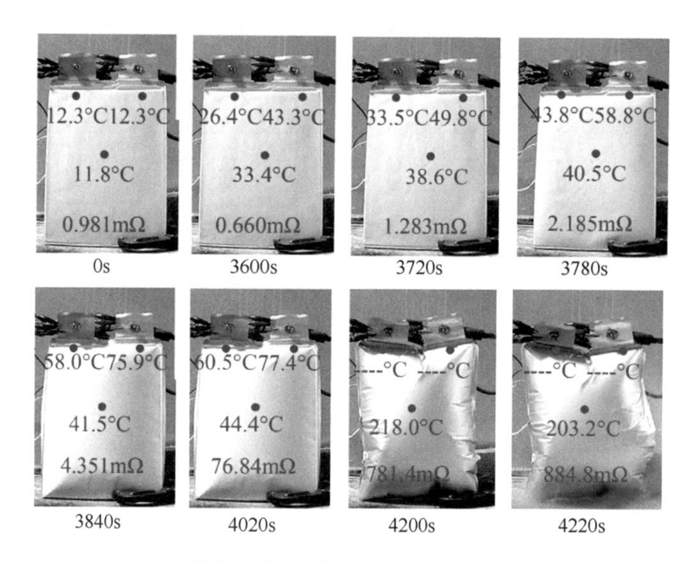

图 5-17 鼓包过程电池表面温度和 70Hz 阻抗变化

40℃。表面温度在 4100s 时急剧增加，此时过充已持续 8min。此外，正负极集流体的温度高于中心区域的温度，过充后该部分的温度值不会迅速升高。

3）阻抗是有效的过充指标。正常充电过程中，30Hz、50Hz、70Hz 和 90Hz 下的阻抗变化范围很小；在电池过充前 200s 内，阻抗下降速率变快；在过充后 2min 内，阻抗缓慢增加；在 3720s 之后，阻抗迅速增加。整个过充阶段中不同频率的阻抗变化特点具有一致性。相比电压和表面温度，阻抗的拐点特征更加明显，并且与过充开始时刻更接近。

可见，电池的阻抗在电池鼓包时表现的现象符合前文揭示的原理，特征明显，并且特征出现的时间早于电池发生鼓包的时间，在预警电池鼓包中具有明显的优势。

5.4.3 基于单频点的鼓包预警测试

为了验证所提出的基于单频点阻抗变化趋势的鼓包预警在实际运行场景中的有效性，选用 48Ah 磷酸铁锂软包电池进行了完整的预警测试，查看发出预警的时间，并对比预警前后的电压、表面温度。

测试步骤设计为：以 1C 的电流将电池从 SOC 为 0%开始连续充电，连续测量电池的 70Hz 阻抗，同时记录电压、表面温度、可见光图像和红外图像，在 70Hz 阻抗发生明显增大时停止充电。

由图 5-18 可以发现，阻抗在 3400~3800s 期间迅速降低，达到最低点后开始增加。在 3556s 时电池即将过充，此时阻抗降到最小值 0. 54mΩ。在 3596s 检测到阻抗明显的上升趋势，并停止充电。根据先前的测试数据，如果继续充电，电池将在3676s（开始过充后2min）开始鼓包。发出预警的时间比鼓包早80s。

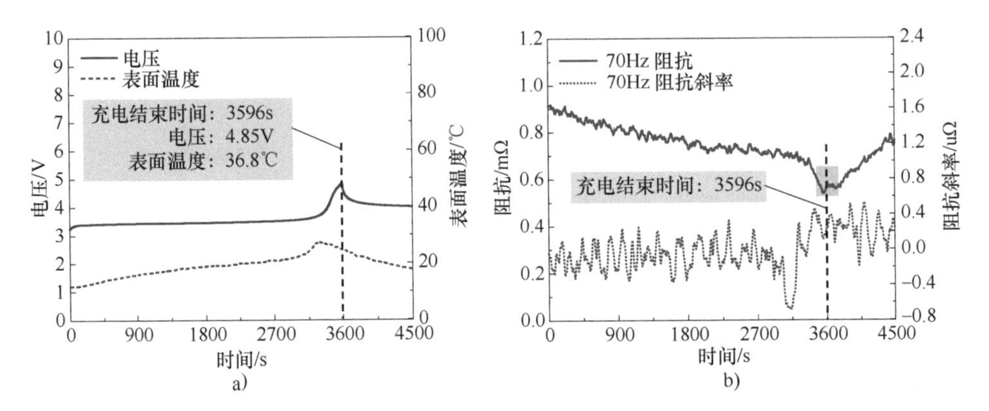

图5-18　鼓包预警测试中电池电压、表面温度、70Hz阻抗和阻抗斜率变化

a）电池电压、表面温度变化曲线　b）电池70Hz阻抗和阻抗斜率变化曲线

如图5-19所示，通过监测电池的表面温度和电压无法用于过充预警，在短暂的过充期间（3556～3596s），表面温度保持在30℃以下，过充之前电压已超过3.6V。停止充电后，表面温度缓慢下降并最终降低至环境温度，没有像先前测试中温度急剧上升。整个测试过程中电池形状没有发生显著变化。将电池充分静置后，使用安时积分法的容量测试结果表明，电池可进行正常的充放电循环，容量保持在82.04%，这说明此时电池结构尚未被完全破坏。

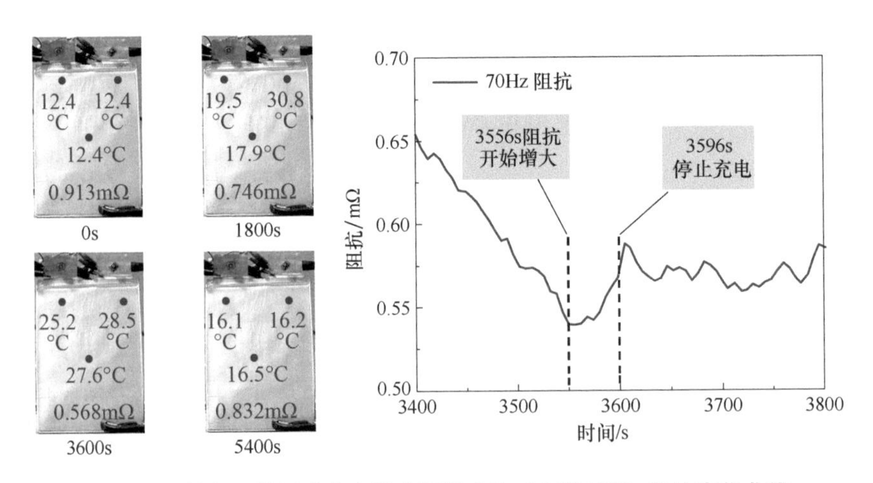

图5-19　鼓包预警测试中电池表面温度和对应的70Hz阻抗变化曲线

通过监测阻抗在正常充电阶段会减小，在过充期间会增大这一明显特征可

以实现过充预警。在其他型号软包电池、方形铝壳电池，并且在退役电池上都进行了重复测试，结果都证明该阻抗特性监测方法具有很高的可靠性。

5.5 本章小结

由于模组内单体电池的不一致性，在长期运行中部分电池的微过充是不可避免的。这些微过充会逐渐加剧造成更加严重的过充和膨胀。本章首先介绍了研发的电流激励型阻抗测量设备，基于该设备实现了阻抗的在线测量，发现了预测过充和鼓包的单频点阻抗特征，并提出了预警指标或特征。本章提出的过充预警指标能在模组内有电池发生过充的 40s 左右发出预警。与传统方法相比，该方法的感知装置、接线都在模组外部，避免了过多的接线引起的安全隐患。本章提出的鼓包预警特征能在鼓包前的 80s 发出预警。相对于传统的基于电流/电压/表面温度数据的等效电路模型或数据驱动模型的预警方法，该方法不依赖复杂的数学模型，有明确的电化学依据，具有很高的可靠性。

第 6 章

内部温度预警

电池的内部温度与电池的安全状态密切相关。当电池发生故障时，首先体现在内部温度的异常变化。然而，由于电池内外温度的差异，以表面温度为判断依据的 BMS 无法及时感知到内部温度的变化。以植入传感器为代表的内部温度测量法需要改变电池封装结构，不适合在已建成的储能环境中使用。针对电池内部温度无法直接测量的痛点，本章分析了锂离子电池内外温度差异、过高的内部温度对电池运行的危害，以及内部温度与电化学阻抗谱的关系，提出使用单频点阻抗来检测电池内部温度的方法，并将其用于早期安全预警中。本章和第 5 章的阻抗预警共同组成了三级预警信号中的第一级——无损预警。

6.1 内部温度与阻抗

6.1.1 内部温度测量挑战

温度对锂离子电池的寿命及安全性具有重要影响。研究表明锂离子电池高温循环和高温存储都会使寿命加速衰减。温度过高时，电池内部会发生放热分解反应。此时产生的热量无法及时散热，会导致电池温度进一步升高，引起持续的放热反应，最终导致热失控。

此外，过热还会破坏电池的结构，以磷酸铁锂电池为例，电池内部的 SEI 会在温度高于 90℃时熔解，高于 120℃时加速熔解，不仅会导致锂离子消耗，减小电池容量，还有可能导致内部短路引起热失控。

传统的 BMS 只监测表面温度，测量手段包括热电阻、热电偶等，测量的都是表面温度。电池内部化学反应产热的不均匀会导致电池内部和表面之间热传递不同步。

电池的运行伴随着产热和散热两个过程，由第 2 章可知，电池的产热主要分为四种，包括欧姆热、极化热、反应热和副反应热。其中反应热的产生与电池的极化效应、内阻和反应进程等内部因素有关。

热量的耗散有热对流和热辐射两种方式：

$$Q_{conv}=hA(T-T_a) \tag{6-1}$$

$$Q_{rad}=\sigma\varepsilon(T^4-T_a^4) \tag{6-2}$$

式中，Q_{conv}为对流热量，h 为热传导效率系数，A 为电池表面积，T 为电池表面温度，T_a 为环境温度，Q_{rad}为辐射热，σ 为 Stefan-Boltzmann 常数，ε 为辐射率。

可见散热过程依赖电池的表面参数，而产热过程与电池内阻、化学反应和极化作用有关。电池内部化学反应产热的不均匀会导致电池内部和表面之间热传递不同步，就造成了电池内的温度梯度，如图 6-1 所示。

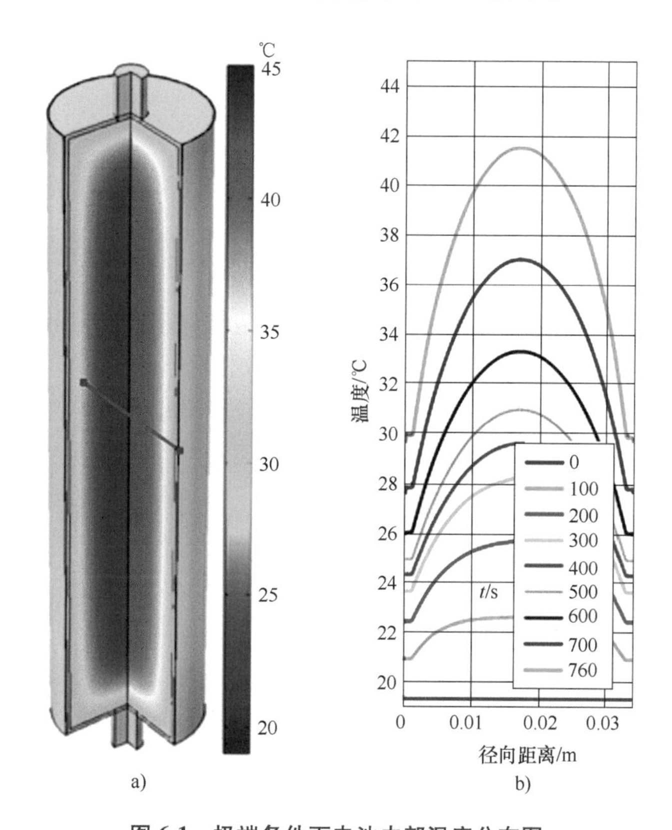

图 6-1　极端条件下电池内部温度分布图

a）内部温度三维分布图　b）不同高度上的径向温度分布图

可见在极端条件下，内外温度差异巨大。以表面温度为判断依据的 BMS 不会及时降低储能舱的功率，这会造成更大的安全隐患。当电池内部温度急剧升高并发生热失控时，表面温度和内部温度之间可能会出现高达 40~50℃的径向差异。

储能系统中的电池通常以模组为单位运行和管理，单体电池致密的排布在模组中会降低散热效率，并且增大模组内电池的散热差异。并且当热失控发生后，很容易在模组中传播，造成更大的事故。

因此，需要在充放电过程中检测锂离子电池的实时内部温度，并依据内部温度进行电池的安全预警。实现内部温度测量的最直接方法是在电池内部植入热敏电阻、热电偶或光纤，这些方法改变了电池结构，不适合在大规模储能场景中推广。

在锂离子电池的金属表面使用电阻断层扫描能够绘制表面和内部温度分布图。然而，使用该方法获得的温度并未经过表面和内部温度传感器进行验证。此外，这种方法要求电池表面为金属，并需要在表面连接大量测试电极，同样不适合在大规模储能场景中推广。

其他技术如传热模型、约翰逊噪声温度计、热成像、液晶热成像等技术也正处于研究阶段。可见，在不更改原始电池结构以用于实际应用的情况下进行无损的测量才是一种最佳的解决方案。

6.1.2 电化学阻抗谱与内部温度

本章提出使用动态阻抗来实时检测电池的内部温度，并通过内部温度发出预警，保证电池和储能系统的安全。

图 5-3b 中的等效电路参数除了作为电化学阻抗谱不同频段的拟合参数之外，也有其电化学含义。如 W 体现的是电池的扩散效应：

$$Z_{\mathrm{W}}=r_{\mathrm{p}}(3D_{\mathrm{s}}C_{\mathrm{D}})^{-1}(\mathrm{j}2\pi f/D_{\mathrm{s}})^{-1/2}\left(\cot\sqrt{\mathrm{j}2\pi f r_{\mathrm{p}}^{2}/D_{\mathrm{s}}}-1\right)^{-1} \tag{6-3}$$

式中，r_{p} 是电极颗粒半径，D_{s} 是扩散系数。

R_{ct}和 CPE 共同体现了电池的电荷转移效应（其中 CPE 主要表现为双电层电容阻抗 Z_{dl}）：

$$R_{\mathrm{ct}}=RTc_{\mathrm{s,max}}^{-1}F^{-2}k_{0}^{-1}(\alpha_{\mathrm{a}}+\alpha_{\mathrm{c}})^{-1}c_{1}^{-1/2}(1-\mathrm{SOC})^{-1/2}\mathrm{SOC}^{-1/2} \tag{6-4}$$

$$Z_{\mathrm{dl}}(f)=(\mathrm{j}2\pi fC_{\mathrm{dl}})^{-1} \tag{6-5}$$

式中，R 是气体常数，T 是温度，c_{s}和 c_{1}是固相中锂离子浓度和电解液中锂离子浓度，F 是法拉第常数，k_{0}是电化学反应速率常数，α_{a}和 α_{c}是阳极转移和阴极转移，SOC 是电池荷电状态，C_{dl}是双电层电容。

可见，R_{ct}与温度有直接的关系。此外 k_{0}、D_{s} 等都会受到温度的影响，并最终影响电化学阻抗谱。因此，温度（特指内部温度）对电池的影响能够体现在电化学阻抗谱上，尤其是体现在中、低频段上。

然而，由于在运行甚至是即将发生安全事故的时期，留给测量系统的时间窗口很小。基于全频带的电化学阻抗谱虽然有检测内部温度的理论基础，但采集数据的时间较长（通常为几分钟到十几分钟），无法满足内部温度实时预警的需要。需要在电化学阻抗谱的理论之上，探索一种实时性和准确度都满足要求的内部温度检测方法，用于预警电池的安全状态。

6.1.3　基于单频点阻抗的内部温度检测

内部温度、SOC 等因素对电化学阻抗谱中每个频点上的阻抗的影响程度是不同的。因此，对于一种特定类型的电池，找到受内部温度影响最大而受其他因素影响很小的阻抗频点，并使用合适的阻抗属性（实部、虚部和相位、幅值），可以实现内部温度的快速检测。

在静态条件下，可以通过 EIS 测量仪器来测量单频点阻抗。近年来，已经开发出这种方法来估计内部温度，但没有统一的阻抗频率或属性，而且需要复杂的数学模型，且在每个具体的研究对象上，检测内部温度的阻抗的频率和属性不一致，这给基于阻抗的内部温度检测方法的推广带来了很大的阻力。此外，虽然以上方法在电化学层面有研究意义，但无法实现内部温度在线感知，对于实际储能系统的运行来说意义不明显。

本章提出基于单频点阻抗检测内部温度的方法。与传统的基于大量参数的内部温度估算模型不同，该方法仅依赖于单个阻抗与内部温度之间的关系，具有实时性强的特点，能够用于实际场景中，为过充电诊断和早期热失控预警提供支持。

本章后面的内容分为两个部分：首先，研究了几种锂离子电池的阻抗与内部温度、SOC 的关系曲线，探究出能够用于实际工况的内部温度检测方法；然后，以多种磷酸铁锂电池为例，进行了过充测试，检验了内部温度感知方法的精度和预警的有效性。

6.2　内部温度标定

阻抗检测电池内部温度的方法，具有不需要温度传感器、测量时间短的特点。但阻抗会受 SOC、老化以及充放电电流、串扰信号的影响。因此，单频点阻抗法检测内部温度的关键是找到受温度影响最大的因素（阻抗的频率和属性），并排除充放电电流、SOC、串扰信号的影响，再通过标定获得内部温度-阻抗的函数，实现通过阻抗检测内部温度。

6.2.1　电池充放电过程中的阻抗变化

为了充分研究充电过程中的阻抗变化，本节使用几种常见的锂离子电池进行了充电测试，探究内部温度实时检测的可行性和干扰因素。

选择24Ah磷酸铁锂（LFP）方形铝壳电池、2.2Ah钴酸锂（LCO）圆柱电池、2.55Ah三元（NMC）圆柱电池和0.7Ah锰酸锂（LMO）圆柱电池作为对象。在25℃的恒温箱中进行了一组1C连续充电测试，目的是了解阻抗如何随电流、内部温度和SOC变化。如图6-2所示，每个电池在充电时阻抗下降，直到电池充满电且阻抗不再变化为止。阻抗频带为20~500Hz。

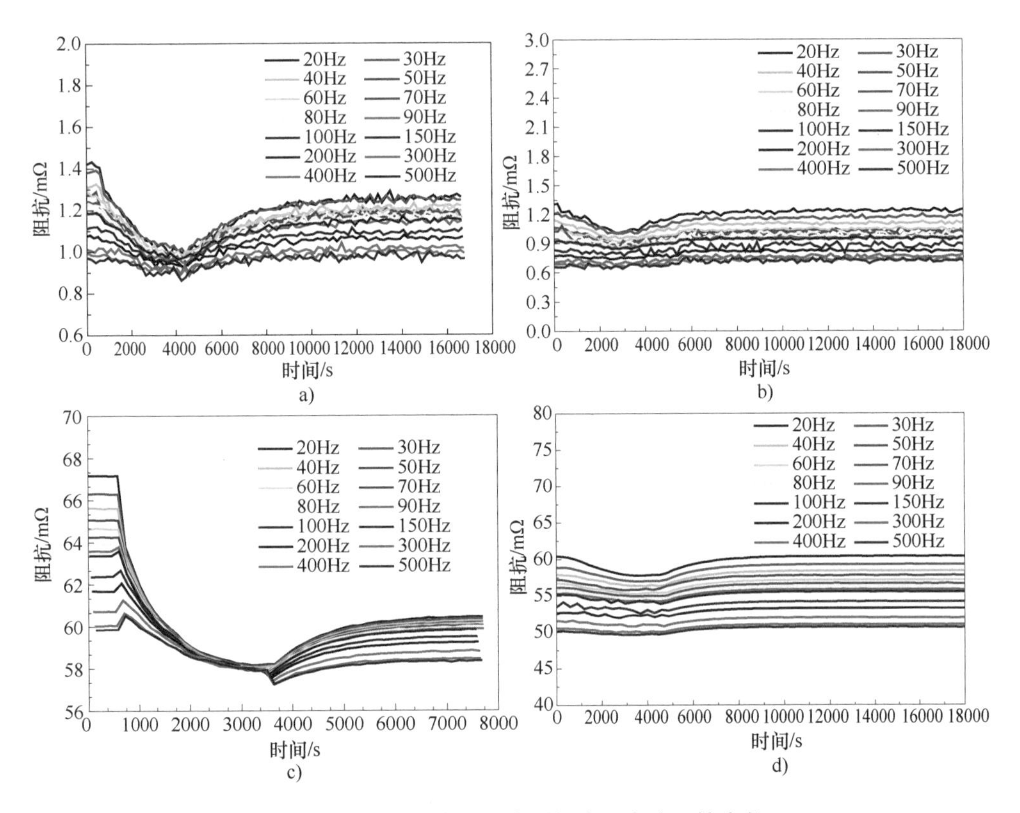

图6-2　充电测试中不同类型锂离子电池阻抗变化

a）磷酸铁锂方形铝壳电池　b）钴酸锂圆柱电池　c）三元圆柱电池　d）锰酸锂圆柱电池

可见，充电过程虽四种电池各频率下的阻抗都大幅度减小，并且在充电结束时升高。这些变化是由充电过程中内部温度升高引起的。充电结束后，内部温度开始逐渐下降，导致阻抗上升。还可以看到，在恢复到稳定值之后，某些阻抗（例如60Hz以下的磷酸铁锂电池的阻抗，所有频率下的三元电池的阻抗）与充电前的值明显不同（差别>0.5mΩ）。这表明内部温度和SOC都会影响阻抗。另外，在三元电池充电的开始和结束时，每个阻抗都会出现明显的突然变化。这种现象表明三元电池的阻抗会随着电流而发生很大变化，而其他类型的电池则不会发生这种现象。

以上测试表明，阻抗与内部温度之间确实存在关系，并且可以通过阻抗来检测内部温度。三元电池的阻抗会受到电流影响，其他电池的阻抗不会受到充电电流的影响。此外，在估计内部温度时，还必须排除 SOC 对阻抗的影响。需要在选择阻抗频率时，衡量内部温度和 SOC 对阻抗的影响程度，选择受内部温度影响远高于 SOC 影响的频率。

6.2.2　最优阻抗频率的选择

为了定量分析内部温度和 SOC 对每种类型电池的影响，进行了内部温度和 SOC 测试，该测试由两部分组成。

首先，使用容量和封装类型与前面测试相同的磷酸铁锂、钴酸锂、三元和锰酸锂电池作为测试对象。将 SOC 设置为 50%，并将其放置在恒温箱中。依次将恒温器的温度设置为 5~55℃，并在每个温度下静置 4h，以确保内部温度稳定并等于恒温箱温度。每次静置后，测量 20~500Hz 的阻抗。得到内部温度和阻抗的关系如图 6-3a~d 所示。

然后，将相同电池的 SOC 设置为 0，放置在 25℃的恒温箱中。依次以 0.2C 的电流对每个电池充 20%的电量，直到充满电为止。每次充电后静置 4h，然后测量 20~500Hz 的阻抗。由此得到具有不同 SOC 的阻抗，如图 6-3e~h 所示，其中较高的阻抗曲线重叠度表示较小的 SOC 影响程度。

影响比 θ_{imp}表示两次测试的 $\Delta|Z_{soc}|$和 $\Delta|Z_T|$的比值：

$$\theta_{imp}=\frac{\Delta|Z_{soc}|}{\Delta|Z_T|} \tag{6-6}$$

式中，$\Delta|Z_{soc}|$表示当 SOC 从 0 变为 100%时阻抗的变化范围。$\Delta|Z_T|$表示当温度从 5℃变为 55℃时阻抗的变化范围。

从图 6-3a~d 可以看出，所有频率的阻抗都随着内部温度的升高而降低，这种效果在低温范围内更为明显。另外，低频范围内的阻抗变化范围大于高频范围内的阻抗变化范围。因此，最低频带的阻抗更适合用于电池内部温度的检测。

至于 SOC 对阻抗的影响，从图 6-3e~h 可以看出，磷酸铁锂、钴酸锂和锰酸锂电池的曲线具有高度的重叠度，三元电池在频带内的阻抗受 SOC 的影响很大。从影响比 θ_{imp}来看，磷酸铁锂电池的 20~80Hz 阻抗和锰酸锂电池的 40~160Hz 阻抗受 SOC 影响最小，θ_{imp}小于 3%。以 70Hz 为例，$\Delta|Z_{soc}|$为 0.036mΩ，$\Delta|Z_T|$为 1.28mΩ，因此 θ_{imp}为 2.8%。磷酸铁锂电池和锰酸锂电池内部温度的最佳检测频率分别为 70Hz 和 40Hz。锰酸锂电池的 θ_{imp}随频率的增加而增加，在 30Hz 时，最低的影响比为 9.2%。三元电池的 θ_{imp}高于 20%，在 140Hz 时最低的 θ_{imp}为 21.5%。

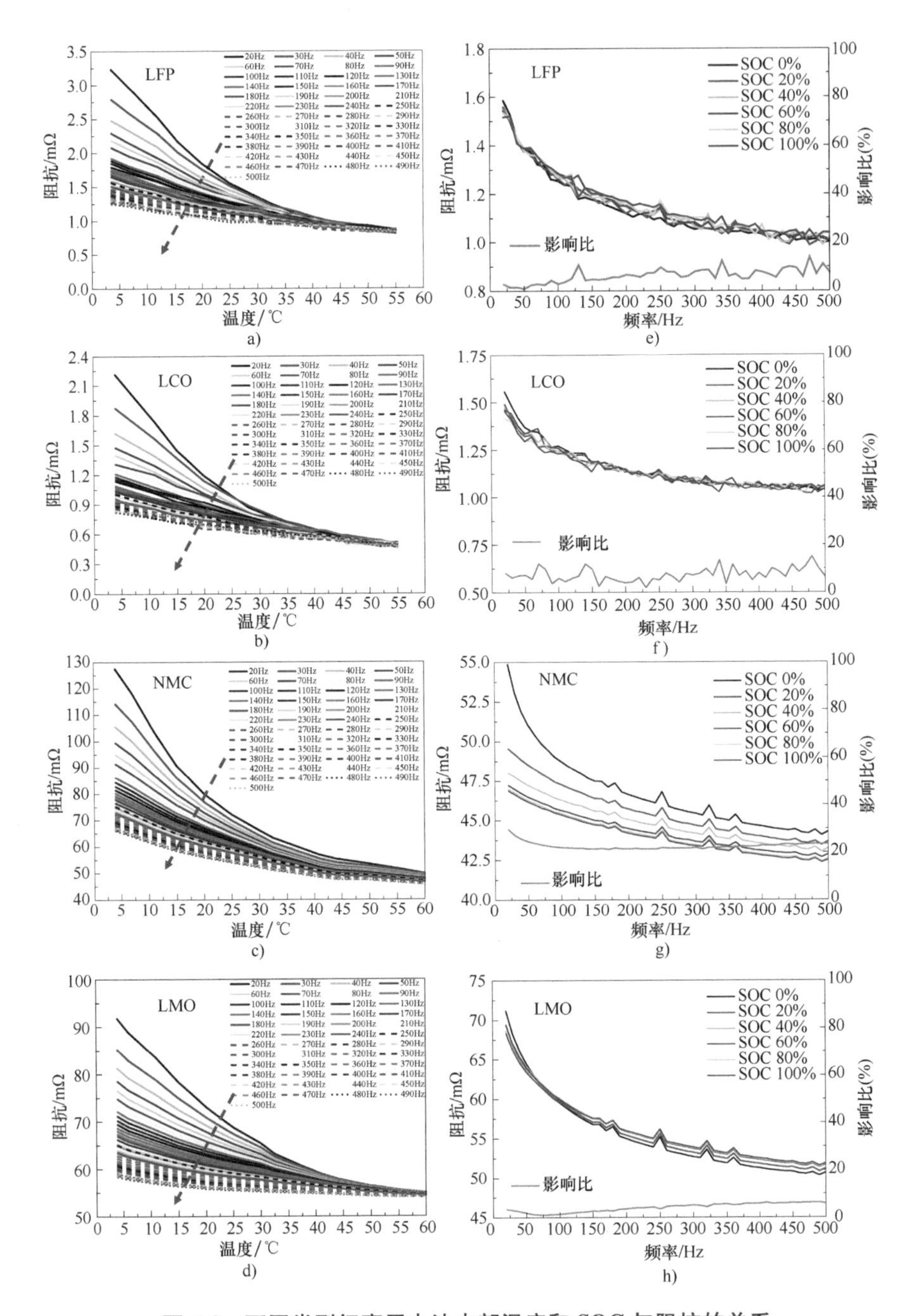

图 6-3　不同类型锂离子电池内部温度和 SOC 与阻抗的关系

a）磷酸铁锂电池内部温度与阻抗的关系　b）钴酸锂电池内部温度与阻抗的关系

c）三元电池内部温度与阻抗的关系　d）锰酸锂电池内部温度与阻抗的关系

e）不同 SOC 下磷酸铁锂电池的阻抗变化　f）不同 SOC 下钴酸锂电池的阻抗变化

g）不同 SOC 下三元电池的阻抗变化　h）不同 SOC 下锰酸锂电池的阻抗变化

6.2.3 内部温度测量验证

为了直接比较感知的内部温度和实际的内部温度，本节设计了植入热电偶的验证。选用储能电站中使用的 24Ah 磷酸铁锂方形铝壳电池作为测试对象，从顶部撬开安全阀，插入做好绝缘处理的热电偶探针，热电偶处在电池内部的中心位置，并将做好电池外壳密封，如图 6-4a、b 所示。为了与外部温度做对比，也在表面的中心位置贴附热电偶探针。

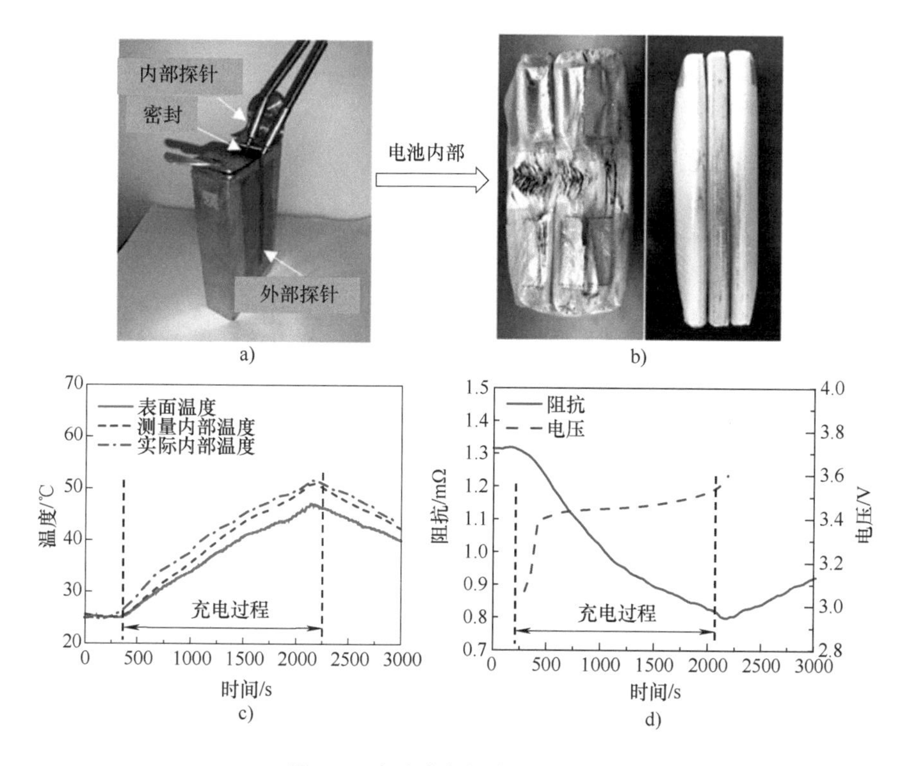

图 6-4 电池内部温度测量准确性验证

a）电池内部和外部热电偶 b）电池内部电芯结构 c）充电过程测量内部温度与实际内部温度变化曲线 d）充电过程电压与阻抗变化曲线

为了得到快速的温度变化，本测试以 2.0C 的电流对电池充电，实时测量 70Hz 阻抗，并计算内部温度（Estimated Internal Temperature，T_{eint}），同时记录两个探针测得的内部温度（Measured Internal Temperature，T_{mint}）和表面温度（Surface Temperature，T_{surf}），得到图 6-4c、d。其中充电操作开始于 357s，停止于 2186s。

充电开始前 T_{eint}、T_{mint}和 T_{surf}都是 25.2℃。开始充电后，T_{eint}首先增加，并在

充电结束时达到51.6℃。T_{mint}的增加速度比T_{eint}慢，最终达到51.0℃，与同时刻的T_{eint}相差仅0.6℃。而T_{surf}由于散热条件更好、所在位置本身不发热的原因，最后只达到46.7℃。

测试结果表明，依据6.2.2节中的方法筛选到了最佳频率，通过该频率的阻抗与内部温度的映射曲线感知到的内部温度能够非常接近实际测量到的内部温度。并且这种方法模型简单，对于同一种类型的电池不需要建立新的模型。

由于储能系统中不能使用这种植入传感器改造过的电池，依据本方法能够在正常运行时监测电池内部温度，并通过干预充放电策略将内部温度控制在适宜范围内。

6.3 利用内部温度进行早期安全预警

大规模储能系统中的电池由于不一致性而存在微过充的问题，微过充导致的积累损伤会使过充逐渐加重，降低了储能系统的安全性。本节通过过充测试验证电池过充事故中的阻抗反应和内部温度预警效果。

将经过完全放电和完全静置的13Ah方形铝壳电池放入防爆舱中，并以1.0C的电流连续充电，直到发生热失控事件。在这个过程中，监测电压、表面温度和70Hz阻抗，并通过70Hz阻抗计算内部温度，如图6-5a所示。图6-5b是典型时刻的照片，并且包含时间和表面温度、内部温度。充电开始于400s，t_1（3262s）为过充时刻，t_2（3720s）为内部温度超过50℃的时刻，t_3（4311s）是表面温度超过50℃的时刻，t_4（4882s）是热失控开始的时刻。

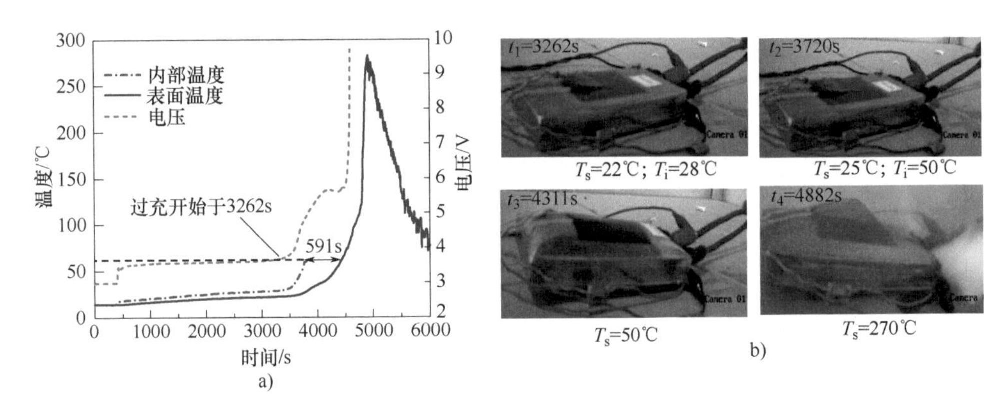

图6-5 基于内部温度的过充早期预警

a）过充过程电池内部温度和表面温度变化曲线 b）过充过程不同时刻光学图像

可见，在充电开始前（0~400s），内部温度与表面温度是恒定且一致的，都保持在 14.1℃，电压也保持在 2.98V 的起始水平。正常充电过程中（400~3262s），电压、内部温度与表面温度都正常增长，并且内部温度增长的速度略高于表面温度。在刚刚充满的时刻（3262s），表面温度为 22.1℃，内部温度已达到 28.3℃。相比充电开始时，表面温度和内部温度分别增长了 7.0℃ 和 14.2℃，说明即使在正常充电中，内外温度的差异也是不可忽视的，这也体现了内部温度检测能力对于保证电池健康的重要性。

在过充期间（3262s 之后），内部温度首先开始急速升高，在 3720s 到达 50℃。同时表面温度仅为 25.3℃，电池的外形也没有发生任何鼓包，无法提供任何报警信息。如果将 50℃ 作为限值，表面温度在 4311s 越限，比内部温度越过该限值晚 591s。如果继续充电，将在 4882s 发生热失控。表面温度越限时间比热失控时间早 571s，而内部温度越限时间比热失控时间早 1162s，说明基于内部温度的预警方法更具有灵敏度和及时性。

6.4 本章小结

本章提出基于单频点的内部温度检测和预警方法，针对不同类型的锂离子电池，找到了与内部温度相关的最佳频率点。以磷酸铁锂电池为例，其最佳的检测频率为 70Hz，并进行了内部温度检测精度的验证，证明了检测到的内部温度与植入探针直接测量的内部温度非常接近。利用内部温度检测可以进行过充预警，以 50℃ 为预警温度，内部温度预警时间要比表面温度早 591s，可以作为一种有效的早期预警信号防止过充热失控的发生。

第 7 章

特征气体预警

根据第 2 章和第 3 章可知，锂离子电池在不同工况下产生气体的成分及浓度有所不同。而某些特定气体会在电池发生故障时产生，这些气体变化可以被用来指示电池的内部异常状态，称为特征气体。一般来说，可用来作为锂离子电池特征气体的有一氧化碳、氢气、二氧化碳、二氧化硫、氟化氢等。研究发现，氢气作为锂离子电池热失控早期安全预警的特征气体是非常有效的。一是由于氢气在空气中含量极少，作为特征气体不易误判；二是氢气传感器技术成熟，有利于微型设备开发及降低成本；三是氢气在事故状况下出现时间早，可作为早期预警信号。因此，本章主要介绍以氢气为主的特征气体预警方法，首先研究氢气产生机理，再验证其在电池模组及电池簇中预警的有效性，最后展示氢气传感器及其在储能舱中的实际应用。

7.1 氢气产生机理

故障时电池内部氢气含量的明显上升与电池内部无序的、加强的电化学反应相关。本节通过“搭建平台—对比结果—阐释机理”的步骤来探明氢气产生机理。首先，介绍了氢气原位探测平台，该平台在使用光学显微镜观察电池内部动态变化的同时，通过气体管路将电池产气吹入到气相色谱仪中进行在线分析，直观地表明氢气的产生与负极上金属锂的析出息息相关。然后，设计了多组对比实验来探寻氢气产生的关键条件，发现聚合物黏结剂在氢气产生过程中发挥重要作用。最后，结合密度泛函理论计算结果，证明了氢气的来源是聚合物黏结剂和锂枝晶之间的脱氟析氢反应。本节通过实验及理论计算证明了常温实验环境中由于不均匀沉积产生的锂枝晶可以与电极黏结剂发生反应并产生氢气，这为氢气作为锂离子电池早期安全预警的特征气体提供了坚实的理论支撑。

7.1.1　氢气原位探测平台

氢气原位探测平台如图 7-1 所示，平台主要包括原位观察系统和原位探测系统。原位观察系统由自制透明电池（或组装电池）、电池测试系统、光学显微镜和显示器组成。其中自制透明电池由正极、负极、电解液等组成。为形成对比实验，所设计电池正、负极采用多种材料组合，形成不同的锂离子电池体系。自制透明电池被封装在玻璃瓶内，正、负极片通过导线与电池测试系统连接，控制电池充放电。光学显微镜与显示器通过必要的电气与信号通路连接。高纯氩气作为载气通入自制透明电池后，将电池产生的混合气体送入原位探测系统即气相色谱仪进行氢气探测，同时通过光学显微镜实时在线观测电池负极表面是否有锂枝晶的生长和气泡的产生。

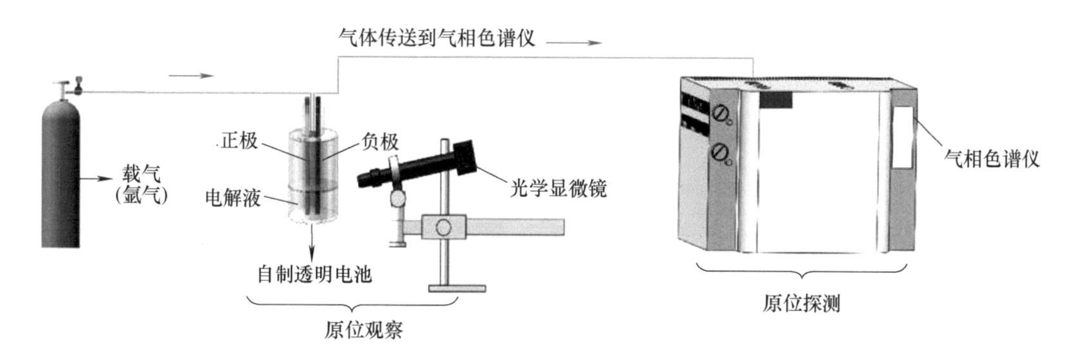

图 7-1　氢气原位探测平台

在锂离子电池组装完以后的最初几个循环中，石墨负极和电解液会发生副反应以形成 SEI 层。在含有常见无机盐（如六氟磷酸锂（$LiPF_6$））的 PC（碳酸丙烯酯）基或 EC（碳酸乙烯酯）基溶剂中，石墨电极电压低于 0.9V 时会发生电解液还原反应，并伴有析气现象，该过程也被称为“电池化成”。在化成期间由于 EC 和 PC 基溶剂的还原会产生不同的气体，如 CH_4、C_2H_2、C_2H_4、C_3H_6、CO 和 CO_2。如果电解液中含有水杂质，会产生 H_2，但水被迅速消耗后不再产生 H_2。因此，H_2 将在重新密封之前排出。为了进一步消除痕量水杂质，组装的电池已经进行了多次预循环（已经形成 SEI 层），同时用高纯度 Ar（氩气，99.999%）作为载气吹扫电池，直到检测不到氢气信号。在这些措施之后，氢气已经被完全清除，电池可用于氢气探测实验。

基于所搭建的实验平台，氢气探测方案如图 7-2 所示，具体描述如下：

1）打开单级减压阀（设定 0.05MPa）、气体流量控制器（设定 5mL/min）、气相色谱仪，在单级减压阀和气体流量控制器的共同作用下将高纯氩气吹入组装电池，将组装电池内部产生的气体经由通气软管送入气相色谱仪，进行连续检测。

2）将光学显微镜对准组装锂离子电池两极片间隙，调整画面至清晰显示石墨负极表面形貌并开始录像，使用电池测试系统开始对组装锂离子电池进行恒流充电，充电电流设定为3mA，截止电压可设定为4.9V（最大量程5V），保证电池能够进入过充状态，原位探测部分通过光学显微镜对石墨负极表面进行实时观测记录。

3）组装电池过充产生的气体由高纯氩气吹入气相色谱仪进行在线分析，探测是否含有氢气。若探测到氢气产生，表明石墨负极已处于（局部）过充状态，此时通过光学显微镜可实时观测到锂枝晶生长和气泡；若未探测到氢气产生，气相色谱仪分析程序进入下一个循环周期，电池测试系统继续对电池充电，使用光学显微镜对石墨负极继续进行实时观测。

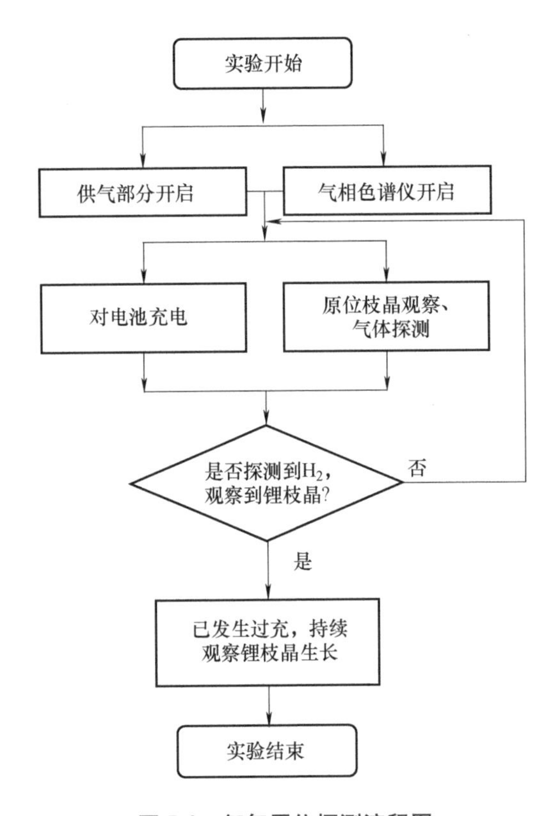

图7-2　氢气原位探测流程图

7.1.2　氢气探测实验

为探究过充条件下氢气的来源是否与锂枝晶和黏结剂的反应有关，分别采用不同电极材料，设计开展五次恒流过充实验作为对比，充电电流均控制为 3mA。按组装电池负极材料是否含有黏结剂，将实验分为以下两组。

第一组是负极含有黏结剂。选择广泛应用的聚偏氟乙烯（PVDF）黏结剂作为黏结剂。设置电池 A（磷酸铁锂-石墨电池）和电池 B（锂金属-石墨电池）。此外，实际储能用磷酸铁锂电池考虑到经济因素，还采用具有成本优势的丁苯橡胶+羧甲基纤维素（CMC+SBR）作为黏结剂。因此结合实际应用，另将石墨、炭黑、CMC+SBR 黏结剂按照商业石墨负极常用比例 90∶4∶3∶3 制作完成，形成电池 C（磷酸铁锂-石墨电池）。

第二组是负极不含黏结剂。作为对比，组装电池正极仍采用实验室自制磷酸铁锂极片，分别使用不含黏结剂的铜和石墨（以铜箔为集流体）作为电池负极，形成电池 D（磷酸铁锂-铜对电极电池）和电池 E（磷酸铁锂-石墨电池）。

（1）负极含有黏结剂

为了找到氢气的产生与电池内部之间的内在联系，自制了两种负极均含有 PVDF 的电池，分别是磷酸铁锂-石墨电池和锂金属-石墨电池，以排除磷酸铁锂正极的影响。两种石墨正极都含有 PVDF 和炭黑，用真空干燥箱进行了预干燥，石墨、炭黑、聚偏氟乙烯的质量比为 8∶1∶1。两个电极之间的距离约为 5mm。正负极的活性面积约为 $3cm^2$。石墨阳极的理论面积容量为 $1mAh/cm^2$，且充电电流密度为 $1mA/cm^2$（相当于 1C 的充电倍率）。

充电期间（0~3600s），组装电池的电压变化趋势如图 7-3a 所示。气相色谱仪探测结果如图 7-3b 所示，分别在 683s 和 472s 后探测到组装电池 A、B 有氢气产生。以开始充电（0% SOC）为时间起点，对于电池 A（磷酸铁锂-石墨电池），在 683s 探测到混合气体中有氢气产生后，通过光学显微镜观察到锂枝晶的出现和氢气泡的产生，如图 7-4a 所示，此时电池电压约为 3.6V。由于电池过电位相对较高且电极边缘的电流密度更集中，石墨负极边缘更容易得到来自正极的锂离子而首先饱和，锂枝晶持续生长至 3600s 时，电池电压约为 3.87V。对于电池 B（锂金属-石墨电池），在 472s 探测到氢气信号后，观察到锂枝晶生长和氢气泡的产生，如图 7-4a 所示，此时电池电压为 0.41V。锂枝晶持续生长，至 3600s 时，电池电压约为 0.48V。另外，在锂枝晶生长过程中没有检测到一氧化碳信号。由于显微镜的分辨率限制，初始锂枝晶可能小于 1mm，并且形成得比 683s 早得多。

图 7-4 给出了两种含有 PVDF 黏结剂的石墨负极电池在不同时间和电压下的光学图像，另一侧电极材料分别为磷酸铁锂和锂金属。图 7-4a 中，从 683s 到 3600s，锂枝晶从出现到一直生长到微米级大小，并伴有氢气气泡。和磷酸铁锂-石墨电池一样，图 7-4b 中的石墨在 472s 左右产生锂枝晶，而且随着锂枝晶的生长，锂枝晶根部产生氢气气体。

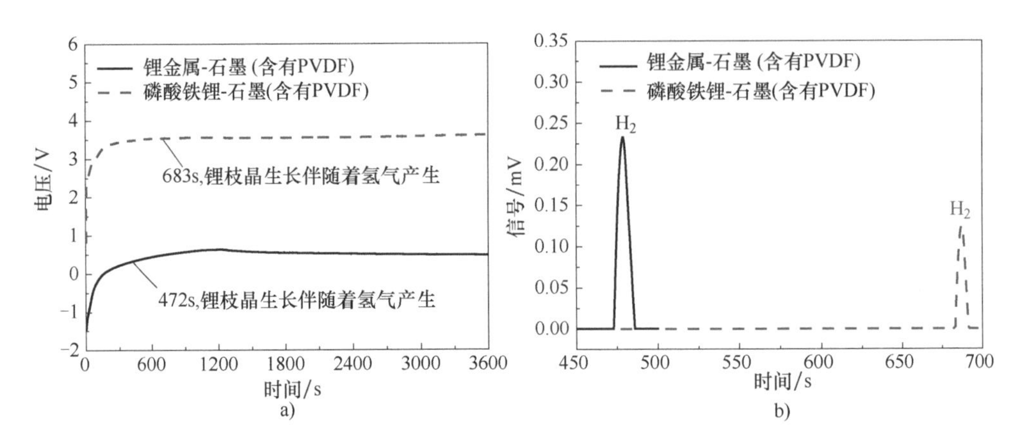

图 7-3　氢气原位探测结果（负极含黏结剂 PVDF）

a）时间-电压曲线　b）氢气信号曲线

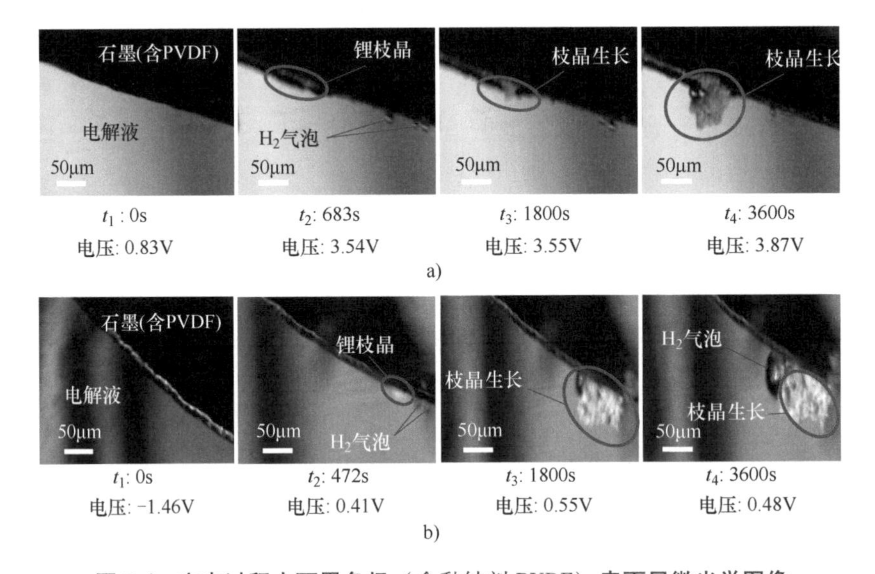

图 7-4　充电过程中石墨负极（含黏结剂 PVDF）**表面显微光学图像**

a）电池 A：磷酸铁锂-石墨电池　b）电池 B：锂金属-石墨电池

接下来，基于同样的方法又对使用不同黏结剂的电池 C（磷酸铁锂-石墨电池，负极含 CMC+SBR 黏结剂）进行了过充测试，如图 7-5 所示，同样观察到锂枝晶生长现象及检测到氢气。充电过程从 0s 时的 0% SOC 开始，在约 437s 时观察到锂枝晶的出现和氢气泡的产生，此时电池电压约为 3.49V，气相色谱仪于 437s 后探测到氢气信号。另外，石墨负极上的活性材料随着锂枝晶的生长和氢气气体的产生而不断分裂，这是因为 CMC+SBR 黏结剂逐渐被锂金属消耗掉。电池 C 的锂枝晶生长开始时间比电池 A（磷酸铁锂-石墨电池，负极含有 PVDF）早，这可能是由于 CMC+SBR 与锂金属的反应动力学高于与 PVDF 的。

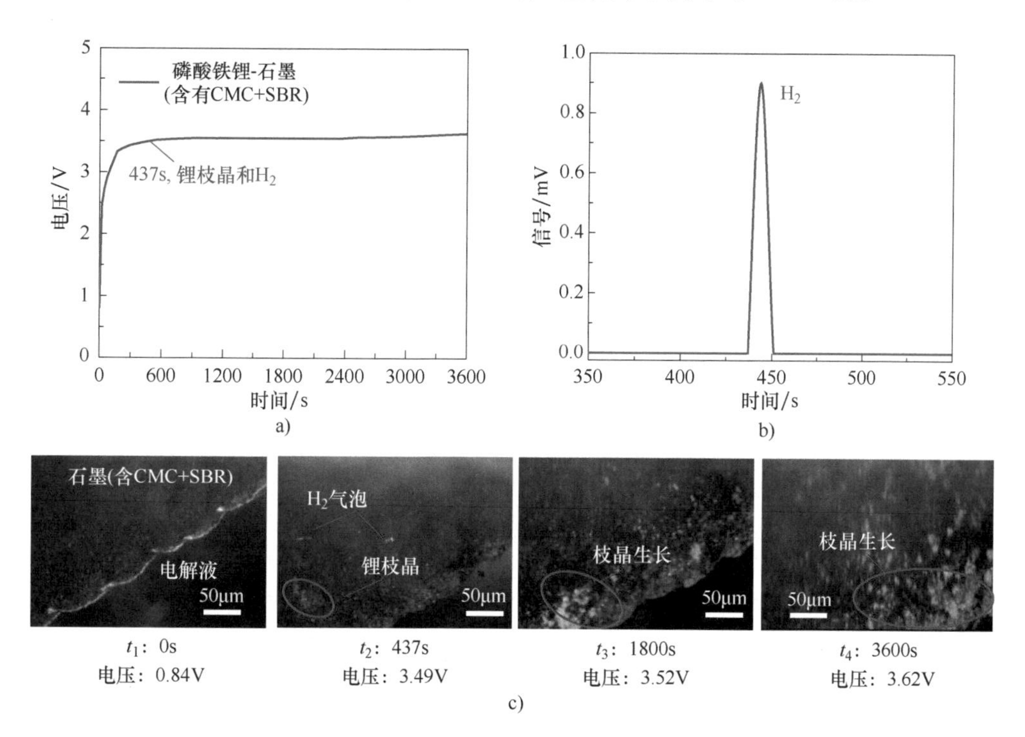

图 7-5　磷酸铁锂-石墨电池的氢气原位探测结果（负极含黏结剂 CMC+SBR）

a）电压曲线　b）氢气信号曲线　c）负极表面的显微光学图像

负极含有黏结剂的实验结果表明，①对于含有 PVDF 黏结剂的电池 A 和电池 B，尽管正极的不同导致组装电池具有不同的电压，但电池过充条件下均能够检测到氢气及探测到锂枝晶的生长；②在电池 C 中，由于 CMC+SBR 黏结剂的存在，也可以在观察到锂枝晶出现后检测到氢气产生；③室温下，无论是在过充电还是正常充电的条件，在有聚合物黏结剂存在的情况下，一旦锂枝晶开始生长，氢气就会立即产生，且从实时图像中观察可知，氢气多从锂枝晶根部冒出，易在枝晶附近聚集形成气泡。

（2）负极不含有黏结剂

作为对照，研究去除黏结剂对实验结果的影响，我们对电池 D（磷酸铁锂-铜对电极电池），以及电池 E（磷酸铁锂-石墨电池）进行了过充。两个电池中的石墨和铜箔负极都不含聚合物黏结剂。

图 7-6a 是电池充电期间的电压曲线，两个电池在 0s 时均为 0% SOC。对于

磷酸铁锂-石墨电池，在1080s时观察到锂枝晶生长，此时电池电压约为3.62V。由于原位观察的选定区域不同，时间间隔高于具有聚合物黏结剂的磷酸铁锂-石墨电池（在图7-3a中为683s）。而对于磷酸铁锂-铜对电极电池，锂离子会直接镀在铜箔表面形成金属锂。然而，由于光学显微镜的观察限制，锂枝晶生长到直径约为30μm时被观察到，此时电池电压约为3.54V。图7-6b是电池运行期间氢气的信号曲线，对于磷酸铁锂-石墨和磷酸铁锂-铜对电极电池，从0s到3600s气相色谱仪没有检测到氢气气体信号，这意味着没有氢气释放。

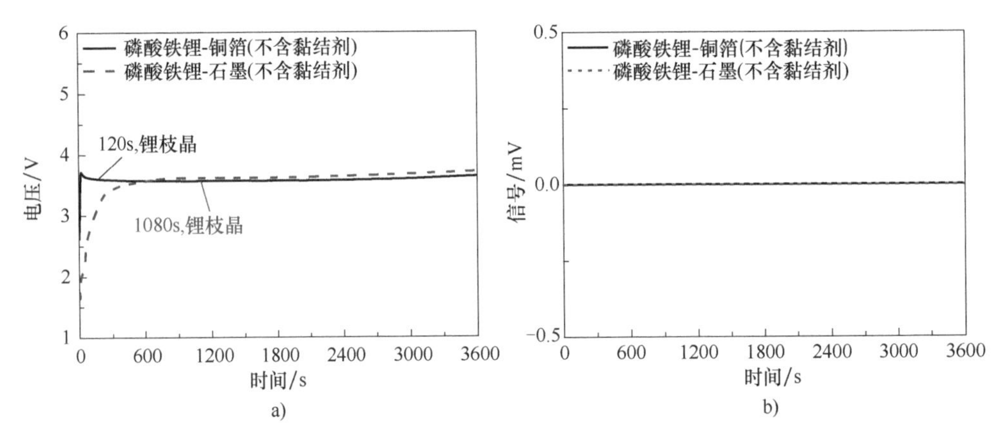

图7-6　氢气原位探测结果（负极无黏结剂）

a）时间-电压曲线　b）氢气信号曲线

图7-7给出了在不同时间下无黏结剂的负极表面的显微光学图像。可以看出，不添加电极黏结剂的情况下，随着充电的加深，在电压增加的同时，锂枝晶会不断产生并持续生长。但是整个过程并没有气泡产生，证明没有氢气释放。对比含有聚合物黏结剂的电池A、B、C，可以确定这是由于缺乏黏结剂导致氢气没有产生。同时，没有气泡也说明电解液（EC：DMC：EMC）在上述电池电压和室温环境下没有发生副反应产气，仍保持其化学稳定性。结果证明，氢气气泡来自锂金属-黏结剂反应，并且EC、DMC和EMC电解液或其他物质不参与氢气的产生反应。

7.1.3　氢气产生的反应机理

通过上面的研究结果可知，在含有聚合物黏结剂的条件下，氢气始终在过充电发生的超早期伴随着锂枝晶的出现而生成。且随着锂枝晶的生长而持续观察到氢气泡，电极材料或电池两极片电压差的不同并未对氢气的生成产生影响。其中，磷酸铁锂电池石墨负极过充产生锂枝晶，以及锂枝晶与PVDF黏结剂的

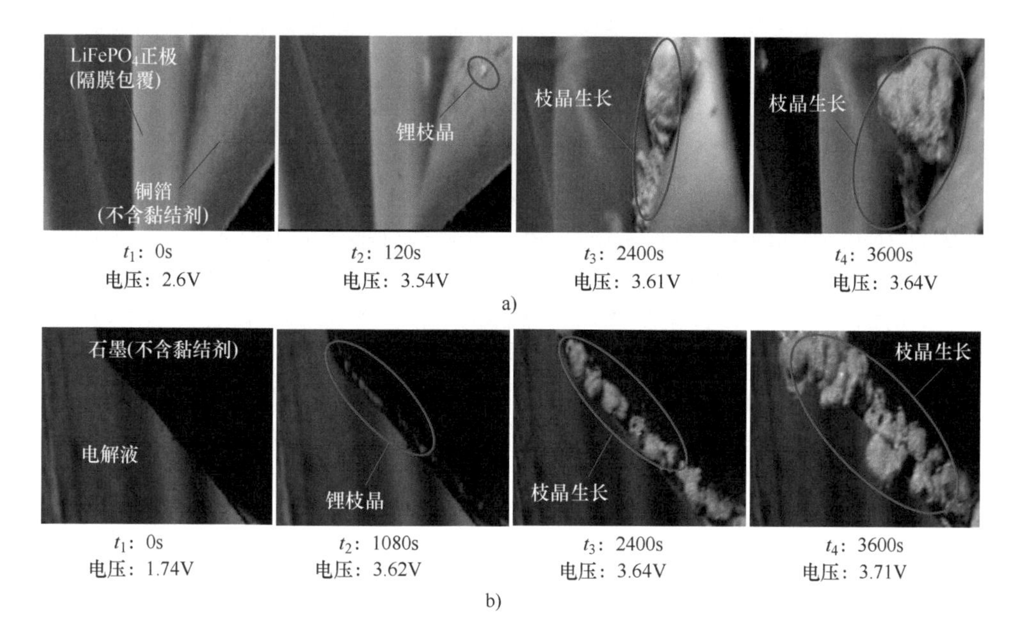

图 7-7　充电过程中负极表面（无黏结剂）的显微光学图像

a）磷酸铁锂-铜对电极电池　b）磷酸铁锂-石墨电池

产氢反应可用图 7-8 表示。在正常情况下，充电时，锂离子将从正极脱出并以 LiC_6 的形式嵌入石墨负极中；在过充电或快速充电条件下，锂枝晶开始在石墨负极的锂饱和部分生长。锂枝晶会与聚合物黏结剂（如 PVDF）反应，从而产生氢气气体。

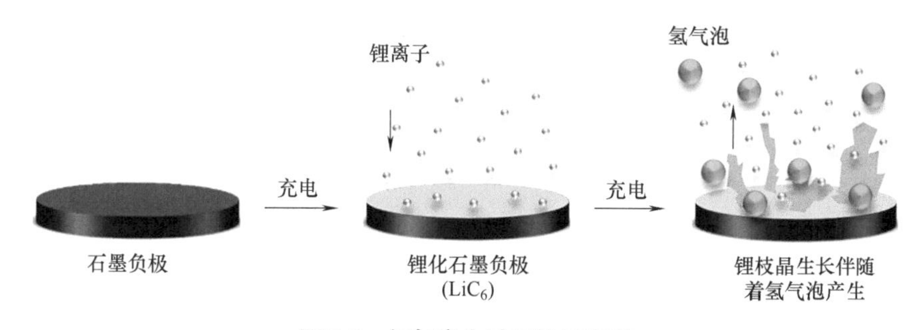

图 7-8　氢气产生过程的示意图

在这里，使用高斯 16 软件进行密度泛函理论（Density Functional Theory，DFT）计算，以研究锂金属和 PVDF 黏结剂的反应动力学。B3LYP 方法和基数 6-31G（d，p）用于模型反应中涉及的所有原子。通过使用 IEFPCM 并将各种计算的介电常数设置为 2.9 来考虑溶剂效应。在对所有固定点进行结构优化之后，以相同的理论水平进行了频率计算，以将所有固定点识别为最小值（虚数为零）或过渡态（仅为一个频率），并提供了对自由能的修正。如图 7-9 所示，从 $CH_3CF_2CH_2CHF_2$ 和 Li_2 到 $CH_2=CFCH=CHF$、两个 LiF 分子和一个 H_2 分子的结构转变有三个步骤。第一步是通过 Li_2 提取 F^-，经过了能量势垒为 10.5kcal/mol 的过渡态 TS1；第二步是通过 Li_2F 提取一个质子，经过了能量势垒为 21.0kcal/mol 的过渡态 TS2；第三步是通过耦合的 HLi_2F 提取 F^- 和 H^+，经过了能量势垒为 24.1kcal/mol 的过渡态 TS3，伴随着一个 H_2 分子和两个 LiF 分子的解离。密度泛函理论计算结果从理论上论证了室温下锂金属与 PVDF 黏结剂的反应机理。

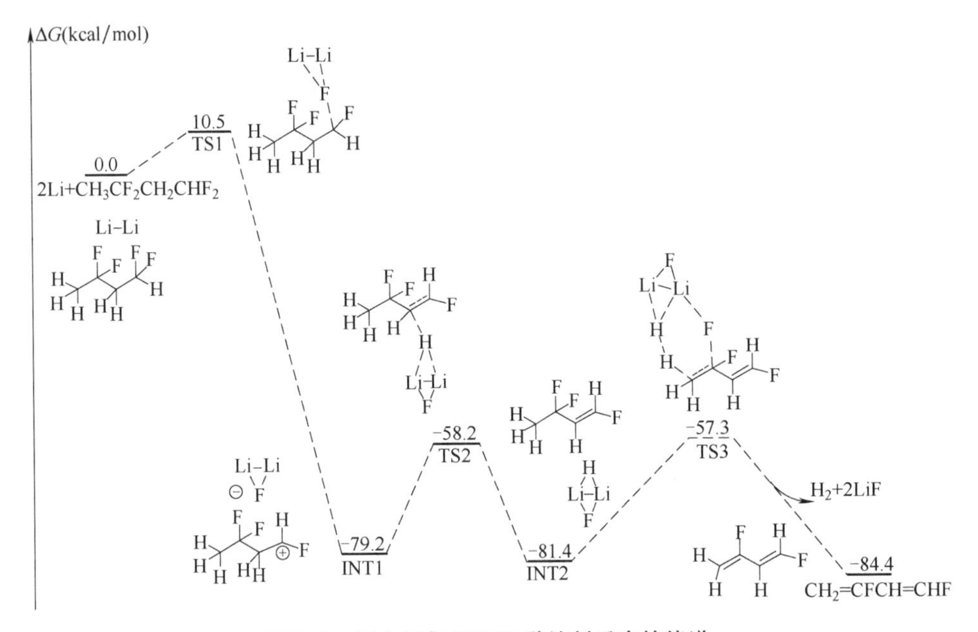

图 7-9　锂金属与 PVDF 黏结剂反应的能谱

锂-PVDF 的反应机理如图 7-10 所示。可由式（7-1）表示：

$$-CH_2-CF_2+Li \longrightarrow LiF+-CH=CF-+0.5H_2 \tag{7-1}$$

类似地，由组装磷酸铁锂-石墨（负极含 CMC+SBR 黏结剂）电池的测试结果可知，这种脱氢反应也发生在以 CMC+SBR 作为黏结剂的石墨负极上，在过充条件下同样会产生氢气。值得注意的是，结果表明锂枝晶与黏结剂的反应在常温下即可进行，锂离子电池产氢发生在过充电超早期阶段，氢气随着锂枝晶与黏结剂的反应而产生。将氢气在线探测作为过充条件下锂离子电池安全预警的指标，具有明显的优越性。在上述实验中，气相色谱仪的一个测定周期内（待测气体进样量预先设定为 1mL），由于组装锂离子电池产生的混合气体（由氢

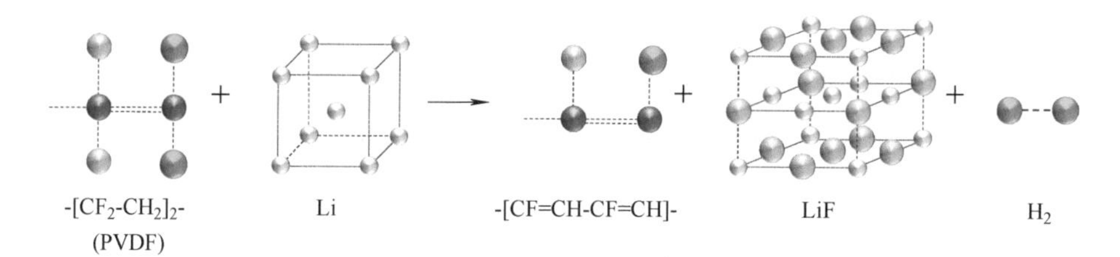

图7-10　锂金属与PVDF黏结剂的化学反应机理

气、氩气等组成）中，氢气的浓度至少应为500×10^{-6}才能够被探测到，因而氢气最低含量可计算如下：

$$m_{H_2}=M\cdot C\cdot\frac{273.15}{(273.15+T)}\cdot\frac{\left(\frac{Ba}{101325}\right)}{22.4}\cdot10^{-6}\tag{7-2}$$

式中，m_{H_2}表示送入气相色谱仪的混合气体中氢气的质量（mg）；M表示氢气的相对分子质量（2g/mol）；C表示氢气在混合气体中的浓度值（$\times10^{-6}$）；T是室温（取25℃）；Ba表示标准大气压（1.01×10^5Pa）。

根据式（7-2）计算出，在室温及一个标准大气压条件下，m_{H_2}约为4.09×10^{-5}mg。由锂-PVDF的反应化学式可得，参与反应的锂枝晶质量约为2.86×10^{-4}mg，该质量相当于在石墨负极上镀一个半径约为50μm的金属锂。如此微型的锂枝晶即可与黏结剂反应产生足够量的氢气，从而被气相色谱仪探测到。实际上，沉积的锂将分布在石墨负极上的不同区域（锂饱和部分）。因此，单个锂的实际尺寸将小于50μm。进一步计算得，在过充电期间，约有4.09×10^{-5}mol的锂离子被还原形成石墨负极上的锂枝晶，在磷酸铁锂正极上的电子转移情况如式（7-3）所示：

$$LiFePO_4-xLi^+-xe^-\longrightarrow xFePO_4+(1-x)LiFePO_4\tag{7-3}$$

由式（7-3）计算出该还原反应所涉及的电子数为2.46×10^{19}（4.09×10^{-5} mol×6.02×10^{23} mol^{-1}），即3.94C（或1.09mAh）。此外，在商业化生产的储能用锂离子电池中，锂枝晶与黏结剂的反应也可产生氢气。以86Ah锂离子单体电池（石墨负极含有PVDF黏结剂）为例，单体电池含石墨约290.88g，假设PVDF黏结剂占石墨负极总重量的3%（计算为9g），并且与锂枝晶完全反应，则根据式（7-2）计算出的氢气产量为0.14g。对于电池模组（通常由几十个电池经过串并联组成）或容量更大的锂离子电池而言，过充电将会产生更多氢气。

本节搭建了锂离子电池氢气原位探测平台，利用不同电极材料自行组装锂离子电池，并进行了过充实验和氢气在线探测，提出了一种基于氢气探测的锂枝晶生长感知和过充预警新方法，实现了锂枝晶生长的原位探测。结果表明，锂离子电池过充早期产生的氢气来自于锂枝晶和黏结剂（PVDF 或 CMC+SBR）的化学反应，与电解液或其他物质无关，且该反应在常温环境中即可进行。本章所提出的磷酸铁锂电池安全预警新方法，以及对产氢来源的研究，为后文中电池单体、模组和簇级别的热失控及安全预警实验研究提供了重要理论依据。

7.2 氢气预警效果验证

前一节通过搭建氢气原位探测平台，实现了锂枝晶的原位探测，利用组装电池验证了氢气产生于锂枝晶和电池黏结剂（PVDF 或 CMC+SBR）的反应。为验证氢气探测对于实际储能用磷酸铁锂电池的有效性，本节按照“电池—模组—簇”的顺序进行实验验证，并深入研究其规律。

首先，针对方形铝壳电池开展氢气在线探测研究，同时进行可见光监控和电池表面温度监测，初步证明了氢气预警的可行性，为模组及簇级实验奠定基础。然后，搭建真实的储能舱环境，分别对硬壳电池模组及软包电池模组进行实验，新增设置了包括氢气在内的六类热失控特征气体探测器，重点研究对比各类气体对于安全预警的有效性，探索氢气扩散规律对预警效果的影响，同时利用热电偶、红外等设备监测模组表面温度。最终通过真实储能舱内的电池簇安全预警实验，验证氢气探测对实际密集排布的磷酸铁锂储能电池安全预警的超前性和实用性。

7.2.1 单体电池氢气预警效果

单体电池氢气预警实验的对象是商用磷酸铁锂方形铝壳单体电池，标称电压为 3.2V，电池容量为 24Ah，电池极耳间装配有安全阀。如图 7-11a、b 所示，磷酸铁锂单体电池放置于 2m×1m×1m 的实验舱内，控制、监测设备统一布置在实验舱外的监控室中以保证实验人员的安全。如图 7-11c 所示，单体电池被竖直固定在实验平台上，其正上方布置有三台氢气探测器 A、B、C，分别探测距离电池顶部 60cm、120cm、180cm 三个位置的氢气含量变化。可见光监控从电池正面观察电池过充热失控过程。单体电池表面使用耐高温聚酰亚胺胶带紧贴 K 型热电偶，热电偶与多路温度记录仪连接，传输温度数据；热电偶测点位置温度依次记为 $T_1 \sim T_5$，分别对应电池正极、负极、正面中心、侧面中心以及底部中心。

以 0.5C 充电倍率（12A）恒定电流对 24Ah 的满电单体电池进行过充，模拟储能电池的热失控行为，直至电池安全阀打开后停止充电。全程使用高清可见光摄像头记录观察实验现象。过充期间通过多路温度记录仪和 K 型热电偶在

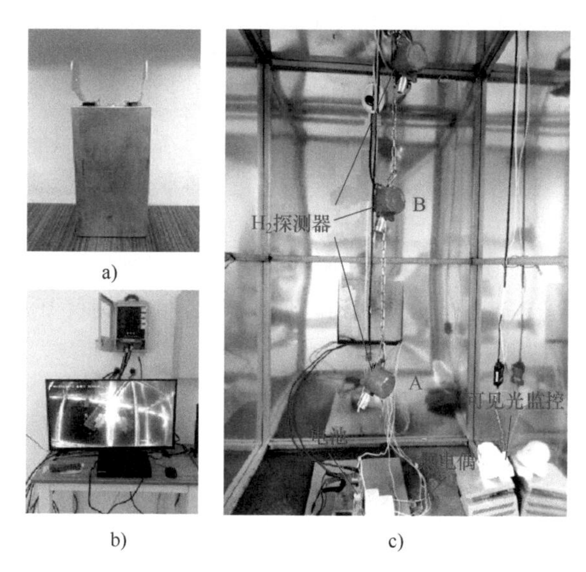

图 7-11　单体电池氢气预警实验布局

a）单体电池　b）监控室　c）实验舱内布置

线测量并保存单体电池表面温度。实验流程如图 7-12 所示。

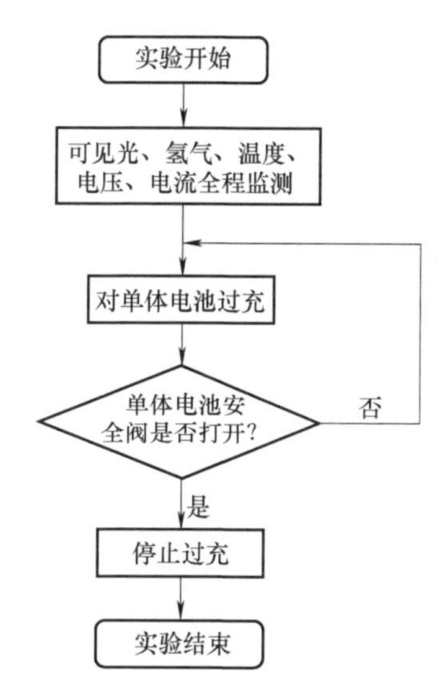

图 7-12　单体电池氢气预警实验流程图

可见光监控记录如图 7-13a 所示，热电偶采集的单体电池表面温度变化趋势以及电池的电压电流数据，分别如图 7-13b、c 所示。过充 2241s 后，电池由于内部产气导致鼓包；2643s 时，安全阀打开并喷射少量电解液及可见烟，随即控制充电机停止充电；可见烟在 2895s 时完全消散。电池由于过充产生气体，气体压力迫使电池严重鼓胀变形，安全阀打开后气体压力从该处得到泄放。图 7-13b 表明电池表面温度随过充时间逐步攀升，各测点温度变化趋势接近，停止充电前一时刻（2643s）温度最高，充电停止后立刻下降，至 5000s 时温度已降至 40℃以下；充电过程中，由于电池底面中心散热最差，温度相对最高，其峰值温度约为 112℃。由图 7-13c 可知，恒流过充前、中期电压缓慢上升，过充后期电压迅速攀升，至安全阀打开时达到峰值 9.7V；安全阀打开后切断电源，电池电压突降至 4.2V，随后缓慢下降至初始值 3.4V。

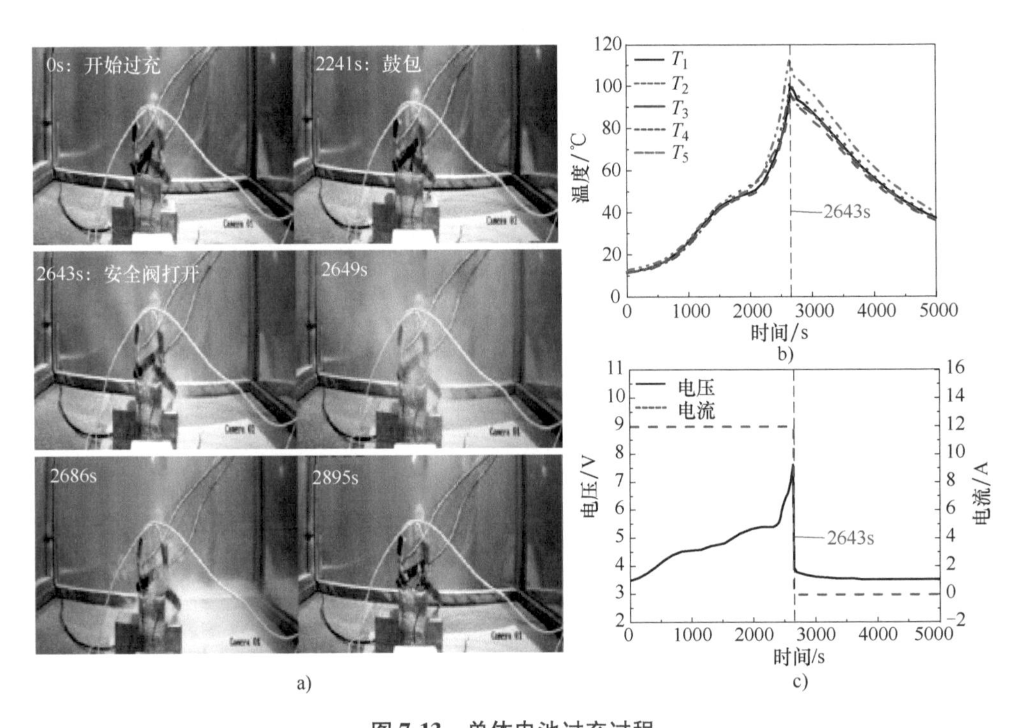

图 7-13　单体电池过充过程

a）光学图像　b）电池表面温度曲线　c）电池电压电流曲线

磷酸铁锂电池由于过充产生气体，气体堆积使电池内部压力增大，最终导致安全阀爆开，压力泄放。由于电池在安全阀爆开前已严重鼓包变形，导致气体渗漏。实验中，探测器 A、B、C 在安全阀打开（2643s）前均已探测到氢气含量提升。绘制氢气浓度-相对时间曲线如图 7-14 所示。

图 7-14 表明，位于最下方的探测器 A 首先探测到氢气产生，探测氢气浓度峰值达到 586×10^{-6}，明显高于中部探测器 B 及上方探测器 C 监测到的氢气浓度

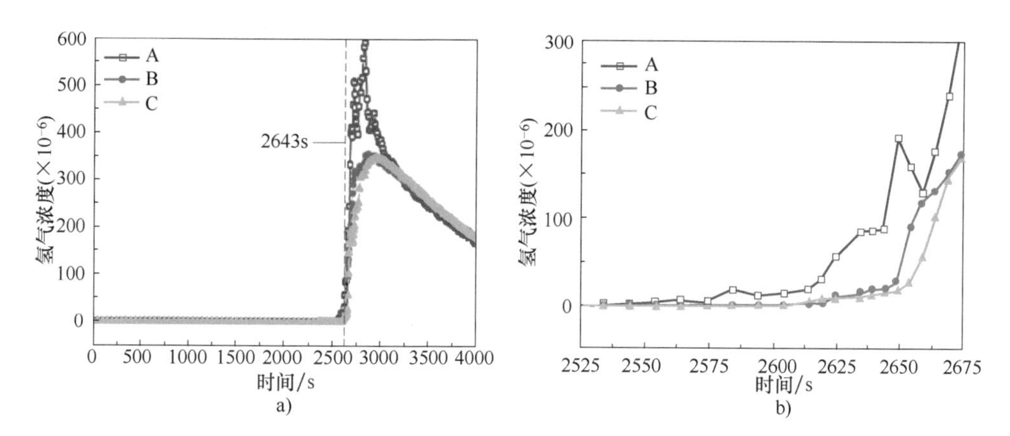

图 7-14　单体电池过充过程氢气浓度变化

a）0~4000s 氢气浓度变化曲线　b）2525~2675s 氢气浓度变化曲线

峰值（350×10^{-6}）。探测到氢气的时刻及实验过程中的峰值浓度总结见表 7-1。

表 7-1　单体电池氢气探测时刻及峰值

氢气探测器	探测到氢气的时刻/s	峰值浓度（$\times10^{-6}$）
A	2555	586
B	2611	353
C	2613	346

最下方探测器 A 在电池安全阀打开前 88s 已探测到氢气浓度提升；相比而言，中部及上方探测器分别滞后 56s、58s。

单体电池的氢气预警实验结果表明，磷酸铁锂单体电池过充过程可分为三个阶段：起始阶段、鼓胀变形阶段及可见烟和气体的喷射阶段。

起始阶段由于电池外壳的机械束缚力，电池外形并无明显变化。但电池内部经历着复杂的电化学反应过程，如 SEI 受热分解，以及石墨负极表面锂枝晶的沉积等，由此造成的电池温度升高又反过来造成一系列产气、产热的副反应。由于石墨负极嵌锂量有限，锂枝晶的不断沉积和生长造成隔膜穿刺，电池内部形成局部短路。随着电池压力的增大和温度的提升，外壳出现严重鼓胀变形。由于氢气的相对分子质量最小，在电池过充产生的混合气体中更倾向于聚集在最上层，即安全阀附近。电池外壳的变形使少量气体通过细微的裂缝泄漏到空气中，分子质量最小的氢气扩散速度最快，实验中在安全阀打开前 88s 已探测到氢气的产生。最终，当电池内部温度超出隔膜熔化的临界值后，造成更大面积的内短路，安全阀开启，喷射可见烟和大量气体。过充条件下的磷酸铁锂单体电池热失控产气过程可简化表示为图 7-15。单体电池实验结果证实了氢气在线探测对于其过充热失控预警的有效性，为后续模组及簇级安全预警提供了参考。

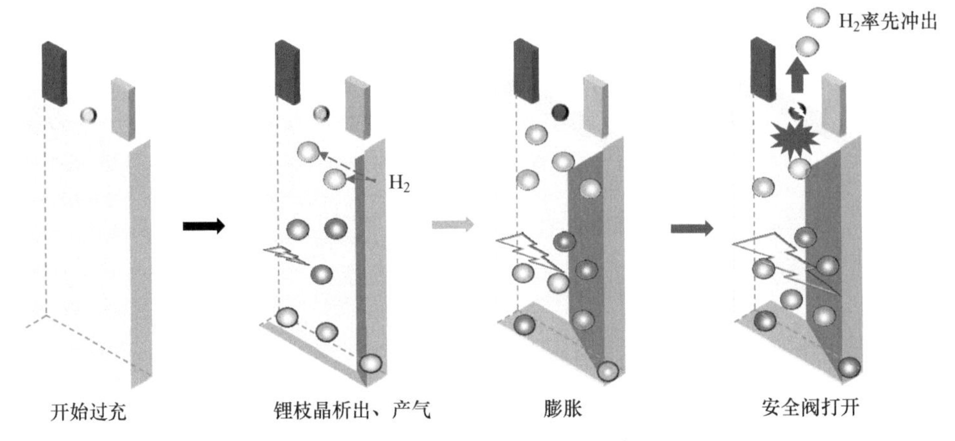

图 7-15　单体电池过充产气示意图

7.2.2　电池模组级氢气预警效果

实际运行的电池储能系统中，许多单体电池整齐地排列在一起组成模组。故障时热量在电池间的快速蔓延会扩大热失控程度，并进一步导致模组整体热失控。为了保障储能电站安全稳定运行，有必要在真实储能舱环境下，研究储能电池模组的氢气预警效果。为了证明氢气预警的广泛适用性，这里分别研究了硬壳电池模组及软包电池模组的气体预警效果，结果显示氢气预警的确是最灵敏和快速的。在此基础上，研究了氢气传感器安装位置对电池模组氢气预警的影响，为更大规模的电池簇实验做好了准备。

（1）硬壳电池模组氢气预警效果

为了验证所提出的氢气预警原理在实际应用中的有效性，对商用储能电池模组进行了过充电测试。选用储能用磷酸铁锂电池模组，每个电池模组由 32 块单体电池四并八串组成。电芯为铝壳电池，每个单体电压为 3.2V，容量为 86Ah。模组电压为 25.6V，额定电量为 8.8kWh，模组容量为 344Ah。电池模组宽为 420mm、深为 600mm、高为 240mm。

如图 7-16 所示，磷酸铁锂电池模组的过充电实验是在真实的预制舱式储能舱环境（长 12m，宽 2.4m，高 2.6m，约 $75m^3$）中进行的。6 个气体传感器被布置在电池模组的正上方，以检测氢气、一氧化碳、二氧化碳、氯化氢、氟化氢和二氧化硫的浓度变化。同时安装了两台高分辨率光学相机，从不同角度进行观察。将一个 K 型热电偶连接到模组内部电池的上表面（去掉电池模组的上盖），以测量其表面温度。根据 7.1.3 节中的计算，如果磷酸铁锂电池组中的

PVDF 黏结剂（占石墨负极重量的 3%）与锂金属完全反应，理论上产生的氢气质量可达 4.48g。考虑到储能舱的体积，氢气浓度将达到大约 59.73mg/m^3，根据式（7-4）换算得到约为 731×10^{-6}。

$$C=24.5 \cdot X/M \tag{7-4}$$

式中，X 代表以 mg/m^3 为单位的气体浓度值，C 代表以 10^{-6} 为单位的气体浓度值，M 为气体相对分子质量，该公式适用于室温 25℃、1.01×10^{5}Pa 条件下。

图 7-16　电池模组气体预警实验平台

基于所搭建的真实储能舱实验平台，对 100% SOC 磷酸铁锂电池单模组进行恒流过充（充电倍率为 0.5C，电流为 172A），触发热失控直至模组起火，监测记录各项数据，实验全程进行气体在线探测。实验结束后不进行灭火，等待电池燃烧完全、能量完全释放，待明火自然熄灭且浓烟消散，确认安全后方可进入现场。

操作人员在远程监测区控制设备启停，模拟实际储能舱故障运行导致的电池过充电，并通过可见光监控观察实验现象。根据可见光监控记录，从开始过充到模组整体发生热失控，实验过程可分为起始阶段、冒烟阶段及燃烧阶段。启动过充时刻记为时间零点，以相对时间记录实验现象。如图 7-17 所示，展示了四个特殊的时间点的光学图像，分别为 t_1、t_2、t_3 和 t_4。其中，t_1 = 0s 代表开始充电的时间点；t_2 = 990s 代表检测到氢气的时间点；t_3 = 1425s 代表白烟出现的时间点；t_4 = 1570s 代表爆燃出现明火的时间点。

1）起始阶段（0～1425s）：刚开始由于模组外壳及单体电池间的机械固定，从可见光监控中并未观察到电池过充鼓包。继续充电至 959s 时，由于电池内部产气导致的压力不断增大，出现首个电池安全阀打开现象，伴随有电解液从破口处喷出。此后电池安全阀陆续打开，相邻安全阀打开的时间间隔呈现出随机性。该阶段早期未出现其他剧烈反应或明火，是消防预警启动的

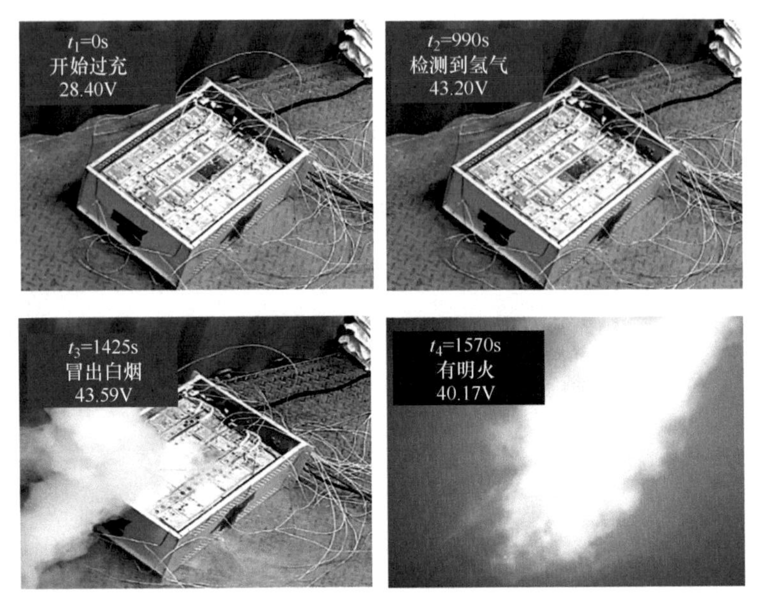

图 7-17　过充过程电池模组不同时刻的光学图像

最佳时间段。

2）冒烟阶段（1425~1570s）：从 1425s 时刻开始，监控录像显示电池开始出现浓烟。并在约 2min 内充满储能舱。该阶段电池模组持续恒流过充，内部反应产热产气加剧，电池冒出大量浓烟，期间有安全阀相继打开。浓烟迅速蔓延至整个储能舱，遮挡可见光监控。

3）燃烧阶段（1570s 至明火熄灭）：燃烧阶段储能舱内可燃气体爆燃，随后电池模组剧烈燃烧。从 1570s 的可见光监控中观察到火光。

在线监测的六类气体浓度随时间变化曲线如图 7-18 所示。在起始阶段（0~1425s）后期，进入冒烟阶段（1425s 开始）之前，H_2、CO、CO_2 浓度（测量范围分别为 $0\sim1000\times10^{-6}$、$0\sim1000\times10^{-6}$ 和 $0\sim2000\times10^{-6}$，测量分辨率均为 1×10^{-6}）均有明显提升。HCl、HF、SO_2 浓度（测量范围分别为 $0\sim20\times10^{-6}$、$0\sim50\times10^{-6}$ 和 $0\sim50\times10^{-6}$，测量分辨率均为 0.1×10^{-6}）在相当长的时间内始终保持零值，仅在 1570s 进入燃烧阶段后略有增加。由图 7-18 可知，在 990s 探测到氢气产生，比电池模组出现浓烟的时刻（1425s）提前了 435s，比模组起火的时刻（1570s）提前了 580s。

为进一步比较六类气体的探测预警效果，图 7-19 放大显示了起始阶段后期（960~1100s），进入冒烟阶段前，各类型气体浓度的变化趋势。氢气在 990s 首先被探测到，比一氧化碳提前了 75s。990s 探测到氢气产生时，电池模组电压为

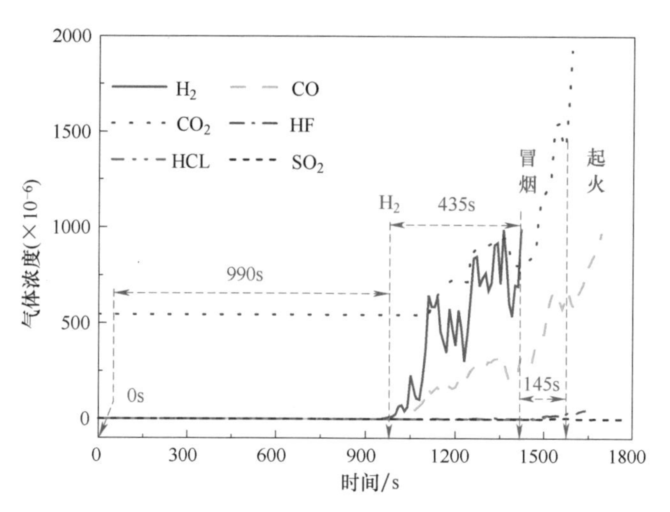

图 7-18　过充过程中六类气体浓度变化曲线（0~1800s）

43.2V，约为额定电压的 1.7 倍，探测到氢气时电池模组表面温度仅为 35.6℃，温升为 21.5℃，充分表明氢气探测预警相比于其他热失控特征气体探测的超前性。

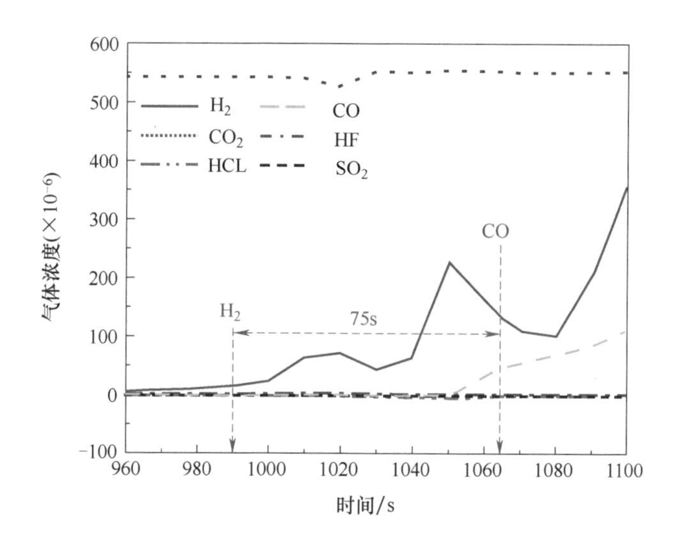

图 7-19　过充过程中六类气体浓度变化曲线（960~1100s）

关键时间节点见表 7-2。氢气是第一种被检测到的特征气体，早在 990s 时被检测到，氢气是从硬壳单体电池的安全阀上的细小裂缝和接口处溢出的。此时电池安全阀尚未打开，没有观察到烟雾，表面温度较低。

表 7-2　氢气探测时刻及峰值

事件	开始过充	首个安全阀打开	探测到 H_2	探测到 CO	探测到 CO_2	冒烟	起火
时间/s	0	971	990	1065	1120	1425	1570
电压/V	28.4	42.5	43.2	43.5	43.5	43.6	40.2
T_1/℃	14.1	31.9	35.6	38.5	38.5	56.5	63.4

总的来说，以上结果验证了氢气作为特征气体在实现电池早期安全预警方面具有优势，比其他五种气体（CO、CO_2、HCl、HF、SO_2）探测和表面温度检测更为有效和灵敏，这也证明了通过氢气探测来检测锂枝晶生长的有效性。根据前面研究的结论，锂枝晶在石墨负极上生长并与聚合物黏结剂反应，导致了氢气的产生。而来源于 SEI 膜分解的一氧化碳和其他气体将晚于氢气产生，这就是检测到氢气的时间比其他气体早的原因。考虑到气体聚集和从电池安全阀渗漏的时间延迟，电池内部实际的锂枝晶生长和氢气生成时间应远早于 t_2（990s）。氢气预警预留了将近 10min 的安全预警时间，足够做好人员疏散、切断充电器等防范措施。

（2）软包电池模组氢气预警效果

除了硬壳电池这种具有安全阀的电池之外，氢气预警方法也可以应用于没有安全阀的电池，如软包电池。为此，进行了软包电池模组的过充测试，以验证氢气预警的效果。实验所用的软包电池模组由 72 个磷酸铁锂单体电池以 6 并 12 串的方式组成，每个单体电池的容量为 48Ah。电池模组的额定电压为 38.4V，总能量为 11.1kWh。

将软包电池模组从 100% SOC 状态开始以 0.5C 的充电倍率（144A）进行过充。图 7-20 展示了电池模组从膨胀变形到冒烟，再到燃烧爆炸的全过程。随着过充程度的加深，电池模组的形变越来越严重。由于软包电池的包装是由铝塑膜材料制成的，在电池内部大量产气时会鼓包，然后通过对旁边的单体电池产生压力而使得整个电池模组发生大的形变。在单体软包电池的铝塑膜开裂后，会有浓烟扩散至整个储能舱并遮挡光学摄像头。大约在 2319s，突然发生了爆炸，并出现了明火。

为了检测实验过程中模组的温度变化，将 3 个热电偶分别放置在电池模组的上、左和右侧表面。图 7-21a 给出了过充电过程中的软包电池模组的温度变化曲线。可以看出，从开始充电后 2000s 开始，在 50s 左右的时间里电池模组的表面温度急剧上升到 600℃，此时整个电池模组已经被完全烧毁。值得注意的是，当烟雾在 2061s 出现时，表面温度仅为 40℃。图 7-21b 显示了氢气浓度的变化曲线。很明显，氢气浓度值（测量范围为 $0 \sim 1000 \times 10^{-6}$）从 1485s 检测到氢气开始显著增加。检测到氢气的时间（1485s）比烟雾出现的时间（2061s）早 576s，

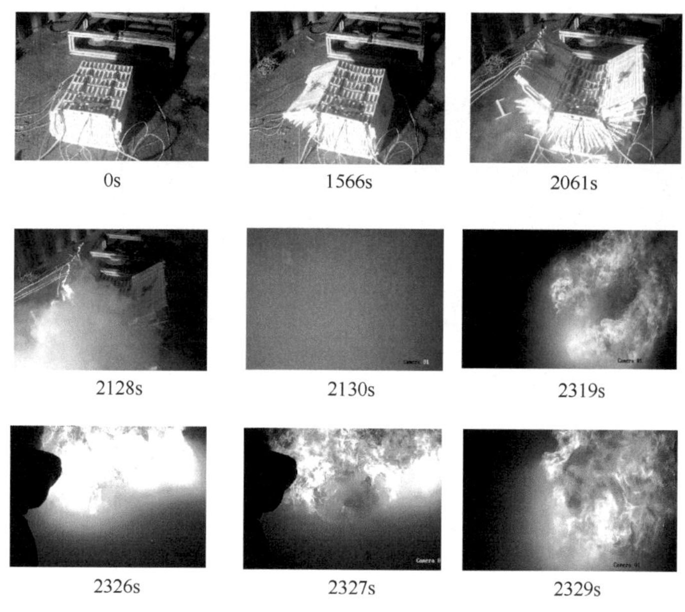

图 7-20　过充过程软包电池模组不同时刻光学图像

比电池模组着火的时间（2319s）早 834s。检测到氢气和热失控致火之间的时间间隔为 834s，比硬壳电池的时间间隔长。

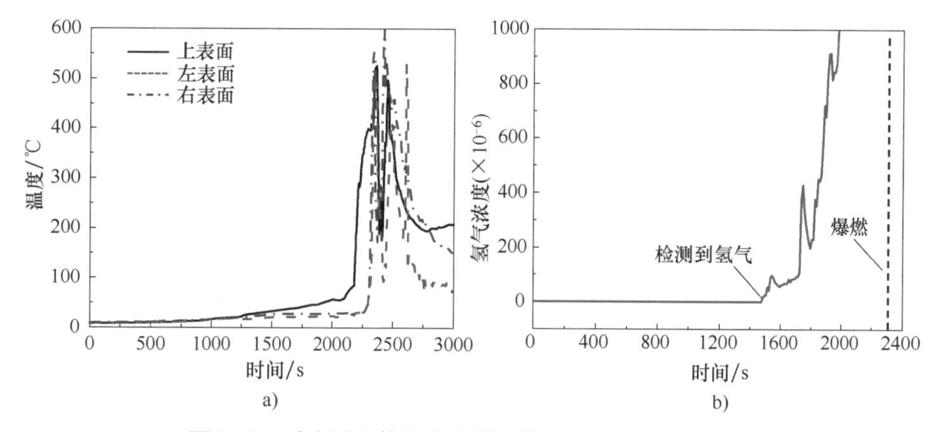

图 7-21　过充过程软包电池模组的温度和氢气浓度变化

a）温度变化曲线　b）氢气浓度变化曲线

（3）氢气扩散过程

氢气传感器的安装位置会对氢气探测结果产生影响，为了探究氢气在电池舱中的扩散特性，将 3 个氢气探测器以 2m 的间隔安装在储能舱顶部，按照与电池模组的水平间距，分别简记为 H_2(0#)、H_2(2#) 和 H_2(4#)，其中探测器

H_2(0#) 在电池模组的正上方。如图 7-22 所示，实验期间电池模组顶盖未去除，K 型热电偶紧贴在模组顶盖下方的电池上表面，用以监测电池模组温度。

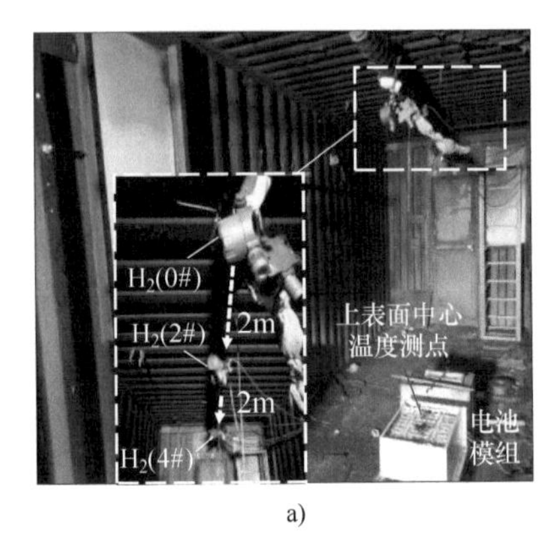

a)

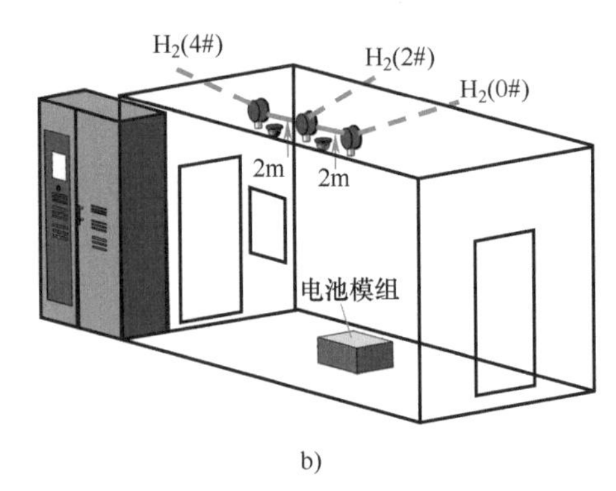

b)

图 7-22　氢气扩散过程平台布局

a）氢气探测器布局　b）位置示意图

将硬壳电池模组从 100% SOC 状态开始以 0.5C 的充电倍率（172A）进行过充。以开始过充为时间零点，过充过程可见光监控如图 7-23 所示。随着过充程度的加深，电池的温度先缓慢上升，而后在出现爆燃后剧烈上升至 500℃，而电池的电压则表现为先升后降，电压升高是因为出现了电池材料能够承受的短暂过充，电压降低是由于过度充电使得电池内部材料出现了分解及发生了微短路。模组同样经历了三个阶段，即①起始阶段（0~1645s）：安全阀陆续打开，其中 1006s 探测到氢气产生；②冒烟阶段（1645~1775s）：浓烟扩散遮挡镜头；③燃烧阶段（1775s 至明火熄灭）。图 7-23 展示了 4 个典型时刻电池模组的光学图像。t_1 代表开始充电的时间点；t_2 代表检测到氢气的时间点；t_3 代表白烟出现的时间点；t_4 代表爆燃出现明火的时间点。

3 个传感器测得的氢气浓度变化曲线如图 7-24a 所示。1006s 时，探测器 H_2(0#)首先探测到氢气产生，比冒烟时刻 t_3(1645s) 早 639s，比起火时刻 t_4(1775s)早 769s。氢气探测结果放大如图 7-24b 所示。受距离影响，探测器 H_2(0#)、H_2(2#)、H_2(4#) 依次探测到氢气产生，探测器 H_2(2#)、H_2(4#) 分别比探测器 H_2(0#) 晚 46s 和 83s。

t_2 时刻探测到氢气产生时，模组电压为 41.55V，上表面中心温度仅为 50.4℃，温升为 20.1℃。此时模组及储能舱内尚处于相对安全的状态，除伴随有个别电池安全阀打开及少量电解液喷出现象以外，没有任何浓烟或明火产生，这是预警的最佳时期。至起火前一时刻，模组上表面中心温度为 87.15℃，模组起火后温度突增。关键时间节点记录见表 7-3，氢气探测对磷酸铁锂电池模组过充热失控的预警效果明显。

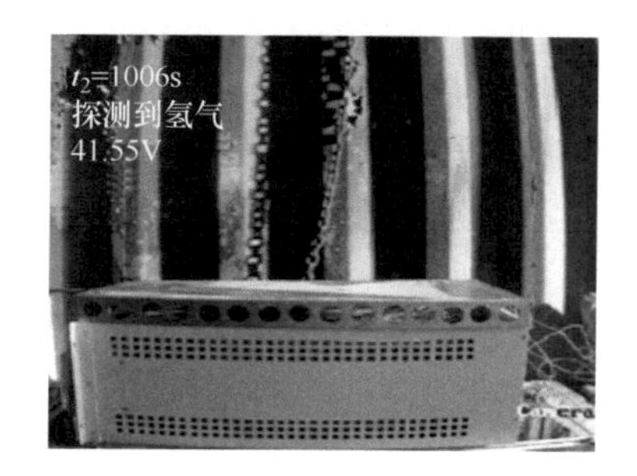

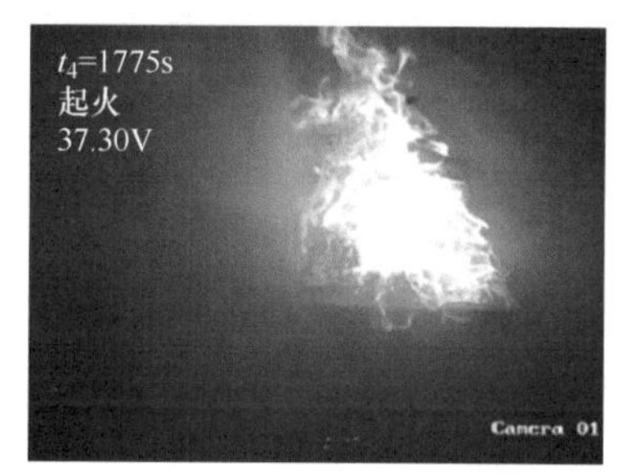

图 7-23　过充过程电池模组不同时刻的光学图像

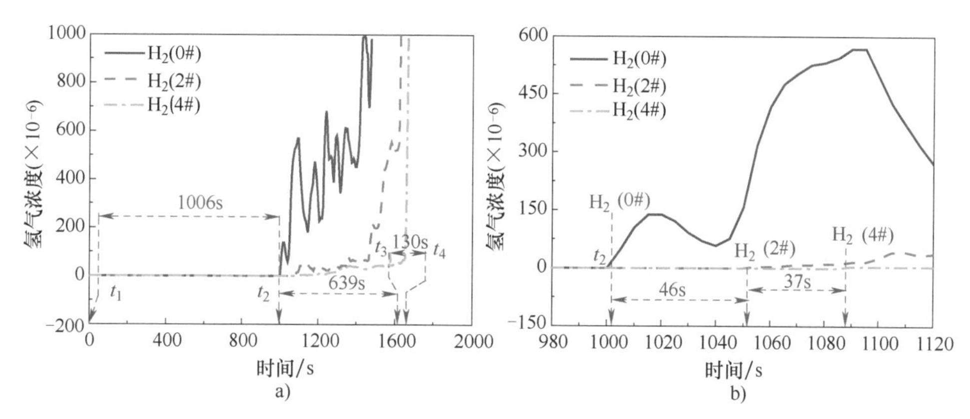

图 7-24　过充过程 3 个氢气传感器的氢气浓度变化

a）0~1800s　b）980~1120s

表 7-3　氢气扩散过程时间节点

事　　件	开 始 过 充	H_2(0#) 探测到 H_2	H_2(2#) 探测到 H_2	H_2(4#) 探测到 H_2	冒　　烟	起　　火
时间/s	0	1006	1052	1089	1645	1775
电压/V	28.13	41.55	41.83	42.03	42.35	37.30
温度/℃	30.3	50.4	51.8	53.2	80.9	87.15

结果表明，氢气沿水平方向的扩散会引起氢气探测器探测时间延迟。在实际应用中，并不能保证氢气探测器刚好安装在故障电池模组的正上方，因此需要多个氢气探测器来尽可能覆盖受保护的舱内区域。对于长度约为 12m 的标准储能舱，至少需要 3 个氢气探测器。

7.2.3 电池簇级氢气预警效果

基于上述磷酸铁锂电池模组的预警效果和氢气扩散过程，进一步考虑到实际储能舱运行环境中更加恶劣的氢气检测环境，氢气探测预警的有效性可能由于其他模组或电池架的遮挡而受到影响。因此，本节进行了电池簇氢气预警效果研究。

如图 7-25 所示，电池簇包含 9 个满电状态的磷酸铁锂电池模组，总能量为 79.2kWh，共包括 288 个单体电池。电池模组被分成三层，正中心电池模组作为过充电池模组。与单模组实验相比，电池簇环境下位于中心的过充模组更易造成热量积累，产生的气体易受到其他模组遮挡的影响。从电池模组正上方开始，每间隔 2m 安装一台氢气探测器，分别标记为 H_2(0#)、H_2(2#) 和 H_2(4#)。电池簇中心模组上表面中心（顶盖下方）紧贴一个 K 型热电偶监测温度，可见光摄像头置于模组正面实时监控实验现象。此外，在电池簇正面设置 3 个红外探头（中央探头为主，其余备用），实时监测过充电池模组正面温度变化。

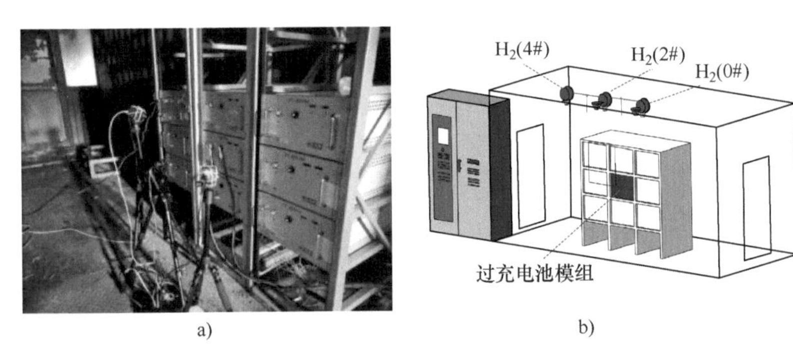

a) b)

图 7-25 电池簇氢气预警平台

a）电池簇布局 b）位置示意图

仅对中心模组以 0.5C 充电倍率（172A）进行过充，为验证氢气探测的安全预警效果，以气体探测器探测到氢气为过充停止信号，停止过充后通过可见光监控继续观察现场情况，监测记录模组温度、舱内氢气浓度等数值，实验方案流程如图 7-26 所示。

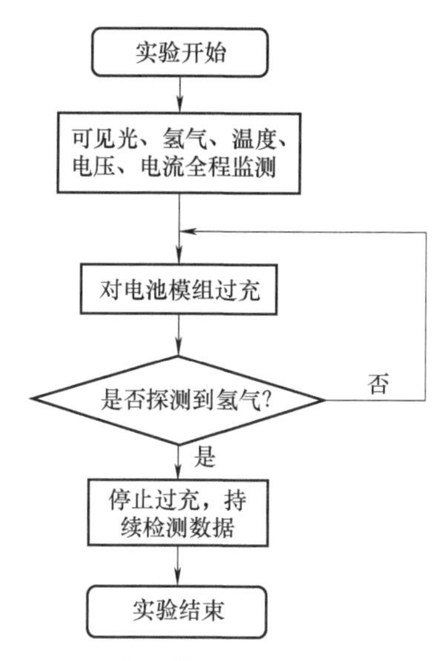

图 7-26　电池簇氢气预警实验流程图

以开始过充为时间零点，可见光监控及氢气探测结果如图 7-27 所示。在过充已进行 944s 的 t_2 时刻，位于电池模组正上方的氢气探测器 H_2(0#) 率先探测到氢气并发出预警信号。探测器 H_2(0#) 发出预警的同时，监测区实验人员手动切断充电电源，此时模组仍处于相对安全的状态，从可见光监控未观察到明显形变，无任何可见烟或明火出现。图 7-28a 显示了 3 个传感器检测到的氢气浓度变化，图 7-28b 放大了这些变化。与模组距离稍远的探测器 H_2(2#) 和 H_2(4#) 分别于 985s 和 1115s 探测到氢气产生（见图 7-28）。

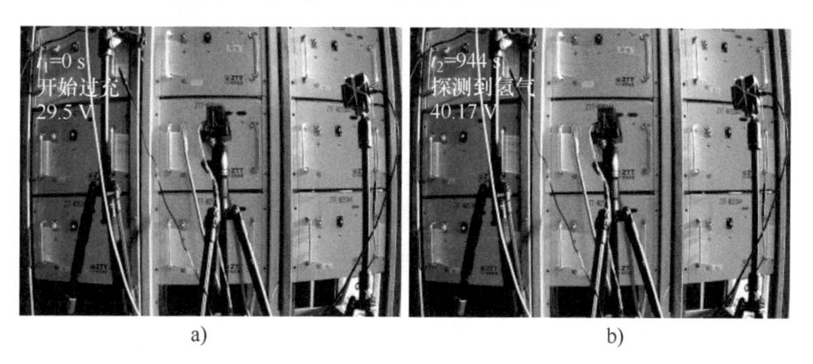

图 7-27　过充过程电池簇不同时刻光学图像

a）开始过充　b）探测到氢气

热电偶温度监测记录及模组电压曲线如图 7-29 所示。探测器 H_2(0#) 在 944s 探测到氢气产生时，电池模组电压从开始过充时的 29.5V 上升到 40.17V；

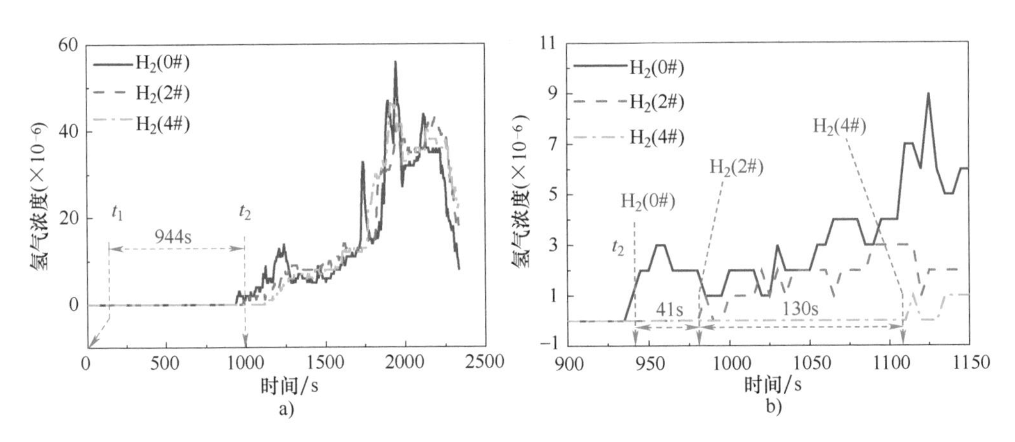

图 7-28　过充过程 3 个氢气传感器浓度变化曲线

a）0~2500s　b）900~1150s

模组上表面中心温度仅从起始的 33.4℃ 上升至 t_2 时刻的 51.9℃，温升为 18.5℃。t_2 时刻切断充电电源后，上表面中心温度趋于稳定。探测到氢气并切断充电电源后，电池内部热量积聚过程立即得到遏制，此后无冒烟或明火出现。

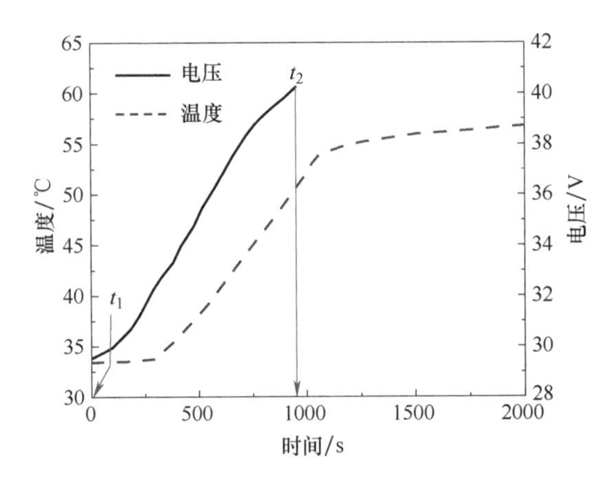

图 7-29　过充过程模组电压和温度变化曲线

电池簇级氢气预警实验结果表明，即使在真实的储能舱内，故障电池模组的气体扩散被其他电池模组阻挡，氢气仍然可以作为预警指标。一旦探测到氢气，立即切断充电器电源，可防止电池内部锂枝晶生长过程进一步发生枝晶短路事故，同时可瞬间抑制热量积聚。以上实验结果证实了氢气预警方法的实用性和有效性，它可以有效避免电池模组热失控和火灾事故的发生。

7.3 氢气传感器及氢气预警工程应用

前文明晰了氢气的产生机理，并且验证了氢气预警在储能电站中的有效性。氢气探测可以实现对锂离子电池热失控的早期安全预警，有望大规模应用于规模化储能电站，防范锂离子电池火灾危险。本节从实际应用角度出发，先介绍一种常用的氢气传感器及其附加电路构造，使读者对氢气传感器有初步认识，再介绍氢气传感器的种类，说明氢气传感器的技术成熟度，最后介绍氢气预警方法在锂离子电池储能电站中的工程应用。

7.3.1 氢气传感器介绍

目前氢气传感器技术成熟度非常高，市面上有各种型号、精度、大小、价格的氢气传感器可供选择。氢气传感器按照信号来源分类主要有电化学型、电学型和光学型，如图 7-30 所示。

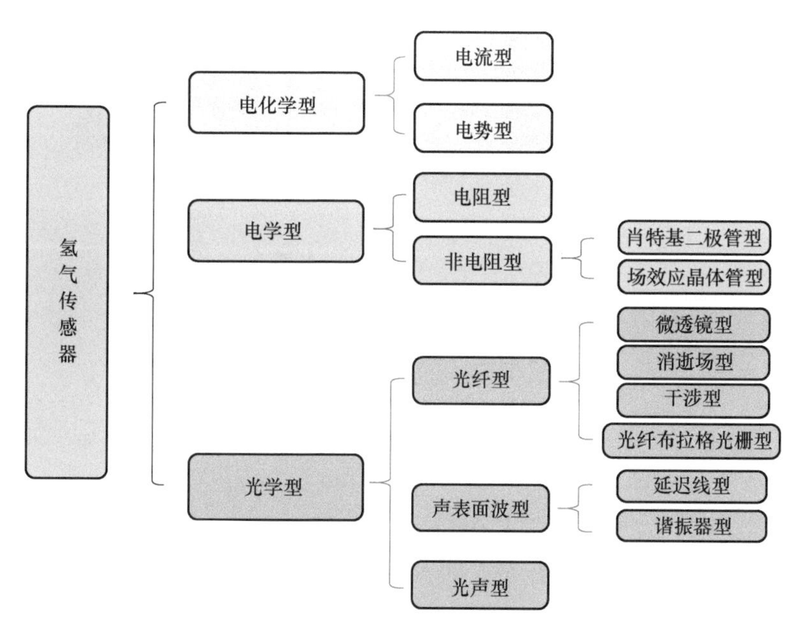

图 7-30　氢气传感器分类

下面分别介绍不同类型氢气传感器的工作原理。

（1）电化学型氢气传感器

电化学型氢气传感器将化学信号转变为电信号，从而实现氢气浓度检测。

电化学型氢气传感器由于安全可靠、测量准确、响应快和功耗低等优点被广泛应用到氢气的检测中。电化学型传感器由两个电极组成，采用一个电极作为传感元件，另一个电极作为参考电极。当氢气与传感电极发生电化学反应时，电极上的电荷传输或电气性质会发生改变。传感器通过检测相应物理量的变化实现氢气浓度检测的目的。电化学型氢气传感器又可分为电流型与电势型。从测量信号来看，电流型氢气传感器的响应与氢气浓度成线性关系，电势型氢气传感器的响应与氢气浓度成对数关系，因此，电流型氢气传感器在氢气浓度较低时具有更高的灵敏度。而从传感器本身来看，电势型氢气传感器的结构与自身的体积几乎不相关，因此适合微型化生产，这也是其一大优势。

图 7-31 展示一种常见的氢气探测器，这种探测器尺寸相对较大，采用防爆设计，价格在数百元到数千元人民币不等，被广泛应用于石油、化工、消防等行业，适用于作业环境中连续监测气体浓度。图 7-31b 展示了其内部结构，由氢气传感器和信号处理电路组成，其中测量性能的优劣主要依赖于氢气传感器。

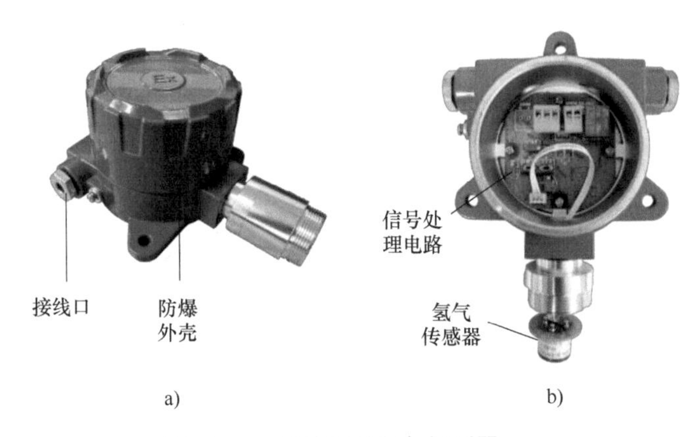

图 7-31　一种常见的氢气探测器

a）外部结构　b）内部结构

图 7-32 介绍一种霍尼韦尔国际（Honeywell International）生产的小型氢气传感器 $4H_2$-1000（产品型号：CLE-0613-400），尺寸较小、精度高、价格较贵，是一款电化学型氢气传感器。其参数见表 7-4。

表 7-4　霍尼韦尔 $4H_2$-1000 氢气传感器参数

产品型号	CLE-0613-400
量程	$0\sim1000\times10^{-6}$
最大荷载	2000×10^{-6}
灵敏度	(0.02 ± 0.01) mA/10^{-6}

（续）

分辨率	10×10^{-6}
响应时间（T_{90}）	≤70s
长期稳定性	<2%信号值/月
工作温度	−20~50℃
工作湿度	15% RH~90% RH（无冷凝）
使用寿命	空气中 2 年

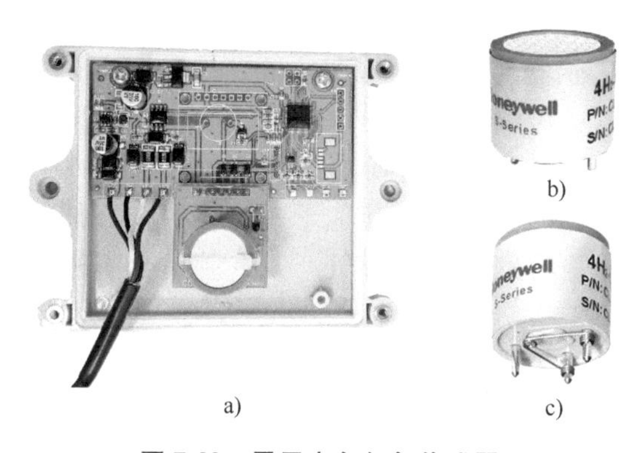

a）　b）　c）

图 7-32　霍尼韦尔氢气传感器

a）典型的应用电路　b）侧面及顶面图　c）侧面及底面图

总的来说，目前市场上电化学型氢气传感器占有率较高。电化学型氢气传感器的工作温度范围覆盖较广，并且功耗很低，灵敏度高，但是其电极寿命有限，并且工作时需要提供给传感器电流或电压，不适用于易燃易爆场所。

（2）电学型氢气传感器

电学型氢气传感器主要是利用了材料的电学特性与氢气浓度的函数关系，通过检测电学物理量，测得氢气浓度。电学型氢气传感器具有结构简单、易实现微型化、易集成等优点。但是其工作所需温度较高，增加了能耗，并且其工作时易产生电火花，不适用于易燃易爆场所氢气浓度的检测。根据工作原理的不同，电学型氢气传感器可以分为电阻型与非电阻型。

以电阻型半导体传感器为例，主要以 SnO_2、ZnO、WO_3 等金属氧化物为气敏材料，故也称金属氧化物半导体氢气传感器。其工作环境需要含有一定的氧气，当预热好的气敏材料吸附氢气后，氢气作为施主释放出电子，与化学吸附层中的氧离子结合，于是载流子浓度发生变化，该变化值与氢气体积分数存在一定的函数关系。

非电阻型氢气传感器主要是利用了材料电容或势垒与氢气浓度成一定的函

数关系。根据传感器工作原理和结构的不同分为肖特基二极管型和场效应晶体管型。目前，肖特基二极管型传感器应用较广泛。肖特基二极管型氢气传感器的基本原理是，在半导体上沉积一层非常薄的金属就形成“肖特基结”，氢气接触到肖特基结时被吸附在具有催化性能的金属表面，并被快速催化分解为氢原子，氢原子经过金属晶格间隙，扩散至金属半导体界面，将一定偏置电压加在传感器上，由于氢原子的存在，半导体二极管特征曲线发生漂移，传感器通过检测电压或电容的变化来检测氢气浓度。

如图 7-33 所示，MQ-8 传感器是郑州炜盛电子科技有限公司（以下称为炜盛科技）所生产的基于二氧化锡（SnO_2）气敏材料的氢气传感器。与霍尼韦尔的 $4H_2$-1000 相比，该传感器尺寸小、精度较低、价格便宜、寿命长。当传感器所处环境中存在氢气时，传感器的电导率随空气中氢气浓度的增加而增大。使用简单的电路即可将电导率的变化转换为与该气体浓度相对应的输出信号。MQ-8 气体传感器对氢气的灵敏度高，对其他干扰气体有很好的抑制性。这种传感器可检测多种含氢气体，特别是城市煤气，是一款适合多种应用场合的低成本传感器。其参数见表 7-5。

a) b)

图 7-33 炜盛科技 MQ-8 氢气传感器

a）传感模块 b）传感器正面及底面

表 7-5 炜盛科技 MQ-8 氢气传感器参数

产品型号	MQ-8
检测浓度	$100\times10^{-6}\sim1000\times10^{-6}$
标准测试温度	(20±2)℃
标准测试湿度	(55±5)%RH
预热时间	不少于 48h
氧气含量	21%（不低于 18%）
寿命	10 年

电学型氢气传感器具有结构简单、易集成、易微型化的优点。但是其工作所需温度较高，需要加热电阻，增加了能耗，并且其工作时易产生电火花，同

样不适用于易燃易爆场所。

（3）光学型氢气传感器

光学型氢气传感器主要利用气体的光学特性。根据工作原理的不同，主要分为以下几类：光纤型氢气传感器、声表面波型氢气传感器、光声型氢气传感器。

光纤型氢气传感器的原理是利用光纤与氢敏材料结合，通过氢敏材料与氢气反应后引起光纤物理性质的改变，改变光纤中传输光的光学特性，通过检测输出光对应物理量的变化测得氢气浓度。光纤型传感器使用的是光信号，所以适用于易爆炸的危险环境。根据传感机理的不同，光纤型氢气传感器可以分为微透镜型、干涉型、消逝场型、光纤布拉格光栅型，这里不再详述。

声表面波（SAW）是一种沿弹性机体表面传播的声波。其振幅随压电基体材料深度的增大按指数规律衰减。应用此原理的氢气传感器一般为声表面波振荡器。根据反馈元的不同，该类传感器可以分为延迟线型和谐振器型，目前主要采用延迟线型振荡器结构。该传感器的关键部件是具有选择性的氢敏感膜，一般以金属钯为材料。声表面波在氢敏感膜吸附氢气前后的光学特性会发生改变，通过测量频率变化量，可以检测氢气浓度。该传感器测量精度高，但是其敏感膜易受腐蚀，寿命短且成本较高。

光声型气体传感器的基本原理是气体的光声效应。气体的光声效应可以分为两个阶段：光的吸收阶段，待测气体吸收特定波长的调制光后处于激发态；声的产生阶段，吸收光能后的气体分子以无辐射弛豫过程将光能转化为分子的平均动能，使气体分子加热，气体温度以与调制光相同的频率被调制，导致气体压强周期性的变化，从而在光声池中激发出相应的声波。对于在红外波段没有吸收的氢气，可以采用间接光声光谱的方法测量氢气浓度。光声型氢气传感器灵敏度高、响应速度快。但是受光声池及温度影响大，温度变化 0.0274℃ 和氢气浓度变化 100×10^{-6}引起声速的改变量相同，所以此传感器应用较少。

光学型氢气传感器中声表面波型与光声型通过测其频率的偏移量来检测氢气浓度的方法受环境因素影响较大，而光纤型氢气传感器具有本征安全、抗电磁干扰、体积小、耐腐蚀等优点，并且其传感器灵敏度和测量精度高，能够达到实时响应。根据传感机理的不同，可以制作出适用于单点测量和分布式多点测量的多种光纤型氢气传感器。因此光纤型氢气传感器将成为氢气传感器研究领域的主要内容。但是目前光纤型氢气传感器的价格还较为昂贵，随着传感器制作工艺的提升和信号解调技术的发展，光纤型氢气传感器将占据更大的市场。

7.3.2　储能电站中氢气预警的应用

目前，氢气探测防范电池火灾要求已经写入 2020 年 10 月 1 日开始实施的

《预制舱式磷酸铁锂电池储能电站消防技术规范》（T/CEC 373—2020）。其中要求，应能探测氢气和一氧化碳可燃气体浓度值，测量范围在 50% LEL（爆炸下限）以下，应能设定两级可燃气体浓度动作阈值。在 2019 年，氢气预警方法已经率先广泛应用于江苏省各个电网侧分布式储能电站工程中（见图 7-34），构建了采用包括氢气作为特征气体探测的储能电站火灾智能预警系统（见图 7-35）。如表 7-6 所示，江苏省 1 期 202MWh 和 2 期 752.6MWh 锂离子电池储能电站（共 954.6MWh，504 个电池储能舱）内全部加装氢气探测器防范电池火灾。

图 7-34　江苏省储能电站氢气探测器安装实景图

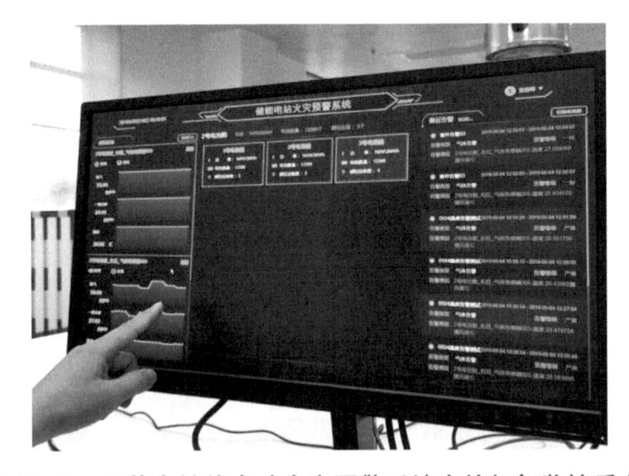

图 7-35　江苏省储能电站火灾预警系统中的氢气监控后台

表 7-6　江苏省 1 期和 2 期锂离子电池储能电站氢气传感器应用情况

储能电站		总体建设规模	电池舱数	应用情况
1 期	镇江大港储能站、镇江建山储能站、镇江丹阳储能站、镇江五峰山储能站、镇江三跃储能站、镇江北山储能站、镇江长旺储能站、镇江新坝储能站	101MW/202MWh	101	安装氢气探测器
2 期	南京江北储能站、盐城西团储能站、盐城庆生渡储能站、苏州任阳储能站、苏州乐余储能站、扬州下舍储能站、扬州黄埔储能站	408.06MW/752.6MWh	403	安装氢气探测器

可以看到，氢气已经作为储能电站内必不可少的监测气体，可能和其他特征气体（如一氧化碳）一起构建特征气体预警系统，帮助提高储能电站的安全运维水平。在 7.2.2 节中，通过实验说明对于长度约为 12m 的标准储能舱舱室，至少需要 3 个氢气探测器。储能舱内氢气传感器的数量应依据储能电池的排布来进行安装。储能舱内的氢气探测器要求反应快，示数准确，这样才能有效及时预警。

7.4　本章小结

本章提出利用氢气探测实现对电池内部锂枝晶的监测，从而实现早期安全预警的方法。已经探明了氢气的产生机制是聚合物黏结剂（如 PVDF）与不均匀沉积产生的锂枝晶之间的反应。由于商用锂离子电池不可避免地使用聚合物黏结剂，而且氢气检测可以追踪到电池内部微小的锂枝晶变化，所以氢气预警方法可以适用于各种锂离子电池，而且可以实现无损检测。经过电池—模组—簇的三级效果验证，一方面证明了氢气预警能够适应各种尺寸和类型的电池，另一方面证明了氢气预警在复杂的储能舱环境中的准确性、有效性和实用性。氢气传感器目前工艺成熟且精度高，可以无损地对目标区域内的锂离子电池进行预警，所以氢气预警方法不会改变现有的锂离子电池生产工艺，而且低廉的安装成本适合大规模应用。目前氢气预警已经被写入储能规范 T/CEC 373—2020，并在储能舱中大规模应用。未来，氢气预警可能广泛应用于动力电池安全预警、储能电池安全预警，甚至是 3C 电池安全预警。

第 8 章

特征声音预警

储能系统中使用的方形铝壳锂离子电池顶部设置有安全阀。电池受热时，内部化合物受热反应产生大量气体，使电池外壳承受的压力增大。当压力过大时，顶部安全阀会开启，避免电池内部因压力过大而爆炸。安全阀打开的声音是一种特殊的信号，可以被捕获和识别。如果能及时探测到安全阀声音信号，便可判定电池故障，进而采取措施。然而，储能舱的实际运行环境比较复杂，存在多种噪声干扰，给检测和识别带来了一定的难度。本章将探索以电池安全阀声信号作为特征信号实现早期安全预警的可行性，为下一章通过安全阀声音信号进行故障电池定位提供理论基础。本章特征声音预警与第 7 章特征气体预警共同组成了三级预警系统中的第二级——微损预警。

8.1 特征声音信号产生

根据第 2 章锂离子电池热失控过程，电池在发生故障后温度升高时内部化学物质会发生分解反应，发生分解的材料主要包括：①SEI；②正极材料；③负极材料；④电解液/电解质。在热失控过程中，这些反应并非是依次进行的，有些反应可能会同步出现。在反应过程中会生成气体，导致内部气压增加。当压力持续增加超过一定阈值时，顶部的安全阀将受力开启，释放内部气体以减小压力，达到预防电池发生危险爆炸的目的。储能设备常用的方形铝壳锂离子电池及其安全阀如图 8-1 所示。电池中活跃的可燃气体或者汽化电解液通过安全阀打开形成的气孔释放到空气中，这些气体浓度增加到一定程度时可能在空气中发生燃烧或爆炸。

以方形铝壳锂离子电池为例，其热失控过程是从内层结构向外层传播。在事故工况下，电芯的内层材料结构最先变形，紧密卷绕的电极、集流体和隔膜虽总体保持相对位置不变，但局部区域已出现分离现象。随着电池内部温度积累，内部的反应加剧，生成大量气体使压力大增，安全阀会受力打开以释放压力。当安全阀打开后，电池内部压力不均匀，致使正负极层状材料破裂，电池结构局部坍塌。伴随着电池材料的坍塌，空气逐渐渗入内部，使坍塌区域逐渐扩大。坍塌和隔膜熔解会共同导致内部短路的发生，内部短路又会使产热加剧，最终引起剧烈热失控，发生火灾。

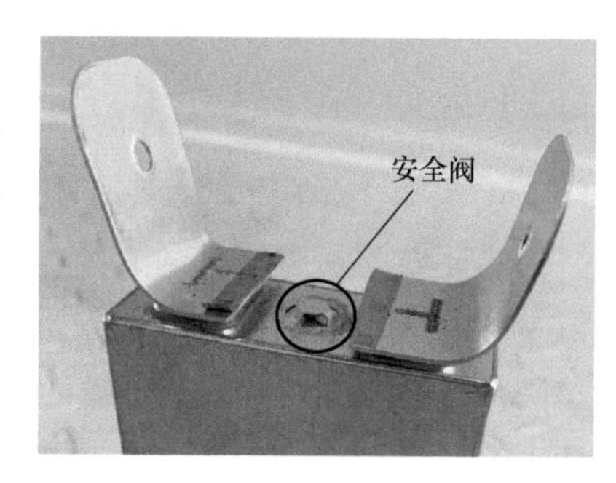

图 8-1　方形铝壳锂离子电池安全阀

安全阀打开时会产生特定的声音信号，此时热失控并不剧烈，对该声信号的及时有效识别将有望实现热失控的早期预警，结合麦克风矩阵可实现故障电池的定位，使故障处理更有针对性。

图 8-2 为声信号的产生及在储能舱内的传播示意图，声信号具有优良的传播特性，不易被模组外壳及电池架阻挡。将安全阀声信号作为预警信息，在舱内布置数个麦克风即有望实现热失控的早期预警及故障电池的定位。麦克风价格低廉、布置方便，因此以声信号实现热失控故障预警及定位具有较好的应用前景。

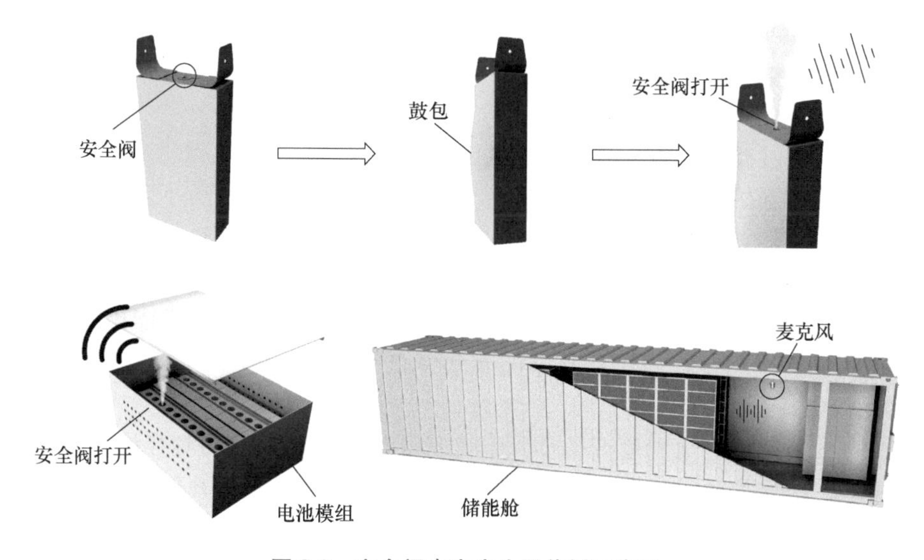

图 8-2　安全阀声音产生及传播示意图

8.2 安全阀声信号有效性

为验证安全阀声信号的有效性，分别针对单体电池和电池模组展开安全阀声信号有效性验证实验。通过过充使电池模组热失控，期间安全阀会打开，在安全阀打开后对电池进行断电操作，观察后续热失控发展情况，同时记录实验过程中电压及温度变化数据。若在安全阀声信号发出后，及时切断外部电源，电池的温度下降，热失控不再继续发展，则证明安全阀声信号是一个有效的热失控预警信号。

8.2.1 单体电池安全阀声信号有效性

单体电池安全阀声信号有效性的测试对象是24Ah的方形铝壳磷酸铁锂电池。采用热电偶和红外成像仪分别测量电池壳体中心温度及电池表面的温度分布，热电偶使用耐热胶带贴在电池后表面。采用1C（24A）倍率恒定电流对电池进行充电，直到热失控，并引起安全阀打开。

图8-3是过充过程中单体电池的红外图像。可以看出，在过充开始时电池表面温度较低且分布相对均匀；在过充进行至2300s时电池表面开始出现形变，极耳处温度较高，电池表面温度分布仍然较为均匀；在2360s时安全阀打开，释放内部气体，所释放气体较为稀薄，此时电池表面最高温度达到86.3℃，整体表面温度分布不均匀，上端温度较高；在安全阀打开23s后（2383s）停止过充；在2700s时，虽然电池温度继续升高，但电池没有继续发生明显形变，表面温度趋向于均匀。

图8-4为过充过程中电池单体的电压变化曲线，从图中可以看出，电池电压在1700s左右开始急剧上升，在2200s达到最大值5.1V，然后下降，最终在电压为4.8V时安全阀打开。随后电池电压会快速上升，在2383s后停止过充，电池电压在100s内迅速降低1.2V。可以看出，在单体电池安全阀打开后如果持续进行过充，电池内部电压将会持续升高，内部能量持续聚集，进而引发更危险的反应，而安全阀打开后快速断电能有效降低单体电池电压，降低单体电池的危险性。

图8-5为单体电池温度变化曲线。在约1800s，温度从43℃开始急剧上升，在2360s，温度为85℃时安全阀打开。在2383s，温度迅速上升到96℃，此时停止过充电，在2563s，温度缓慢上升到最高温度98.5℃，随后温度持续下降。可以看出，停止过充、外部断电后，由于内部化学反应持续进行，电池温度会在短时间内略有升高，但失去了外部能量供给，电池温度会在短暂温升后持续下降。

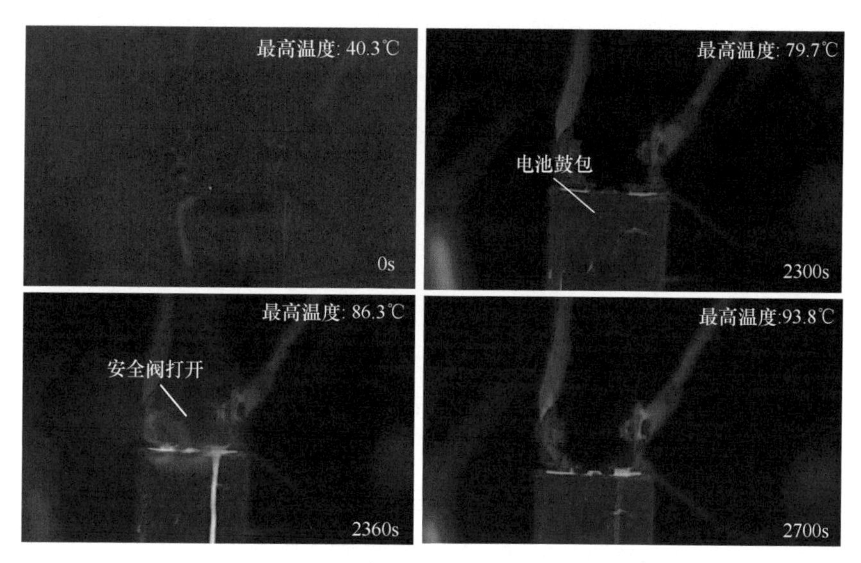

图 8-3　过充过程单体电池不同时刻红外图像

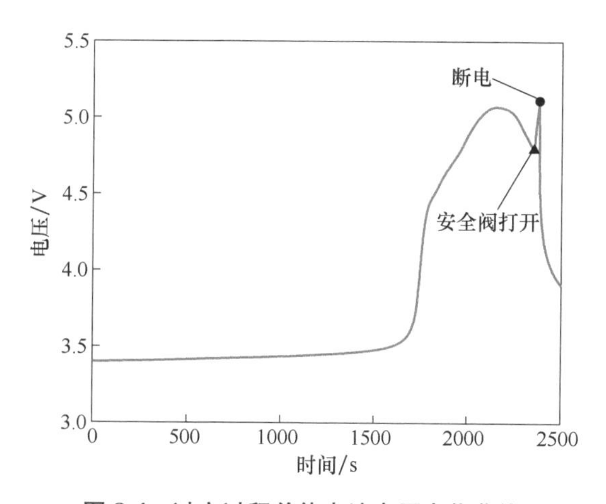

图 8-4　过充过程单体电池电压变化曲线

总的来说，安全阀声信号对于单体电池事故的预警是有效的。综合单体电池的电压及温度曲线可知，如果在安全阀打开后能及时切断电源，电压和温度都会下降，能够及时制止单体电池向周围单体电池的热蔓延，抑制热失控的进一步发展。

8.2.2　电池模组安全阀声信号有效性

在证明了单体电池声信号预警有效的基础上，有必要进行更大电池容量的

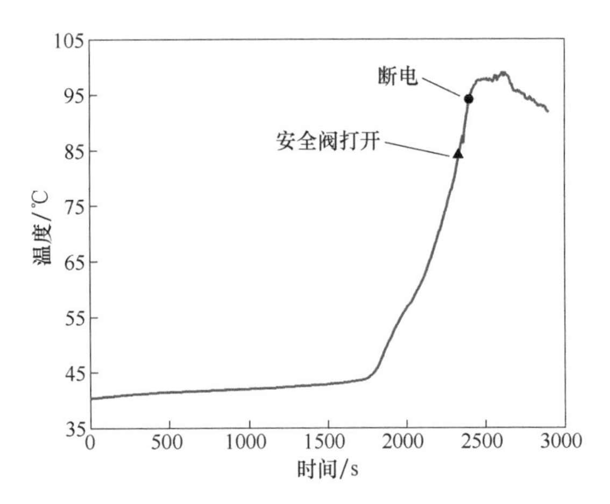

图 8-5　过充过程单体电池温度变化曲线

声音预警试验。这里选择储能模组作为试验对象，其由 32 个 86 Ah 的方形铝壳磷酸铁锂电池四并八串构成，含有 32 个安全阀。总的电池模组容量为 344Ah，模组额定电压为 25.6V，采用 0.5C（172A）充电倍率对模组进行过充。

（1）有效性验证试验：安全阀打开后即断电

热失控过程中热量向上聚集，模组上部温度较高，因此将热电偶放置在模组内部上表面，记录试验过程中的温度变化情况。在安全阀打开后，及时对电池模组进行断电处理，观察模组后续状态变化情况。

图 8-6 为过充过程中模组电压随时间的变化曲线，前期模组电压稳定在 28V 左右，随后电压开始出现增长，但增长速率逐渐减小。在 1435s 安全阀打开时，立刻切断过充电源，模组电压立刻出现 1V 左右的回落。随后模组电压随时间逐渐下降，显示出安全阀打开后快速断电能有效降低电池模组电压进而抑制热失控的发展。

图 8-7 为模组上表面的热电偶温度随时间的变化曲线。在 1435s 安全阀打开时，即刻切断电池模组外部电源；停止过充电后，由于此时温度较高，电池内部持续剧烈反应，又有 5 个安全阀相继打开，且相邻的两个安全阀打开所需要的时间越来越长。这说明在无外界电能输入且散热相对顺畅的情况下，尽管电池自身产热会导致内部产气和安全阀打开，但是无法积聚足够热量引发模组明火。模组温度在切断电源后缓慢上升一段时间后会缓慢下降，热失控没有继续发展，冒烟及失火现象不会发生。

（2）灵敏性对比试验：安全阀打开后继续充电至燃烧

为了进一步验证安全阀声信号作为预警信号的灵敏性，在第一个安全阀打开后仍继续对模组进行过充，直到模组燃烧。对比安全阀声信号、各种气体信

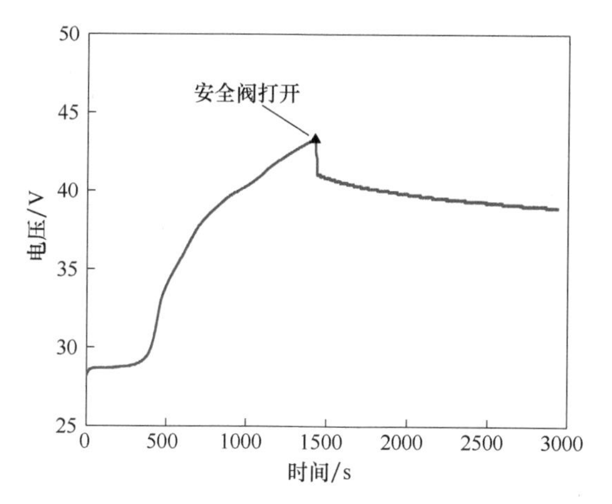

图 8-6　过充过程模组电压变化曲线

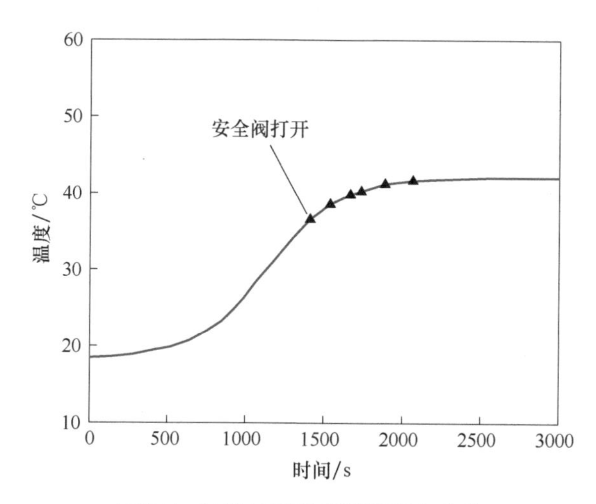

图 8-7　过充过程模组温度变化曲线

号、白烟及明火等可见光信号的出现时间，以说明安全阀声信号相对于其他预警特征信息的灵敏性。模组燃烧后，采用细水雾消防系统进行灭火。

热电偶仍放置在模组内部上表面，记录试验过程中的温度变化情况。图 8-8 为电池模组在起始阶段的红外监测图像。由图可见，由于顶盖遮挡，红外显示温度偏低，但整体仍呈现上升趋势，当安全阀在 1250s 打开时，红外温度仅为 29.8℃。随着模组温度升高，安全阀逐个打开，有少量高温气体冒出。此时模组温度分布不均匀，其中顶盖由于多次安全阀瞬间打开喷出烟气而间隔性地监测到高温圆斑。从过充开始到红外图像中有明显烟气逸出，经过了 441s。红外图像及温度发生明显变化时，已经临近热失控的后期，火灾将要出现。由于模组外壳的遮挡作用，红外成像仪对模组的监测效果不佳，红外成像仪的温度监测具有明显的滞后性。

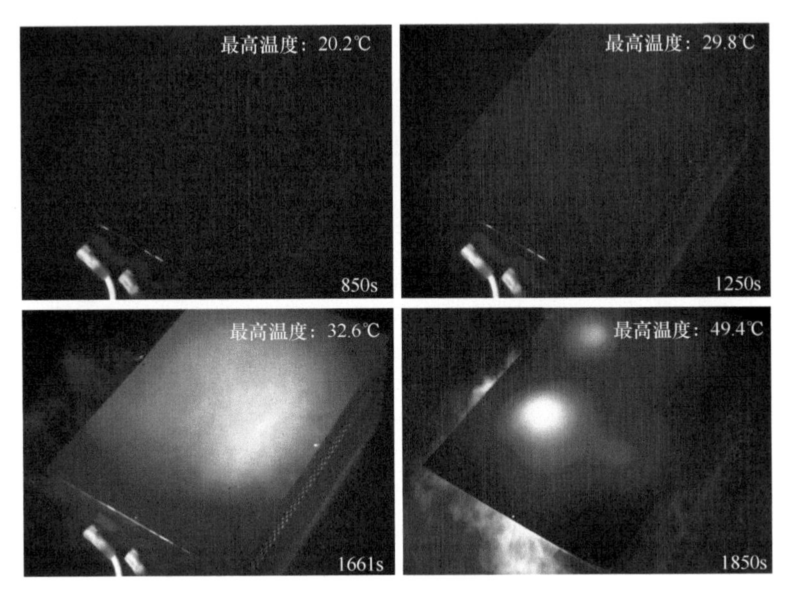

图 8-8 过充起始阶段模组表面红外图像

图 8-9 为过充过程中可见光视频监控截图。1250s 时首个安全阀打开，此时白烟较为稀薄，在 1840s 才能观察到明显白烟。2235s 时出现明火，细水雾开始喷洒，火灾在 2370s 时完全熄灭。

过充过程模组的电压变化情况如图 8-10 所示。当安全阀在 1250s 首次打开时电压没有发生显著变化。在 1840s 冒出明显白烟后，模组电压开始下降，这是模组内部剧烈反应引起电池内部短路等原因造成的，此阶段属于剧烈反应的热失控后期，明火在白烟出现后的 395s 后出现。

图 8-11 为过充过程模组的温度变化曲线。当模组内单体电池安全阀首次打开时，模组的外表面温度与正常工作时（40～50℃）没有显著差别。在后续安全阀打开时，模组温度上升缓慢，表明在安全阀打开期间电池内部化学反应并不剧烈，在此时对电池模组采取断电等措施可有效遏制热失控的发展。在模组冒出明显白烟后，温度迅速上升直至明火出现，说明白烟的出现是电池内部剧烈化学反应的表现。在模组起火后启动细水雾灭火，模组温度在短暂降低后迅速升高，火焰难以扑灭。在启动高压细水雾后，模组温度开始下降，直至火焰完全熄灭。

从这里看出，安全阀首次打开时间要远早于冒烟及起火的时间，下面将安

图 8-9　过充过程模组不同时刻光学图像

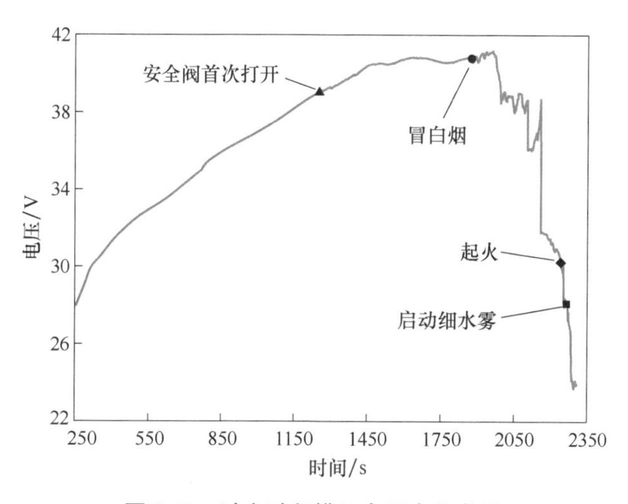

图 8-10　过充过程模组电压变化曲线

全阀打开时间与各种特征气体进行对比。图 8-12 给出了 EX（烃类气体）、HCl、HF、SO_2 四种气体浓度的变化曲线。从图中可以看出，在安全阀打开约 150s 后，EX、HF 浓度均有所增高，其中 EX 浓度增高较为显著。在安全阀打开的 800s 后，HF 与 SO_2 的浓度出现波动，但浓度不高。EX、HF、HCl、SO_2 浓度基本在 2050s 出现较快增高，与高温出现的时刻基本一致，此时对应于模组热失控的后期。而且气体的几个比较明显的峰值出现时刻基本一致，对应了模组喷发较为剧烈的时间段。

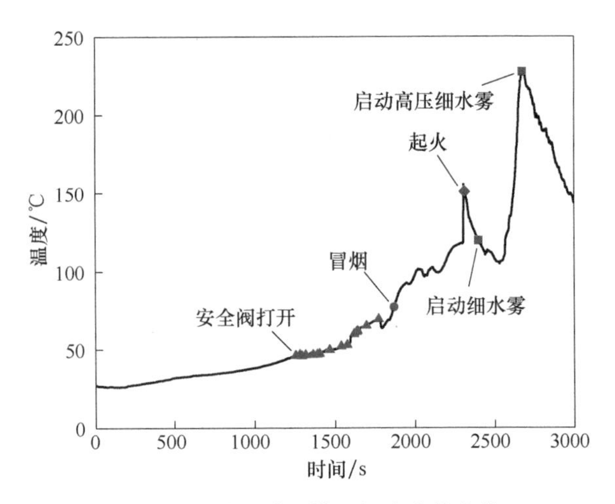

图 8-11　过充过程模组温度变化曲线

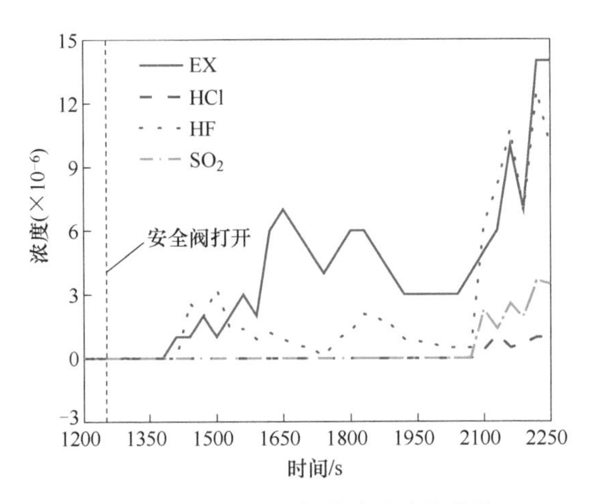

图 8-12　过充过程气体浓度变化曲线

从图 8-12 及上文分析中可以得出模组热失控试验特征信号的出现时间，见表 8-1。安全阀在 1250s 打开发出声信号，早于 EX、HF 气体发生显著变化约 150s，早于白烟出现 590s，早于 HCl、SO_2 气体发生显著变化约 800s，早于明火出现 985s，显示出安全阀声信号对于电池模组热失控的高度灵敏性，是可靠的早期预警信号。

图 8-13 给出了相邻安全阀打开所需要的时间间隔。从图可见，相邻安全阀打开所需的时间间隔大多在 60s 以内。从第一个单体电池安全阀打开至最后一个安全阀打开，延续时间超过 10min。这一方面说明，在极端工况下，模组内各单

体电池的电化学和电气差异被进一步放大，电池不一致性较为突出。另一方面也说明在明火产生前，模组内部的电化学反应、内部温升、热量产生和扩散速度基本均匀，未发生突发性、爆炸性反应。由于第一个安全阀是从受热最严重、产气最多、性能最薄弱的单体打开，这种“木桶效应”有利于储能电站火灾前期预警，在第一个安全阀打开后即采取处理措施则有望尽早遏制热失控的发展。

表 8-1　特征信号出现时间与首次安全阀打开时间对比

特征信号	出现时间/s	晚于安全阀打开时间/s
首次安全阀打开	1250	/
EX、HF 气体	1400	150
冒出白烟	1840	590
HCl、SO_2 气体	1950	800
出现明火	2235	985

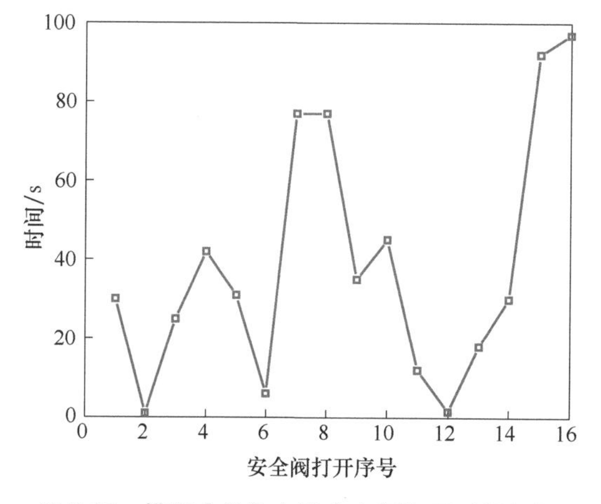

图 8-13　模组内单体电池安全阀打开时间间隔

这里结合电池模组中单体电池安全阀打开时间，详细列表见表 8-2。

表 8-2　模组中安全阀打开时间与特征气体检测时间

打开顺序	打开时间/s	时间间隔/s	检测气体时间/s
1	971		H_2：990
2	1015	44	CO：1065
3	1130	115	CO_2：1120
4	1155	25	
5	1177	22	

（续）

打开顺序	打开时间/s	时间间隔/s	检测气体时间/s
6	1196	19	
7	1212	16	
8	1250	38	HF：1249
9	1251	1	
10	1344	93	
11	1386	42	
12	1406	20	
⋮	⋮		HCl：1475 SO_2：1520

在表 8-2 的基础上，表 8-3 直观地给出了各种特征信号出现时间与首次安全阀打开时间对比。可以看出，首次安全阀打开的时间分别比冒出白烟及出现明火提前了 454s 和 599s，比各种特征气体的出现时间都要早。这是因为当安全阀打开后，气体才有出口从电池内部大量排出，在安全阀打开之前，只能通过安全阀周围的裂纹渗出，气体含量变化不明显。

表 8-3　特征信号出现时间与首次安全阀打开时间对比

特征信号	出现时间/s	晚于安全阀打开时间/s
首次安全阀打开	971	/
H_2	990	19
CO	1065	94
CO_2	1120	149
HF	1249	278
冒出白烟	1425	454
HCl	1475	504
SO_2	1520	549
出现明火	1570	599

总的来说，安全阀声信号对于电池模组事故的预警是有效而且灵敏的。在有效性验证中，检测到第一个安全阀打开声信号后即对故障电池模组进行断电处理，有效地抑制了热失控并防止了燃烧事故。而之后又通过两次模组级灵敏度对比测试，验证了安全阀声信号具有高灵敏性。首先，在两次实验中，首次安全阀打开时间均早于冒出白烟及出现明火数分钟。首次安全阀打开声音也早于各种特征气体的出现时间：在第一次实验中，安全阀打开时间依次早于 EX、

HF、HCl、SO_2 四种特征气体；在第二次实验中，安全阀打开时间依次早于 H_2、CO、CO_2、HF、HCl、SO_2 六种特征气体。值得注意的是，对于方形铝壳电池这种带有安全阀的电池，特征声音预警比第 7 章的氢气预警也要早约 19s。如果在安全阀首次打开后就能够采集并识别到该声信号，自动进行断电处理，可以大大提前预警时间，减少储能事故。

8.3 安全阀声信号预警

在上一节验证了声信号预警有效性及灵敏性的基础上，本节主要进行安全阀打开特征声信号的采集、处理与识别工作。

8.3.1 储能舱内部声信号采集与分析

储能舱实际运行环境比较复杂，储能舱现场环境噪声包含电池舱内部冷却空调噪声、BMS 运行噪声、电池充放电的电流声、PCS 产生的噪声、检修人员活动噪声和开关舱门噪声等，成分复杂。为了对储能舱内安全阀打开声音进行识别，需要对安全阀打开声音、舱内运行噪声进行预先采集。

将录音设备的采样率设定为 100kHz 进行声音采集，随机选取一段时间长度为 2s 的噪声信号并对其进行傅里叶分解，如图 8-14 所示。噪声信号频谱在 0~8000Hz 内皆有分布，4000Hz 以上波段含量较少可忽略不计，主要集中在 2000Hz 以下的低频波段。

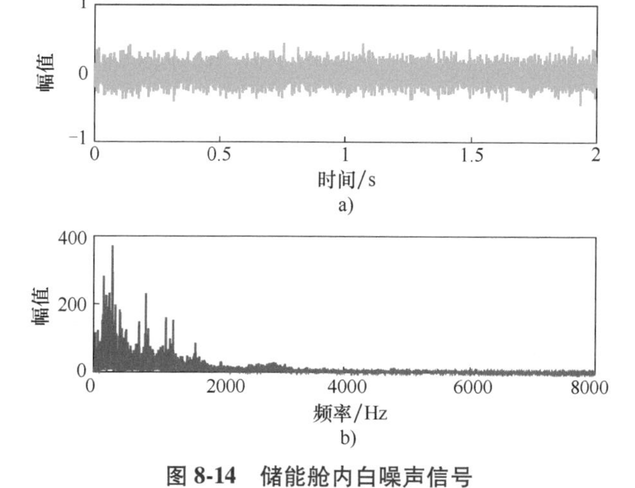

图 8-14　储能舱内白噪声信号

a）时域波形　b）频域波形

安全阀声信号的时域波形和频域波形分布如图 8-15 所示。从时域图可以看出，安全阀声音幅值较大，持续时间较短，呈指数状衰减，在频域图上其频率也主要集中在低频段，与噪声信号有较大重叠。

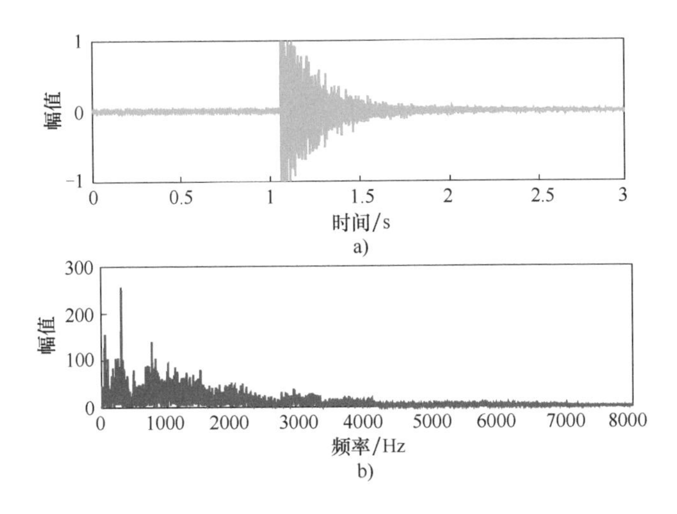

图 8-15　安全阀声信号

a）时域波形　b）频域波形

储能舱内声环境还会有其他相似干扰声，如储能舱铁门打开声、铁器碰撞声和较大的人声等，选取铁门声做傅里叶变换。铁门打开声音与安全阀打开声音有较大的相似性，如图 8-16 所示，幅值较大且呈指数状衰减，频率分布与安全阀打开声也极为相似，因此将安全阀打开声音与相似易混噪声区分开来成为必要工作。

8.3.2　电池舱内声信号预处理

在安全阀声信号采集时，储能舱内噪声信号会一同被声信号采集设备记录。另外，在传感器本身或信号线受磁场影响下，采集的信号中存在一定程度的白噪声干扰，因而在进行信号识别前，需要尽量先去除其中的噪声干扰，从而提高检测结果的准确性。

谱减法具有根据信号的特征变化自动调节滤波的系数来达到最佳滤波效果的特点，且对信号和干扰的先验知识要求较少，实现较为简单。谱减法的基本思想可以描述为用带噪信号的频谱减去噪声信号的频谱。其假设信号中的噪声只有加性噪声，只要将带噪信号谱减去噪声谱，就可以得到去噪信号。这么做的前提是噪声信号是平稳的或者缓慢变化的，提出这个假设就是基于

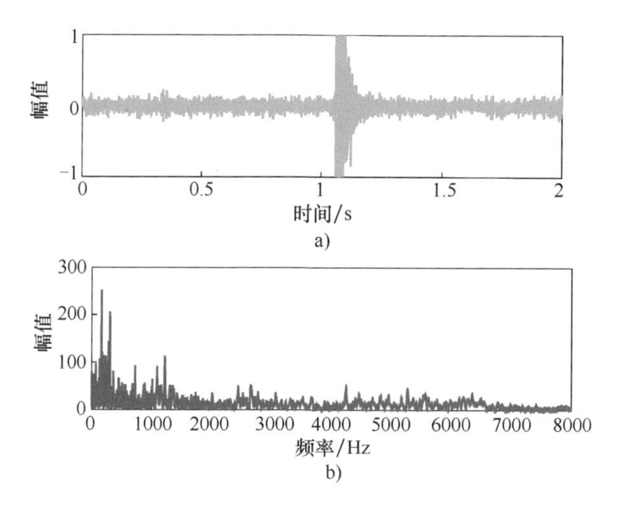

图 8-16　相似干扰声信号

a）时域波形　b）频域波形

短时谱（25ms），就是频谱在短时间内是平稳不变的。谱减法的基本公式如下：

$$D(w)=P_s(w)-\alpha P_n(w) \tag{8-1}$$

$$P_s'(w)=\begin{cases}D(w), & D(w)>\beta P_n(w)\\ \beta P_n(w), & 其他\end{cases} \tag{8-2}$$

式中，$P_s(w)$ 是输入的带噪信号的频谱，$P_n(w)$ 是估计出的噪声的频谱，两者相减得到 $D(w)$。α 称为相减因子，β 称为频谱下限阈值参数。α 与 β 的值由每一个音频帧的信噪比大小来确定。存在范围 $\alpha \geqslant 1$，$0<\beta \ll 1$。

经谱减法处理前后的声信号如图 8-17 所示，图 a 为安全阀打开声音原始信号，图 b 为加高斯白噪声后的信号，图 c 为经谱减法处理过后的信号。所加高斯白噪声强度约等于储能舱内真实噪声。可以看出经谱减法处理过后的信号较为纯净，保持了原始信号的冲击特性。但波尾骤然变平，波尾衰减特性发生了畸变，可见谱减法难以应对储能舱噪声环境。

8.3.3　声信号特征参数提取

若要设计出能对安全阀声信号进行识别的分类器，需要对原始声信号进行适当的变换处理，确定出合理的特征而满足识别要求，这对提高识别准确度有重要的意义。在声学特征提取领域，应用最广的方法为梅尔频率倒谱系数（MFCC），主要应用于语音信号的识别并取得了良好的应用效果。这种方法可对人的耳蜗声道模型进行模拟，实现听觉掩蔽的功能，因而在需要人耳判别声音

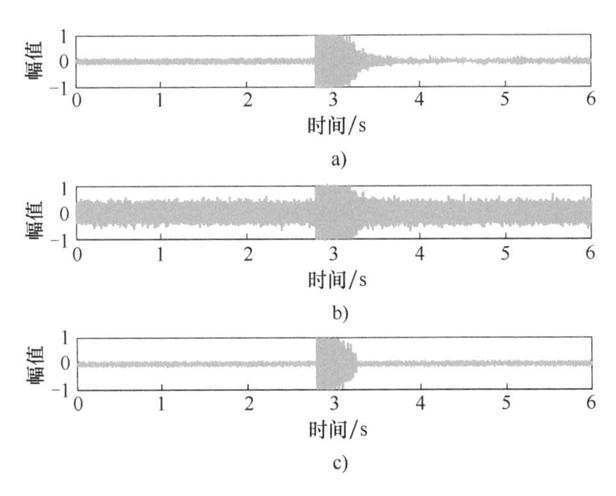

图 8-17 经谱减法处理前后的声信号

a）原始信号 b）加噪信号 c）去噪信号

场合下，表现出很明显的适用性。由于实验采集的是人耳听觉范围内的声学信号，本章即选用 MFCC 算法对安全阀打开声信号进行特征提取。以下具体显示出 MFCC 中梅尔标度与频率相关性：

$$\mathrm{Mel}(f)=2595\lg\left(1+\frac{f}{700}\right) \tag{8-3}$$

式中，f 代表频率。

经式（8-3）转换后可很好地满足在低频部分的分辨率要求，在需要人耳进行判断的声学频域范围内能表现出较高的适用性。

提取 MFCC 首先要将声音信号进行分帧处理，帧与帧之间保留重叠部分，并乘以汉明窗，进行加窗处理。预处理后信号通过快速傅里叶变换而确定出相应的频谱参数，在此基础上获得相应的频谱能量分布。然后对频谱通过三角形滤波器组来滤波处理，消除谐波影响。计算每个滤波器组输出的对数能量，将对数能量经过离散余弦变换，即可得到维度等同于三角形滤波器数量的 MFCC 特征系数矢量。提取声信号 MFCC 特征的流程如图 8-18 所示。

截取 2s 的安全阀声信号进行 MFCC 特征提取，在分帧时设置帧长为 25ms，帧移设置为 10ms，三角形滤波器设定为 40 个。经 MFCC 提取参数后，可以将该段声音信号转化为一组 40 维的特征向量。这里抽取目标信号声及干扰声各一个，将其可视化后如图 8-19 所示。从图中可以看出两类声信号 MFCC 特征参数具有较大不同，进而完成了储能舱内声信号特征参数的提取工作。

将所提取的样本声信号 40 维特征参数记为 x_i，其中 i 为样本编号，给每一

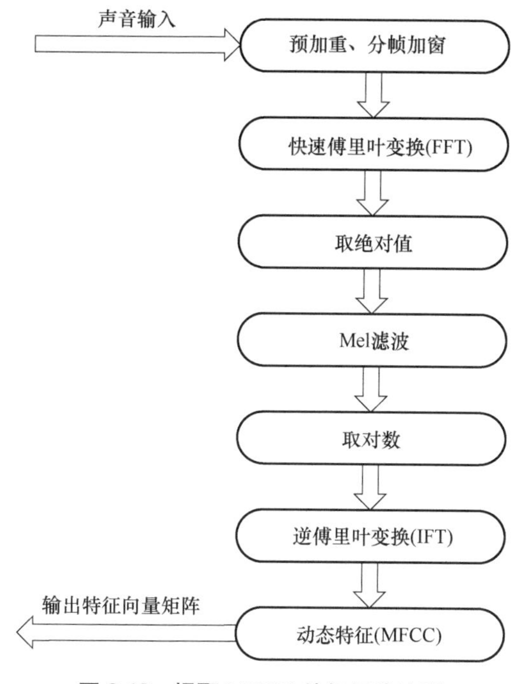

图 8-18 提取 MFCC 特征矩阵流程

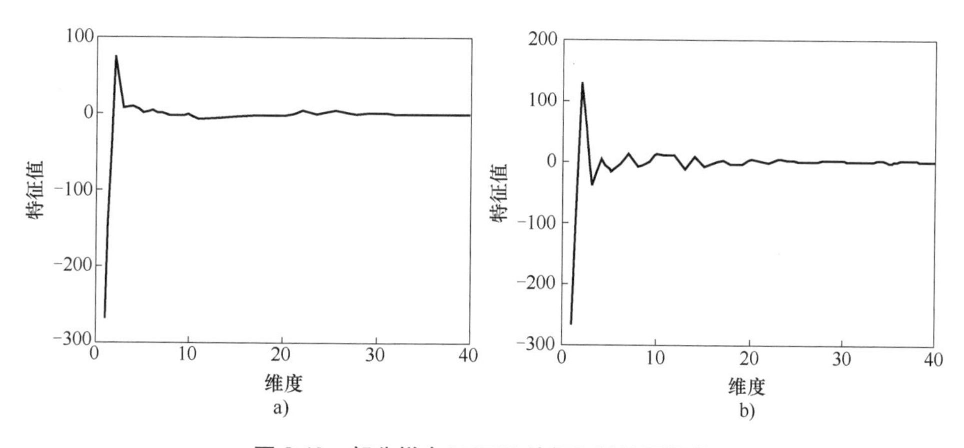

图 8-19 部分样本 MFCC 特征向量的可视化

a）目标声信号 MFCC 特征向量可视化 b）干扰声信号 MFCC 特征向量可视化

个样本参数设定一个标签 y_i，其中安全阀打开声信号的标签设定为 1，相似干扰声信号设定为 0，则所采集的 100 个声信号样本可构建成基于 MFCC 特征参数集（x_i，y_i），$i=1$，2，…，100，数据集见表 8-4。

表 8-4 基于 MFCC 的特征参数集

样本编号	向量维度							标签
	1	2	3	4	…	39	40	
x_1	−268.4	76.5	5.5	8.2	…	0.8	0.7	1
x_2	−174.1	67.2	−2.3	12.5	…	−0.2	−0.2	1
x_3	−311.0	63.6	11.7	15.5	…	−1.2	0.4	1
…	…	…	…	…	…	…	…	…
x_{98}	−426.1	68.6	6.7	26.6	…	−1.7	−0.74	0
x_{99}	−425.6	68.9	33.4	36.2	…	0.4	−1.1	0
x_{100}	−399.5	127.7	13.8	28.6	…	1.2	0.5	0

8.3.4 安全阀声信号模式识别

模式识别方法的应用效果与特定的应用场景密切相关，因而目前还没有针对所有模式识别问题的标准化识别方法。在对不同类型模式识别问题进行处理时，需要根据问题特征进行对比而确定出针对性的处理方法。在实际应用时需要适当地结合不同模式识别方法，对不同方法效能和适用范围进行对比。在此基础上取长补短，用最简单的分类方法解决复杂的问题，开创模式识别应用的新局面。本章分别将 KNN（K 近邻）、PNN（概率神经网络）及 SVM（支持向量机）算法应用于安全阀声信号的识别，运用交叉验证进行参数寻优。

KNN 算法中的 K 值决定了其决策规则，是 KNN 算法中最重要的参数，因此要对 K 值进行参数寻优使模型达到最佳效果。这里将所构建参数集中的 100 组数据输入 KNN 模型，在 1~30 范围内迭代寻找最佳 K 值，每次迭代步进值为 1，并在迭代寻优时采用 10 折交叉验证，迭代过程如图 8-20 所示。从迭代过程图可以看出，当 K 值取 1 时，KNN 模型识别准确率为 89%，为最大值。

在 PNN 中，平滑因子 σ 决定了样本中心点的钟形曲线范围，对分类结果影响最大，因此在模型训练中要对 σ 进行参数寻优，使模型达到最佳效果。随机选取数据集中 100 组数据输入 PNN 模型，在 0~1 范围内迭代优化寻找最佳平滑因子，每次迭代步进值为 0.01，并在迭代寻优时采用 10 折交叉验证，迭代过程如图 8-21 所示。从图中可以看出，当平滑因子取 0.34 时，PNN 模型识别准确率为 89%，达到最大值。

对支持向量机模型而言，分类结果主要与核函数参数 g 和误差惩罚参数 c 有关，因此需要对参数 g 和 c 进行寻优。将网格搜索方法作为参数寻优方式，具体寻优方式为：对各取值的 g 和 c 进行组合，在此基础上建立起参数空间，对全部

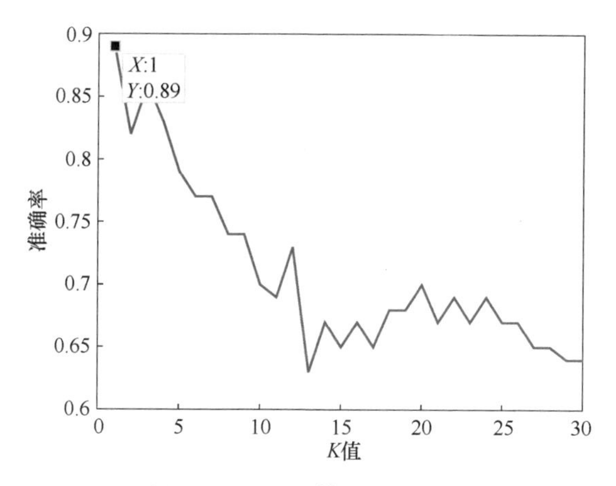

图 8-20　KNN 算法寻优过程

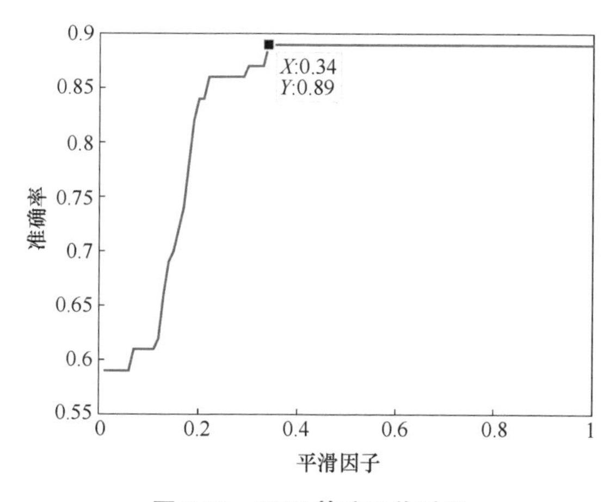

图 8-21　PNN 算法寻优过程

的组合进行遍历测试以获得最优参数。测试过程中采用 10 折交叉验证进行评估，在每个 g 和 c 的组合下，记录 SVM 交叉验证后的平均准确率。其中 g 的取值范围设为 0~0.05，步进值设为 0.001，c 的取值范围为 0~5，步进值取为 0.1。在所构建的参数集上，SVM 的寻优过程如图 8-22 所示。从迭代过程图可以看出，当 g 取值为 0.022，c 取值为 2.1 时，SVM 模型识别准确率为 96.67%，为最大值。

从以上模型的寻优过程图中可以看出，KNN 算法最高准确率为 89%，在本数据集上的应用效果较差。PNN 算法的最高准确率同样为 89%，SVM 算法的最高准确率则可以达到 96.67%，SVM 的最高准确率远高于 KNN 与 PNN 算法的最

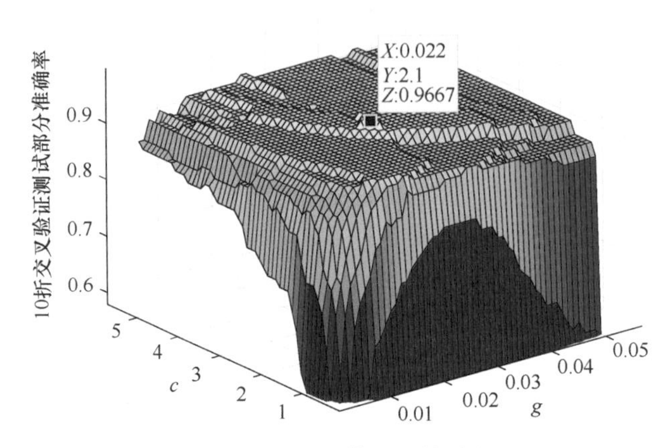

图 8-22 SVM 算法寻优过程

高准确率，显示出 SVM 对安全阀声信号识别的极佳适应性。在 g 取 0.022，c 取 2.1 时，SVM 的准确率最高，此参数组合为 SVM 对安全阀声信号进行识别的最佳参数。

当 SVM 的参数设定为 g 取 0.022，c 取 2.1 时，在输入的 100 组数据集上可取得最优识别率。为了验证该模型对未知数据的识别能力，重新采集 39 段声信号数据，经去噪处理后提取各声信号片段 40 维 MFCC 特征参数，组成数据集（z_i，w_i），其中 z_i 为 40 维特征向量，w_i 为数据类型标签。数据集中包含安全阀声信号 24 个，相似干扰声及人声共 15 个，测试数据集（z_i，w_i）见表 8-5。

表 8-5 测试数据集

样本	向量维度							标签
	1	2	3	4	…	39	40	
z_1	-225.6	62.9	2.4	21.2	…	-0.7	-0.1	1
z_2	-227.9	77.3	2.3	18.4	…	0.6	-0.2	1
z_3	-241.3	63.4	-3.6	9.1	…	-0.5	0.4	1
…	…	…	…	…	…	…	…	…
z_{37}	-444.9	109.1	-12.1	2.5	…	0.4	0.9	0
z_{38}	-425.9	107.3	-3.1	22.8	…	0.3	0.4	0
z_{39}	-471.6	66.5	6.7	26.6	…	0.2	0.4	0

验证过程中将数据集（x_i，y_i）内 100 组数据全部作为 SVM 训练数据，SVM 的参数设定为 $g=0.022$，$c=2.1$，数据集（z_i，w_i）全部作为测试集。此时的识别结果如图 8-23 所示，其中星形标记代表样本真实值即期望输出，三角形标记

代表实际输出即预测结果。39 组样本的识别效果良好，仅有 1 个声信号未能正确识别，将目标声错判为干扰声。本次识别的混淆矩阵如图 8-24 所示，其总体识别准确率达到 97.4%，对干扰声的识别准确率达到 100%，对安全阀声信号的识别准确率为 96%，对未知数据的识别达到了较好的识别效果。

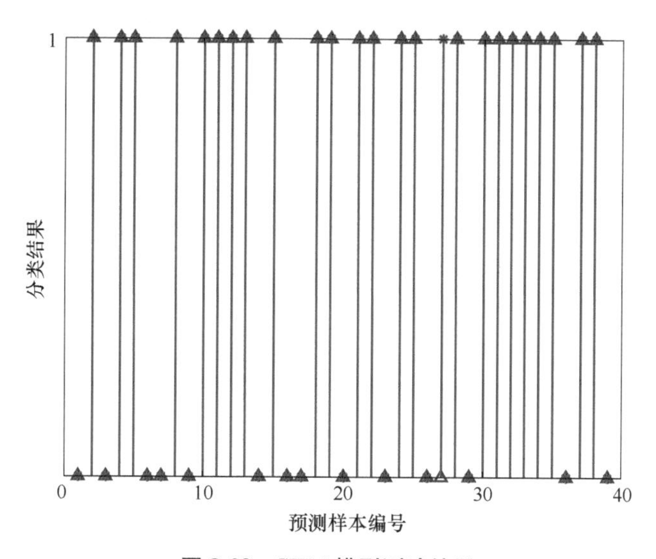

图 8-23　SVM 模型测试结果

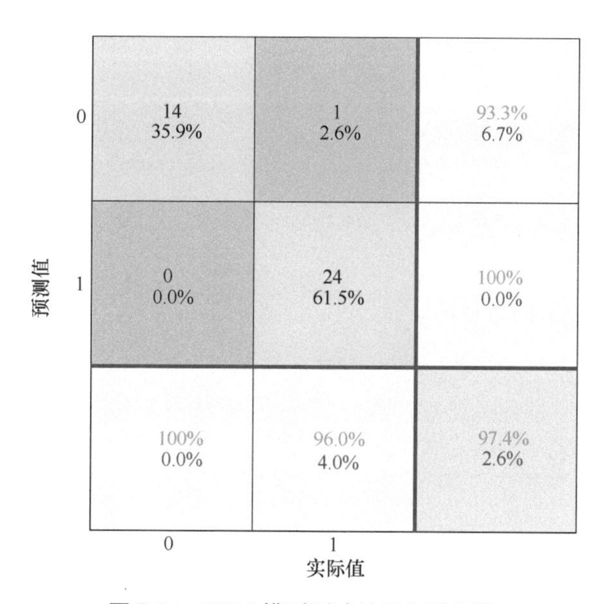

图 8-24　SVM 模型测试结果混淆矩阵

8.4 本章小结

本章探索了安全阀打开声信号作为早期安全预警信号的可行性，验证了安全阀声信号的有效性及灵敏性，完成了储能舱环境下安全阀声信号的识别方法设计。具体分为以下两个方面：①完成了安全阀声信号预警的有效性及灵敏性验证。研究结果表明，安全阀打开时热失控并不剧烈，奠定了本方法的理论基础。并且安全阀声信号可作为有效的热失控预警信号，灵敏性优于可见光、红外及气体探测方案；②完成了安全阀声信号的有效识别。针对储能舱内部噪声环境，设计了去噪方案，将 MFCC 算法应用于储能舱内部声信号特征提取，将声信号转化为 40 维 MFCC，最后构建了基于 40 维 MFCC 的数据集。分别将 KNN、PNN 及 SVM 算法应用于安全阀声信号的识别，运用交叉验证进行参数寻优，结果显示 SVM 算法的参数 g 取 0.022、c 取 2.1 时，对安全阀声信号具有最高的识别准确率，训练后的模型对未知数据识别率达到 97.4%。

第9章

特征声音故障定位

上一章验证了通过安全阀声信号进行早期安全预警的有效性。考虑到实际储能舱内部单体电池数量众多，如果能够进一步对安全阀声信号的声源进行定位，就能够确定故障电池的具体位置，方便后续定点运维及故障检修。已有声源定位的相关研究较多，其中声信号到达时差（Time Difference of Arrival，TDOA）定位法在声源定位中运用最为广泛。该方法可以通过对空间立体四元麦克风矩阵的时差进行求解，实现空间内部声源坐标的三维定位。因此，本章选取基于TDOA的声源定位算法，探索将其应用于储能舱内安全阀声信号源定位的可行性。

9.1 声信号采集系统设计

基于TDOA的声源定位算法中，通过对空间立体四元麦克风矩阵的时差进行求解，可以实现空间内部声源坐标的三维定位。然而，储能舱实际应用中情况较为复杂，且密闭金属舱体内的声源定位问题鲜有人研究。为了验证储能舱内声源定位的可行性，在实际储能舱中，设计并安装了四元麦克风同步声音采集定位系统，如图9-1所示。采集数据后在计算机端对麦克风时差进行提取，然后依据时差求解储能舱内部声源位置坐标。

（1）麦克风

在声源定位系统中，麦克风的选取至关重要，这对信号的后续处理产生直接影响。在对其进行选择时需要考虑灵敏度、采样频率、频率特性和噪声等指标，下面进行具体说明。

灵敏度是在一定声信号输入强度下，麦克风的拾音器输出的电压值，此指标大则同一声强下输出的信号强度大。声波频率对麦克风灵敏度会产生很明显的影响，频率区间越大时灵敏度就越高，频率的区间为20Hz~20kHz条件下最

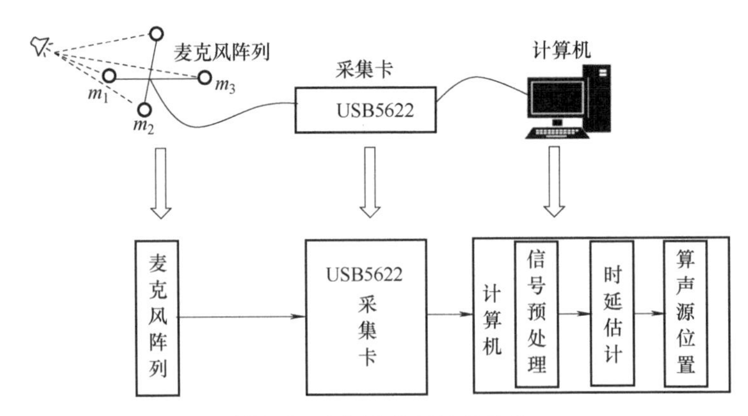

图 9-1　声源定位系统的结构

合理。采样频率是指在 1s 内的采样次数，采样频率越高所采集信息就越多，后续的时差提取就越精准。输出阻抗是指当麦克风的采样频率为 1kHz 时对应的输出阻抗，为满足应用要求，一般情况下需要此参数低于 3kΩ。麦克风的固有噪声表现为在外界没有任何信息输入的情况下，其仍会输出电压信号，对麦克风而言，这种噪声无法避免和消除，为提高声音采集的精确度，应尽量选择固有噪声更小的麦克风。

综合考虑费用、性能指标以及应用需要，选用 LM386-AD 麦克风。该型号麦克风的频带较宽，动态范围（输出信号的最大值与最小值的比值）较广，可基于自带 IC（集成电路）对信号进行 200 倍放大，在一定程度上抵消线路长度及电容大小的影响。同时配置有消噪电阻，尽可能地抑制了底噪的产生，具有采样频率较高、价格便宜的优势。选用的 LM386-AD 麦克风具体参数为：频率响应为 2. 5dB，采样频率为 100kHz，输出阻抗为 600Ω±30%。图 9-2 为 LM386-AD 麦克风的内部结构。

（2）数据采集卡

在系统设计过程中数据采集卡采用北京阿尔泰科技公司推出的 USB5622，如图 9-3 所示，该采集卡能够兼容 USB2. 0，具有 16 路模拟量及数字量输入输出功能，即插即用。USB5622 的 AD 模拟量输入采样频率高达 500kS/s，输入阻抗高达 10MΩ，DA 模拟量输出的各通道转换速率为 100kS/s，转换精度高达 12 位，网络类型为 10/100Mbit/s 自适应，网络协议为 TCP。该数据采集卡的各项参数指标优异，能满足实验的精度要求。

（3）数据采集程序

在 LabVIEW 软件平台下设计数据采集程序，用以驱动阿尔泰公司的 USB5622 工作，该程序包括数据采集、读取、存储及波形显示等功能。

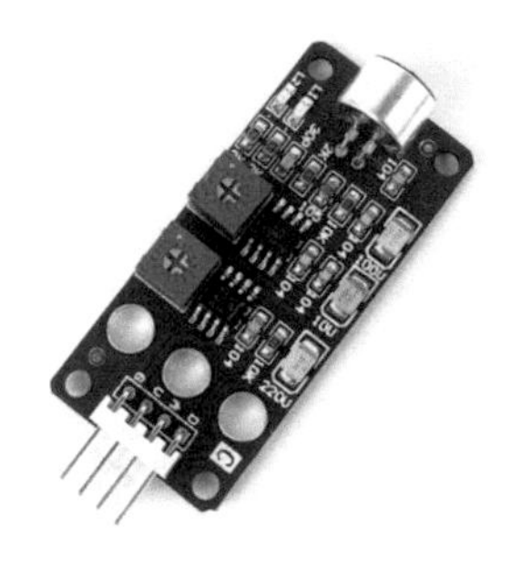

图 9-2　LM386-AD 麦克风　　　　图 9-3　USB5622 数据采集器

图 9-4 显示了设计的用来驱动采集卡的配置程序界面。在软件运行前，对相关参数进行设置，起始/停止通道选择为对应的四个麦克风，在保证四元麦克风采集声信号一致性和安全阀声信号强度不越限的前提下将 AD 输入量程调整为最大，采样模式选择为四路信号同步 AD 采样，并将采样频率设定为 100kHz。

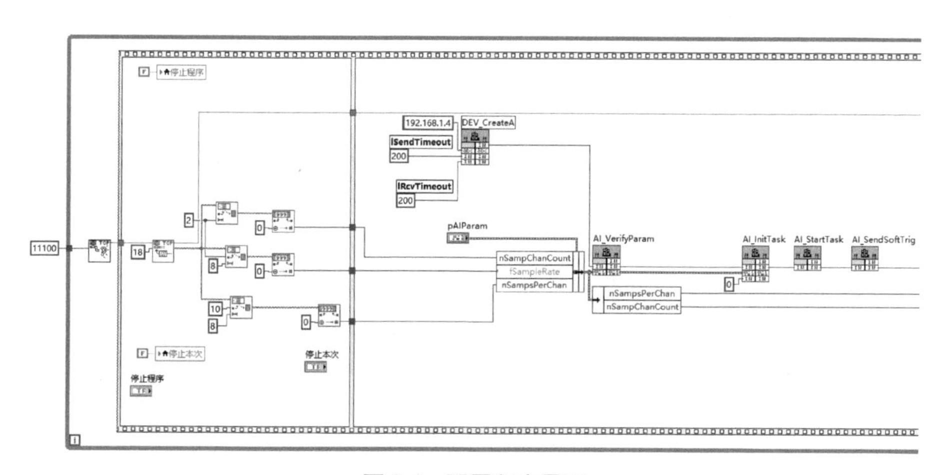

图 9-4　配置程序界面

USB5622 采用 AD-FIFO 架构，采样数据不断地写入 FIFO（First In First Out，先进先出）存储器中，如图 9-5 所示，利用数据循环读取程序完成了数据的及时读取。采集到的 AD 数据被抽取后，需要进行转换并保存为电压幅值。数据先从 AD-FIFO 被读取，然后在另外的存储器中进行保存。本章在 LabVIEW 平台下，设置数据以 Excel 表格形式存储，以供后续算法研究使用。

设计四通道波形显示器实时显示采集效果，初始界面如图 9-6 所示，可对四元麦克风所输出信号进行直观展示，以便进行麦克风一致性较准和实验方式的及时调整。

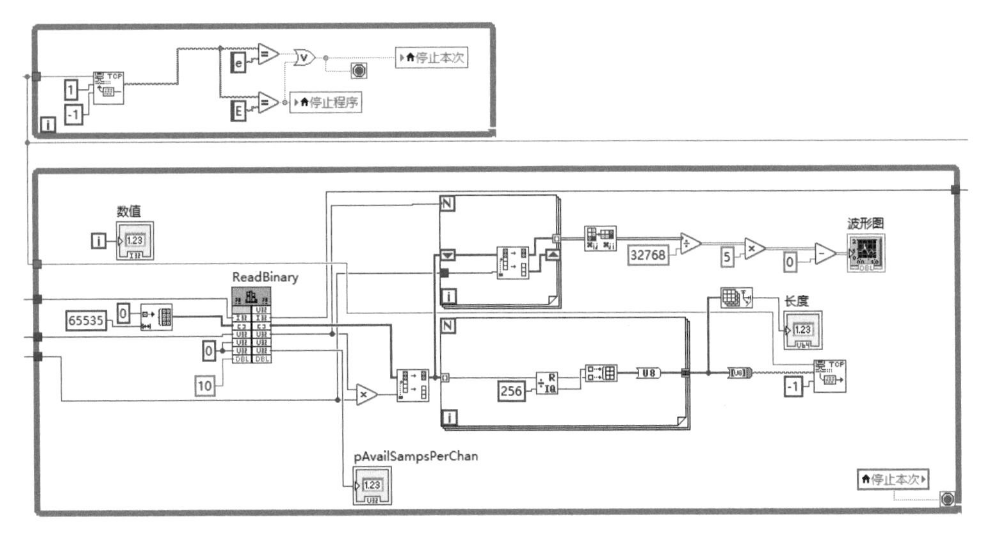

图 9-5　数据读取程序界面

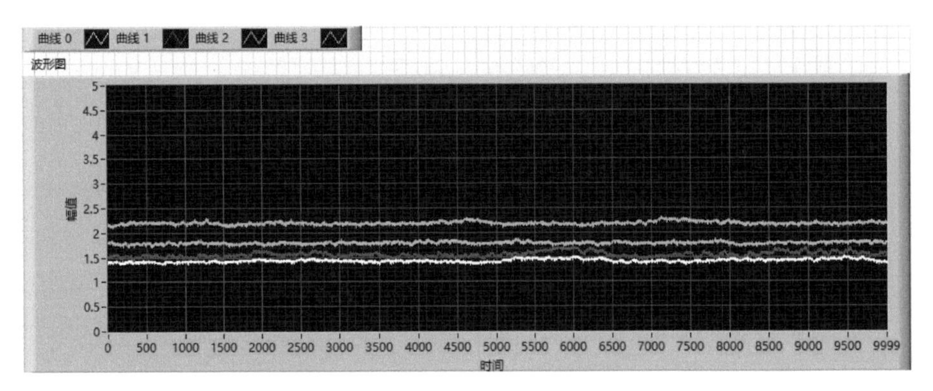

图 9-6　四通道波形实时显示器

9.2　故障定位方法

9.2.1　基于时延估计的定位算法

（1）时延定位算法的基本原理

在基于 TDOA 的四元麦克风声源定位场景中，麦克风阵列与声源的简易模型如图 9-7 所示。图中麦克风阵列各麦克风位置坐标已知，d_i 为声源 S 到麦克风

m_i 的距离，$i=1$，2，3，4。将麦克风 m_1 作为参考，声源 S 发出的声信号到达参考麦克风 m_1 的时刻为 t_1，到达其余各麦克风的时刻分别为 t_2、t_3、t_4，记麦克风 m_2 与参考麦克风之间的时间延迟为 τ_{21}，则 $\tau_{21}=t_2-t_1$，依据四元同步麦克风的声信号记录，可分别求得麦克风之间的时间延迟 τ_{21}，τ_{31}，τ_{41}。

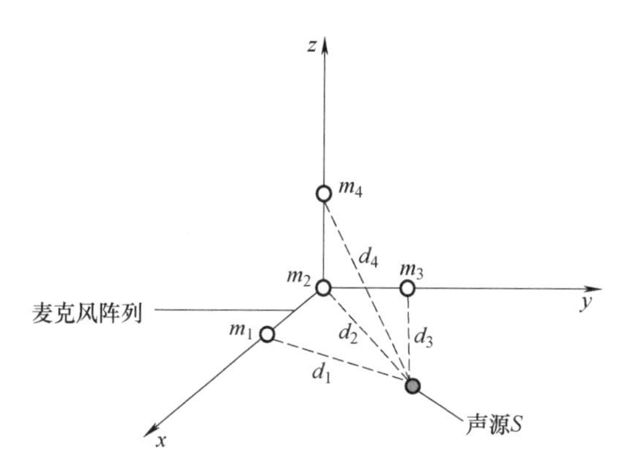

图 9-7　麦克风阵列与声源的简易模型

在求得麦克风矩阵之间的时延估计后，位置解算相关的参数有：声速 v，麦克风阵列坐标（x_i，y_i，z_i），$i=1$，2，3，4，以及麦克风之间的时间延迟 τ_{21}，τ_{31}，τ_{41}。需要通过位置解算得出声源的三维位置坐标。以四元麦克风阵列为例，三维空间下声源的位置解算公式如下所示：

$$\begin{cases} d_2-d_1=v\cdot\tau_{21} \\ d_3-d_1=v\cdot\tau_{31} \\ d_3-d_1=v\cdot\tau_{41} \end{cases} \tag{9-1}$$

式中，$d_i=\sqrt{(x_s-x_i)^2+(y_s-y_i)^2+(z_s-z_i)^2}$，$i=1$，2，3，4，代表声源到达各个麦克风的声程。三个相互独立的等式，三个未知量，由四元麦克风阵列得出三个相互独立的时延估计值可以求出三维立体空间中某个声源的具体位置。

显而易见，上述位置解算公式为非线性方程，很难得到精确解，为了求解这类非线性方程，多种求解算法先后被研究学者提出：泰勒级数展开法、牛顿迭代法、空间搜索定位法、球面插值法、半定规划法等，其中应用最广泛的两种算法是牛顿迭代法和球面插值法。

泰勒级数展开法依据声源远场定位特点进行算式化简，在求解远场声源坐标时算式简单，求解速度快，但在声源距离麦克风矩阵较近时误差较大，因此不适用储能舱内声源信号的定位。牛顿迭代法的原理为，对位置解算函数进行泰勒展开，然后通过其中的前几项进行寻找而确定出方程解，通过此方法进行 TDOA 位置解算得出的声源坐标精度较高，但需人为设置初始值，而初始值设置得是否合适也会影响收敛结果，可能会出现结果无法收敛的情况，无法正确迭代出结果，运算效果不稳定，这也是迭代法在声源定位场景下最严重的缺点。在近场声源定位中，空间搜索算法和基于几何定位的球面插值法求解定位效果较好且运算效果较为稳定，但空间搜索算法的基本原理是遍历空间内的位置寻找声源坐标，对计算性能要求较高，求解速度较慢，不适用于对速度要求较高的故障预警定位。

（2）球面插值法原理

球面插值法（Spherical Interpolation，SI）基于已知位置信息确定出误差方程组，求取其最小二乘解，依据此最小二乘解求出声源位置。球面插值法首先进行如下设定：假设声源空间矢量为 s，有 N+1 个阵元，设参考阵元置于原点坐标，其空间矢量用 m_0 表示，其他 N 个阵元的空间矢量为 m_i，$i\in$（1，N），各阵元与参考阵元的声源传播路径差为 d_i，$i\in$（1，N）。具体空间结构关系如图9-8所示。

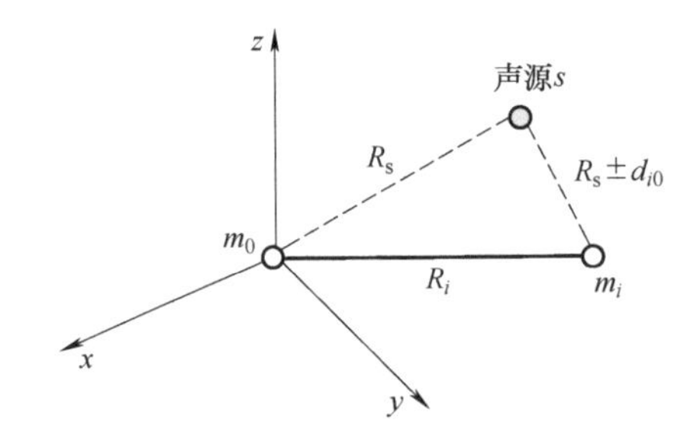

图 9-8　阵元与声源的空间结构

图9-8中，m_0 的坐标为（0，0，0），作为参考阵元，声源空间矢量为 s，R_s 是 s 与 m_0 的空间距离，R_i 是阵元 m_i 与 m_0 的空间距离，d_{i0}是 m_i 与 m_0 到声源的空间距离差，可以通过下式描述：

$$\|m_i-s\|-\|s\|=d_{i0} \tag{9-2}$$

又有，$R_i=\|m_i\|$，$R_s=\|s\|$，上式可以进一步改写为

$$\begin{aligned}(R_s-d_{i0})^2&=(\|s\|-(\|m_i-s\|-\|s\|))^2\\&=R_i^2-2m_i^{\mathrm{T}}s+R_s^2\end{aligned} \tag{9-3}$$

将上式展开并整理可得

$$R_i^2-d_{i0}^2-2R_s d_{i0}-2m_i^{\mathrm{T}}s=0 \tag{9-4}$$

由于 d_{i0}往往是由现场采集得来的声信号估计得出，精度有限，故式（9-4）很难恰好等于零，可以引入误差项 ξ，将其改写为

$$\xi=R_i^2-d_{i0}^2-2R_s d_{i0}-2m_i^{\mathrm{T}}s \tag{9-5}$$

N 个阵元相对于阵元 m_0 有 N 对时延值，可得到 N 个式（9-5）所示的方程，

可以集中写成如下的矩阵形式：

$$\xi=\varepsilon-2R_{\mathrm{s}}d-2Ms \tag{9-6}$$

式中，$\varepsilon=\begin{bmatrix}R_1^2-d_{10}^2\\R_2^2-d_{20}^2\\\cdots\\R_N^2-d_{N0}^2\end{bmatrix}$，$d=\begin{bmatrix}d_1\\d_2\\\cdots\\d_N\end{bmatrix}$，$M=\begin{bmatrix}x_1&y_1&z_1\\x_2&y_2&z_2\\\cdots&\cdots&\cdots\\x_N&y_N&z_N\end{bmatrix}$。

假设已给定 R_{s}，则有

$$s=1/2S_{\mathrm{w}}^{*}(\varepsilon-2R_{\mathrm{s}}d) \tag{9-7}$$

此时式（9-7）的均方误差最小，其中 $S_{\mathrm{w}}^{*}=(M^{\mathrm{T}}M)^{-1}M^{\mathrm{T}}$。

因此，首先将式（9-7）代入方程 $R_{\mathrm{s}}^2=s^{\mathrm{T}}s$ 得到

$$R_{\mathrm{s}}=\left[\frac{1}{2}S_{\mathrm{w}}^{2}(\varepsilon-2R_{\mathrm{s}}d)\right]^{\mathrm{T}}\left[\frac{1}{2}S_{\mathrm{w}}^{2}(\varepsilon-2R_{\mathrm{s}}d)\right] \tag{9-8}$$

化简后可得

$$aR_{\mathrm{s}}^2+bR_{\mathrm{s}}+c=0 \tag{9-9}$$

式中，$a=4-4d^{\mathrm{T}}S_{\mathrm{w}}^{*\mathrm{T}}S_{\mathrm{w}}^{*}d$，$b=4d^{\mathrm{T}}S_{\mathrm{w}}^{*\mathrm{T}}S_{\mathrm{w}}^{*}\varepsilon$，$c=-\varepsilon^{\mathrm{T}}S_{\mathrm{w}}^{*\mathrm{T}}S_{\mathrm{w}}^{*}\varepsilon$。

可得式（9-9）的两个根是

$$\hat{R}_{\mathrm{s}}=\frac{-b\pm\sqrt{b^2-4ac}}{2a} \tag{9-10}$$

将式（9-10）中的正根代入式（9-7）可以解得声源位置 $\hat{s}_{\mathrm{S1}}$，如下式所示。

$$\hat{s}_{\mathrm{S1}}=\frac{1}{2}S_{\mathrm{w}}^{*}\left(\varepsilon-\frac{d(\sqrt{b^2-4ac}-b)}{a}\right) \tag{9-11}$$

（3）麦克风排布及仿真验证

典型的储能舱内部环境如图 9-9 所示，储能舱中间留有检修通道，电池模组在通道两侧排布，顶部较为狭窄拥挤。当在麦克风阵列顶部呈四边形平面排布时，在求取声源到各麦克风之间距离差时高度方向的误差率会过大。根据储能舱内实际环境，四元麦克风矩阵的最合适排布方式是在储能舱内部四个顶角呈四面体立体排布。排布方式示意图如图 9-10 所示。

将图 9-10 中参考麦克风位置设置为 m_0（0，0，0），其余麦克风位置分别设置为 m_1（200，400，0），m_2（200，0，200），m_3（0，400，200），单位为 cm。设 d_i 为声源到麦克风 m_i 的距离，其中 $i=1$，2，3，设定好声源位置后依据几何关系可求出 d_i。进而求得麦克风与参考麦克风之间的声音传播距离差分别为 d_{10}，d_{20}，d_{30}，由于声音传播距离差等于时差乘以声速，而声速已知，因此可将声音传播距离差作为已知量等效代入球面插值法求解。其中，平均误差的定义为三

图 9-9　典型的储能舱内部环境

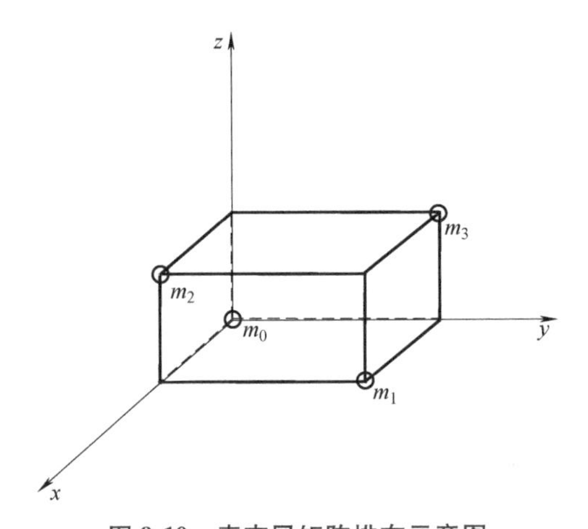

图 9-10　麦克风矩阵排布示意图

坐标轴上误差绝对值和的平均数，令声源的原始坐标为（x，y，z），球面插值算法求解坐标为（$\hat{x}$，$\hat{y}$，$\hat{z}$），即可描述为如下的数学公式：

$$\text{平均误差}=\frac{|x-\hat{x}|+|y-\hat{y}|+|z-\hat{z}|}{3} \tag{9-12}$$

基于以上参数设置对立体排布的麦克风矩阵进行仿真验证，计算结果四舍五入保留小数点后一位，此时的声音传播距离差与真实值误差在 0.1cm 以下。利用球面插值算法进行声源位置求解，仿真结果见表 9-1。从表中可以看出，当声音传播距离差与真实值误差在 0.1cm 以下时，利用球面插值法解算的声源位置坐标的平均误差均在 0.3cm 以下，系统误差较低，定位精度高。当将声音传播距离差计算结果四舍五入保留十位数字时，此时的声音传播距离差与真实值误差在 cm 级别，仿真计算结果见表 9-2，从表中可以看出，利用球面插值法解算的声源位置的坐标平均误差均在 5cm 以下，精度能够满足储能舱内实际定位要求。

表 9-1　距离差保留一位小数后定位算法仿真结果　　（单位：cm）

声源原始坐标	距离差			估计坐标	平均误差
	d_{10}	d_{20}	d_{30}		
(40, 80, 80)	246.6	95.4	224.1	(40.0, 80.0, 80.0)	0
(50, 100, 100)	200	56.2	170.2	(50.0, 100.0, 99.9)	0.03
(60, 60, 60)	268.6	102.9	268.6	(60.0, 60.0, 60.0)	0
(50, 60, 70)	272.3	102.5	262.5	(50.8, 60.4, 69.1)	0.23
(50, 60, 60)	277.9	115.3	272.6	(50.0, 60.0, 59.9)	0.03
(70, 60, 50)	262.5	102.5	273.3	(70.1, 60.0, 49.9)	0.07
(80, 120, 120)	139.9	0	114.4	(79.9, 119.9, 120.1)	0.01

表 9-2　距离差保留十位数后定位算法仿真结果　　（单位：cm）

声源原始坐标	距离差			估计坐标	平均误差
	d_{10}	d_{20}	d_{30}		
(40, 80, 80)	250	100	220	(30.6, 81.1, 84.0)	4.83
(50, 100, 100)	200	60	170	(48.1, 101.4, 98.2)	1.37
(60, 60, 60)	270	100	270	(61.4, 57.8, 61.4)	1.67
(50, 60, 70)	270	100	260	(51.6, 61.2, 70.2)	1.00
(50, 60, 60)	280	120	270	(43.4, 61.9, 62.0)	3.50
(70, 60, 50)	260	100	270	(70.2, 61.2, 51.6)	1.00
(80, 120, 120)	140	0	110	(76.4, 121.1, 123.6)	2.77

9.2.2　互相关时差提取算法

由 9.2.1 节的分析可知，在利用 TDOA 进行声源定位时，是利用的麦克风接收到目标信号的时差来对声源位置坐标进行解算，因此，定位结果的精准度比较依赖于所提取时差的精准度。上面叙述的时差提取方法易受噪声、距离和麦克风一致性影响，实际应用时误差较大，而互相关算法在一定程度上可以克服白噪声和各麦克风信号强度不一致的影响，提取出相似信号的时延，在声音信号的时差提取中取得了较好的应用效果。

（1）互相关算法

在时延估计方面，互相关算法具有明显的优势，一直是声源定位领域的重点分析方法。通过此方法进行时差提取时，首先在时域内对两信号相似度进行对比，求出两信号互相关曲线的最值，以此来对时间延迟进行估计。

假设两声信号的模型为

$$x_1(t)=s(t-\tau_1)+n_1(t) \tag{9-13}$$

$$x_2(t)=s(t-\tau_1)+n_2(t) \tag{9-14}$$

式中，$s(t)$ 为声源信号，两麦克风接收的白噪声为 $n_1(t)$、$n_2(t)$，$s(t)$ 到两麦克风的传播时间分别为 τ_1、τ_2，设 $\tau_{12}=\tau_1-\tau_2$，则 τ_{12}就是两麦克风所接收同一信号的时间延迟。假设 $s(t)$，$n_1(t)$，$n_2(t)$ 为相互独立的平稳随机过程，这种条件下 $x_1(t)$，$x_2(t)$ 的互相关函数可以表示为

$$R_{12}(\tau)=E[x_1(t)x_2(t-\tau)] \tag{9-15}$$

将式（9-13)、式（9-14）两声源信号模型代入式（9-15）可得

$$\begin{aligned}R_{12}(\tau)=&E[s(t-\tau_1)s(t-\tau_1-\tau)]+E[s(t-t_1)n_2(t-\tau)]+\\&E[s(t-\tau_2-\tau)n_1(t)]+E[n_1(t)n_2(t-\tau)]\end{aligned} \tag{9-16}$$

前面已经假设，$s(t)$，$n_1(t)$，$n_2(t)$ 之间互不相关，所以式（9-16）可化得

$$R_{12}(\tau)=E[s(t-\tau_1)s(t-\tau_1-\tau)]=R_{ss}[\tau-(\tau_1-\tau_2)] \tag{9-17}$$

式（9-17）中在 $\tau-(\tau_1-\tau_2)=0$ 时 $R_{12}(*)$ 最大，此条件下对应的 τ 值就是两个麦克风接收相似信号之间的时间延迟，表示为 τ_{12}，可以通过如下表达式进行描述：

$$\hat{\tau}=\arg\max_{\tau} R_{12}(\tau) \tag{9-18}$$

式中，$\tau\in[-\tau_{max}, \tau_{max}]$，$\tau_{max}$是最大的时延值。

根据以上论述可知，确定麦克风相应的声音延时，就是寻找 $R_{12}(*)$ 极大值的位置，最高峰值越尖锐，所求取的极大点的位置也就越准确。

根据实际的应用结果表明，大部分情况下相关函数的峰值容易受到环境噪声的干扰，这样会导致其极大峰值产生一定的扩展，寻找极大点的位置的难度明显增加，导致时延估计的准确性有一定幅度下降。为提高结果的准确性，在满足实验条件要求时，适当增加观测时间。而在储能舱内部实际环境下，由于储能舱舱体对声信号的反射作用，各麦克风所处位置不同，所受到的影响也各不相同，影响了所接收信号的一致性，使该算法的应用存在一定困难。

（2）广义互相关算法

为了提高时差估计准确度，有学者设计了广义互相关算法，基本思想是在对信号 $x_1(t)$ 和 $x_2(t)$ 滤波后再求互相关函数，以突显函数的峰值，提高时延估计的准确性。其原理框图如图 9-11 所示。

采用广义互相关算法进行时差提取时，首先对有限长度信号 $x_1(t)$ 和 $x_2(t)$ 进行傅里叶变换，得到互功率谱，接着在频域内进行一定加权，傅里叶逆变换后即可得出最终的互相关函数，峰值所对应的 τ_{12}就是两个麦克风所接收声信号

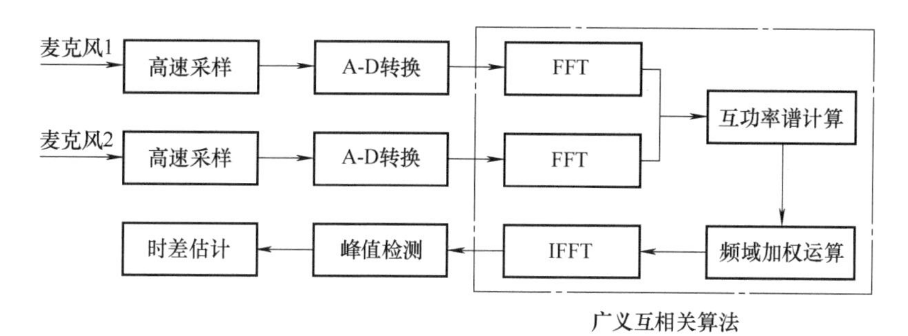

图 9-11　基于广义互相关的时差提取流程

间的时延值。

互相关函数与互功率谱的关系如下式：

$$R_{12}(\tau)=\int_0^{\pi} G_{12}(\omega)\,\mathrm{e}^{\mathrm{j}\omega\tau}\,\mathrm{d}\omega \tag{9-19}$$

式中，$G_{12}(\omega)$ 为两信号的互功率谱。

在求取信号间的互功率谱后，在频域进行加权能够增强信噪比高的频率成分，在一定程度上抑制噪声。带有加权函数的表达式如下：

$$R_{g12}^{(g)}(\tau)=\int_0^{\pi} \psi_g(\omega)\,G_{12}(\omega)\,\mathrm{e}^{\mathrm{j}\omega\tau}\,\mathrm{d}\omega \tag{9-20}$$

式中，$\psi_g(\omega)=H_1(\omega)H_2^*(\omega)$，$\psi_g(\omega)$ 为加权函数。

每种加权函数的最佳适用条件各异，在不同的应用场景下，声信号的噪声及反射情况各有特点，因此需要根据特定的声学条件选取恰当的加权函数，使 $R_{12}(\tau)$ 的峰值更加突出、尖锐，$R_{12}(\tau)$ 的峰值所在处即是所要计算的互相关时差。常用的互相关加权函数见表 9-3。

表 9-3　常用的互相关加权函数

函 数 名 称	函数表达式	函 数 特 性
CC（Cross-correlation，互相关）	1	基本互相关函数，适用于反射信号较小的情况
Roth	$\dfrac{1}{G_{11}(\omega)}$	可对高噪声频带进行有效抑制，会导致互相关函数峰不明显
SCOT（Smoothed Coherence Transform，平滑相干变换）	$\dfrac{1}{\sqrt{G_{11}(\omega)\ \ G_{22}(\omega)}}$	综合考虑两个通道，在一定程度上会使函数峰值模糊
PHAT（Phase Transform，相位变换）	$\dfrac{1}{\sqrt{G_{22}(\omega)}}$	进行白化滤波，能够一定程度上抑制噪声及反射波对互相关函数主峰的影响，但在信号能量小时误差较大

9.3 故障定位效果

9.3.1 平台搭建与数据采集

（1）平台布置

声信号在不同场景下会受到不同的干扰，具有不同的传播特性，为尽可能模拟实际储能舱内声信号传播特性，在图 9-12 所示的实验舱中进行测试。实验舱尺寸为 5.8m×2.8m×2.8m，外壁为全钢结构。

图 9-12 测试所用实验舱外形

为模拟实际储能舱内部复杂声场环境，在实验舱内部设置电池模组及电池架，如图 9-13 所示。电池模组尺寸为 0.6m×0.42m×0.24m，在单侧 5 层排布，每层放置 3 个电池模组，间隔 2cm 排列。

由于实验舱尺寸较大，在加工及运输过程中会产生一定的形变，外形是非标准长方体，手工标定测量位置坐标会产生较大的误差。为使实验舱内位置坐标的标定更加准确，减少测量误差，采用图 9-14 所示的激光水平仪进行位置标定，提高位置坐标测量的准确性。

（2）麦克风布置

实验舱内部布置如图 9-15 所示，将 4 个麦克风分别置于实验舱内部的 4 个顶点。其中，将麦克风 m_1 所在处的顶点作为原点，长边作为 x 轴，短边作为 y 轴，高作为 z 轴，以 m 作为位置坐标单位；基于以上设置建立直角坐标系，各麦克风位置布置分别为 m_1(0，0.15，2.33)，m_2(0，2.19，0.07)，m_3(5.56，0.25，0.01)，m_4(5.47，2.32，2.44)，图 9-16 为麦克风在实验舱空间内的布置示意图。

（3）数据采集结果

采用图 9-17 所示的型号为 TB-B1 的音响播放器播放录制的锂离子电池安全

阀打开声音，以此作为声源。播放器为单声道，将播放器响度调整至与安全阀打开时一致，能够有效模拟安全阀打开声源。

图 9-13　实验舱内部电池模组及电池架

图 9-14　激光水平仪

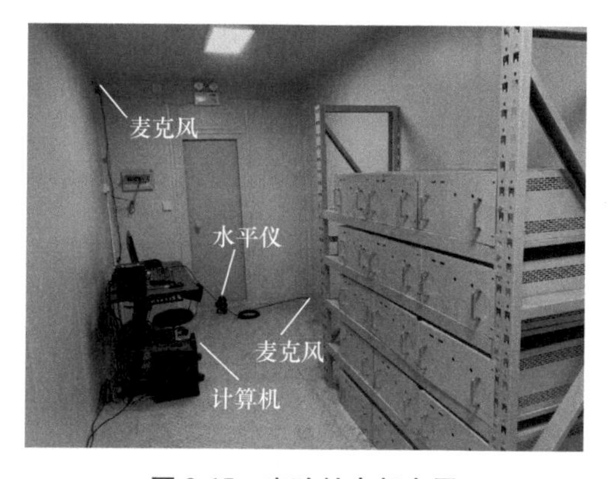

图 9-15　实验舱内部布置

当声源坐标为（2.92，1.78，1.55），采样频率为 100kHz 时，图 9-18 为此时采集到的 4 个通道的声音信号。由于实际储能舱内部物体障碍较多，且四周为金属密闭空间，声音传播时极易发生反射，四通道麦克风所接收到的声音信号不一致性较强，给准确提取声信号时差增加了困难。

9.3.2　数据分析

通过设计的四元麦克风声信号同步采集系统，成功采集到了四路同步声信号。要解算出声源位置坐标，需要依据四路同步声信号提取出麦克风的互相关时差，进而代入设计好的定位算法求解。成功并准确提取出各麦克风的时差是

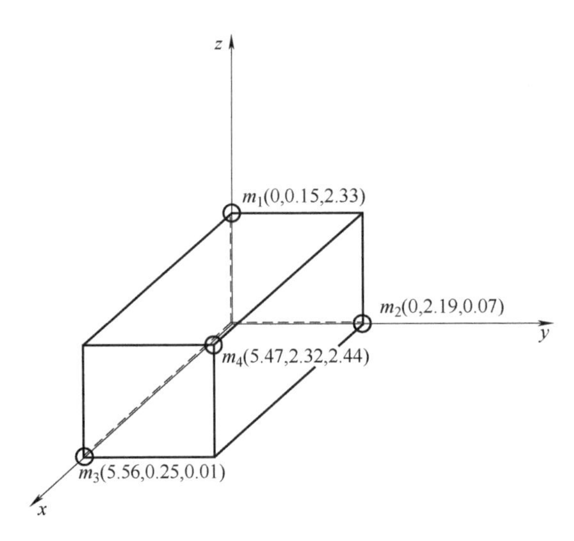

图 9-16　实验舱位置坐标建模及麦克风位置示意图

图 9-17　音响播放器

储能舱内故障定位的关键，储能舱内部为密闭空间，声学环境较为复杂，因此需要依据储能舱内真实环境设计选择时差提取方案。

（1）互相关时差的提取方案

该麦克风矩阵系统接收到的声音信号首先为声源发出的原始信号，当原始信号声波传播至储能舱壁后会发生反射，麦克风随后接收到的信号为原始信号叠加回声信号，因此在初始时段各声道信号具有较强的一致性，初始阶段信号及中间阶段信号如图 9-19 所示。

选取两麦克风中间波段 1000 个采样点进行互相关计算，广义互相关各加权函数所计算的互相关曲线如图 9-20 所示，各加权函数互相关曲线波峰均不明显，有的存在多个波峰，说明此片段信号在储能舱内部所接收到的反射等干扰较大，信号畸变严重，此处信号为无效信号，不能正确提取出互相关时差。

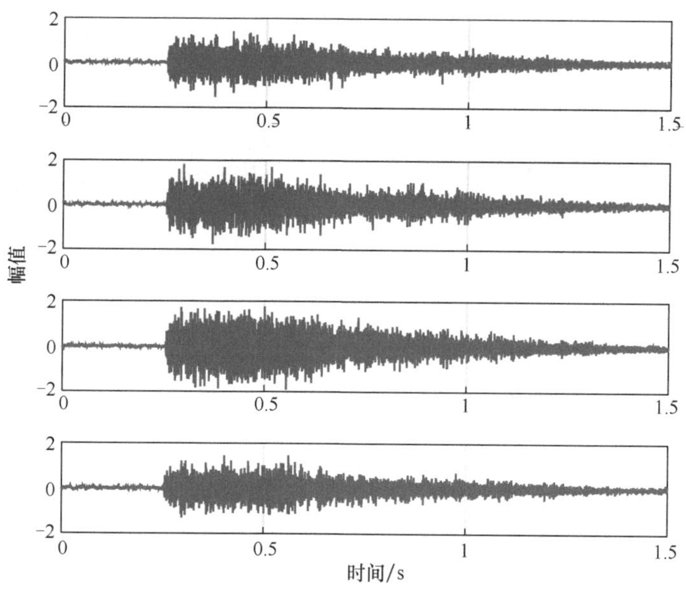

图 9-18　四通道声音信号

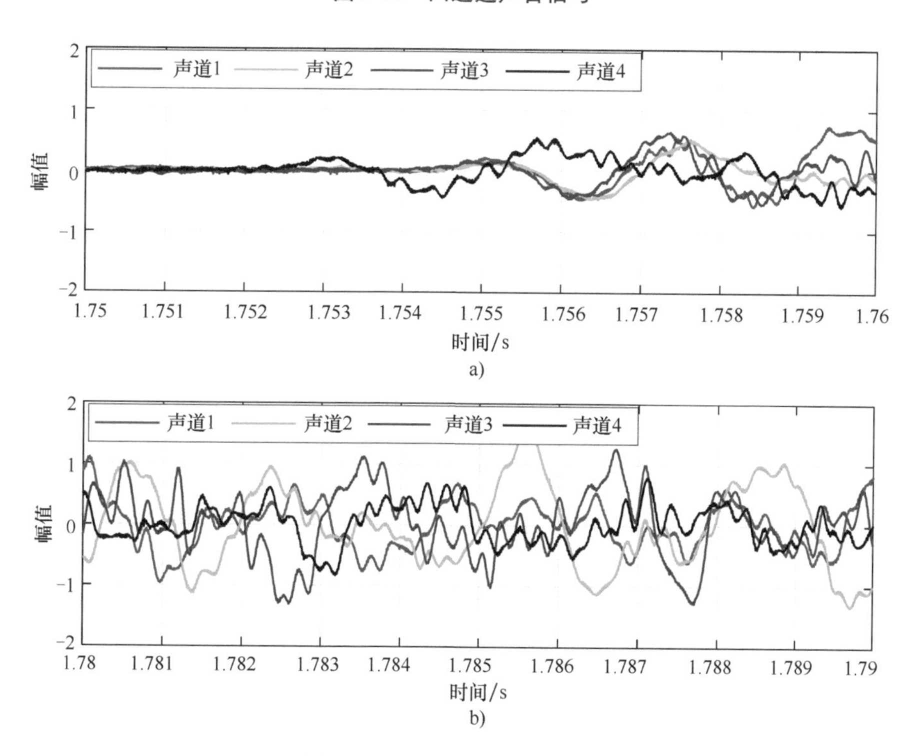

图 9-19　不同时段四声道信号

a）初始阶段　b）中间阶段

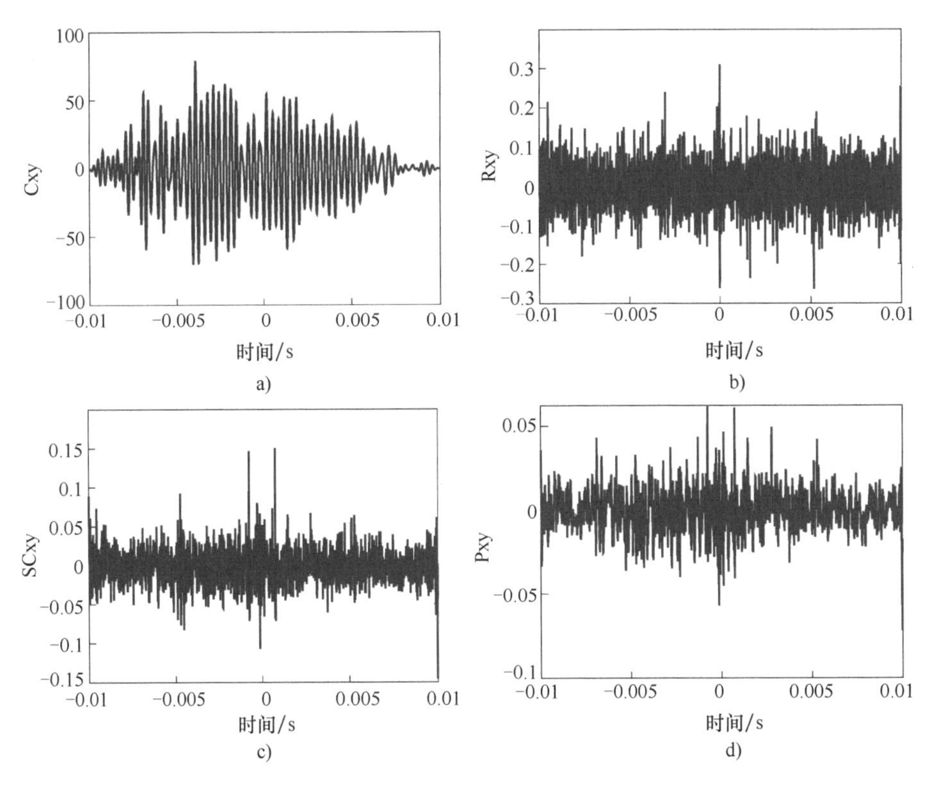

图 9-20　信号中间阶段不同加权函数互相关效果

a）CC 加权　b）Roth 加权　c）SCOT 加权　d）PHAT 加权

安全阀声信号在初始阶段所受干扰较少，当选取安全阀声信号中初始阶段 1000 个采样点时，两麦克风信号间不同加权函数的互相关效果如图 9-21 所示，各加权函数的互相关函数图中均无双波峰的出现，其中经 CC 加权的互相关函数处理结果波峰最为明显，峰值大，次波峰小，同时所求取时差也最为准确。在此应用场景下，互相关加权函数设定为 CC 时提取互相关时差效果最好。

由图 9-19 可知，在麦克风接收到声信号的初始阶段信号强度会逐渐增强，可取信号幅值越过设定阈值的时刻为越限时刻，该时刻一定时间范围内的信号为有效信号，即有效帧，此时信号受反射影响较小。由于声源在不同位置时，四元麦克风系统中各麦克风接收到的声强不同，越限先后及时延大小也不同。可以综合考虑各个麦克风的越限时刻，将有效时刻取为四元麦克风越限时刻的平均，使有效帧的选取具有一定的稳定性，由此确定了互相关时差提取方案。

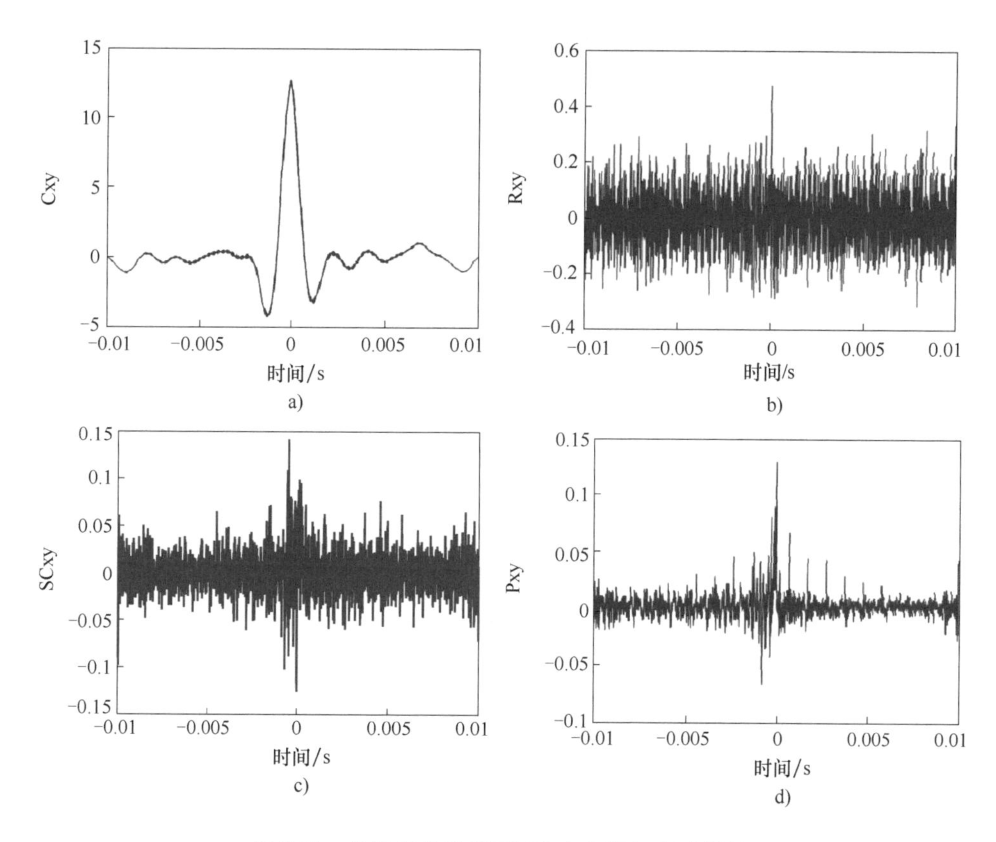

图 9-21　信号初始阶段不同加权函数互相关效果

a）CC 加权　b）Roth 加权　c）SCOT 加权　d）PHAT 加权

（2）声源定位计算结果

按照前面所设计的时差提取方案，有效时刻取为四元麦克风越限时刻的平均越限时刻，互相关加权函数设定为 CC。经反复测试，当信号幅值阈值设定为 0.3，有效帧取为有效时刻前后各 500 个采样点时，所计算的各麦克风信号相对于参考麦克风信号的互相关时差准确性最高。由于声音传播距离差等于声速与时差的乘积，常温下声音在空气中的传播速度为 340m/s，麦克风时延可用声信号传播距离差直观代表，设定平均误差如下：

$$\text{平均误差}=\frac{|D_{21}-d_{21}|+|D_{31}-d_{31}|+|D_{41}-d_{41}|}{3} \tag{9-21}$$

式中，D 为真实距离差，依据声信号估计出的距离差为 d。

依据上述设置得出的距离差见表 9-4，可以看出所求声音传播距离平均误差均在 cm 级别，说明该提取方法在储能舱内部声信号具有较好的适应性。

表 9-4　声信号传播距离差估计结果　　（单位：m）

声源坐标	真实值			估计值			平均误差
	D_{21}	D_{31}	D_{41}	d_{21}	d_{31}	d_{41}	
(2.92, 1.78, 1.55)	-0.13	-0.02	-0.68	-0.10	-0.02	-0.64	0.023
(2.62, 1.78, 1.57)	-0.13	0.49	-0.15	-0.11	0.54	-0.07	0.047
(2.72, 1.78, 1.00)	-0.53	-0.06	-0.29	-0.53	-0.08	-0.17	0.047
(2.97, 2.08, 1.00)	-0.66	-0.46	-0.88	-0.52	-0.40	-0.80	0.073

应用球面插值法算法依据上面所得距离差的估计值进行解算，求解结果见表 9-5。可以看出所计算声源位置坐标的平均误差在 cm 级别，电池模组常规尺寸为 42cm×24cm×60cm，因此本章所设计的定位方法基本可以实现储能舱内部电池模组级别的安全阀声信号声源定位。

表 9-5　声源位置坐标计算结果　　（单位：m）

声源原始坐标	估计距离差			估计坐标	平均误差
	d_{21}	d_{31}	d_{41}		
(2.92, 1.78, 1.55)	-0.10	-0.02	-0.64	(2.91, 1.72, 1.72)	0.08
(2.62, 1.78, 1.57)	-0.11	0.54	-0.07	(2.60, 1.56, 1.46)	0.117
(2.72, 1.78, 1.00)	-0.53	-0.08	-0.17	(2.69, 1.70, 0.89)	0.073
(2.97, 2.08, 1.00)	-0.52	-0.40	-0.80	(2.90, 2.10, 0.92)	0.057

9.4 本章小结

本章对储能舱内安全阀声信号的声源进行了定位研究，具体分为以下几个方面：完成了储能舱内安全阀声信号的声源定位；搭建了实验舱平台模拟储能舱内部声学环境，利用 TODA 方法进行储能舱内部安全阀声信号的声源定位；设计了四元麦克风同步声信号采集系统，针对储能舱内部特点将四元麦克风进行立体排布，在特定位置释放安全阀声信号；针对真实环境中回响声音严重的四元麦克风信号，提出了一种基于阈值的有效帧选取方法，避免了反射信号干扰，运用互相关算法成功提取了麦克风时差，用基于 TODA 的球面插值法对互相关时差进行求解，平均误差在 cm 级别，可以实现模组级别的故障定位。考虑到麦克风系统成本低，安装较为简易，本方法在锂离子电池储能电站中具有较好的应用前景。

第 10 章

特征图像预警

在前述章节关于电池热失控的研究中，电池安全阀打开后产生的白色烟雾是一项明显的特征，这种白色烟雾就是电池内部由于受热有机溶剂挥发产生的汽化电解液。这种汽化电解液实际上是一种“有机雾”，当持续产生到一定浓度（充满舱体），遇到明火时极易发生爆炸。当这种“有机雾”刚开始产生时，浓度还很低，可以将其作为一种预警信号，即第 4 章提出的多级预警系统中的第三级——极限预警，作为早期安全预警体系中的最后一道防线。本章将首先介绍汽化电解液的产生原理，其次利用改进的图像处理方法（YOLO 算法）对电池产生的少量汽化电解液进行快速识别，最后对利用汽化电解液进行早期安全预警的效果进行实验验证。

10.1 汽化电解液产生原理

电解液是锂离子电池的重要组成部分，主要作用是传导 Li^+ 使其在正负极之间移动。锂离子电池的电解液一般由非水有机溶剂与锂盐组成。

评价有机溶剂的性能参数主要有黏度、介电常数、熔点、沸点、闪点等。黏度表征着溶剂的离子电导率，黏度越低，其锂离子电导率越高；介电常数表征溶解锂盐的能力，介电常数越高，其溶解锂盐的能力越强。一般来说，高介电常数的有机溶剂具有较高的黏度，这意味着单一成分的有机溶剂不能同时具备高离子电导率和较强的溶解锂盐的能力。因此，大部分锂离子电池的电解质存在两种或两种以上的有机溶剂，从而改善电解质的综合性能，通常以 EC 为主，再辅以低黏度的有机溶剂，如 MC、DEC、EMC、EA、MF 等。表 10-1 为常见的有机溶剂及性能参数。

表 10-1 常用电解液溶剂特性

溶剂	分子量	黏度（25℃）/(Pa·s)	介电常数（25℃）	熔点/℃	沸点/℃	闪点/℃	密度/(g/mL)
EC	88	1.9（40℃）	89.6	36.4	248	160	1.321
PC	102	2.53	64.92	-48.8	242	132	1.2
BC	116	3.2	53	-53	240	—	1.13
GBL	86	1.73	39	-43.5	204	97	1.199
GVL	100	2.0	34	-31	208	81	1.057
DMC	90	0.59	3.107	4.6	91	18	1.063
DEC	118	0.75	2.805	-43	126	31	0.969
EMC	104	0.65	2.958	-53	110	26.7	1.006
EA	88	0.45	6.02	-84	77	-3	0.902
MB	102	0.6	—	-84	102	11	0.898
EB	116	0.71	—	-93	120	19	0.878
DMM	76	0.33	2.7	-105	41	-17	0.86
DME	90	0.46	7.2	-58	84	0	0.86
THF	72	0.46	7.4	-109	66	-17	0.88
2-Me-THF	86	0.47	6.2	-137	80	-11	0.85
1，3-DL	74	0.59	7.1	-95	78	1	1.06
4-Me-1，3-DL	88	0.6	6.8	-125	85	-2	0.983

由表 10-1 可以看出，大部分的有机溶剂沸点和闪点较低。由前文可知，锂离子电池发生热失控时，内部温度在化学副反应和正负极内部短路的作用下急剧升高，副反应产生的大量气体在电池内部集聚并使内部压力升高，进而撑开安全阀释放压力。随后，内部温度超过有机溶剂的沸点时，有机溶剂迅速汽化，从安全阀处喷出后形成汽化电解液。

经过大量试验证明，磷酸铁锂电池单体或模组在起火前几分钟，都会产生“白烟”，即汽化电解液。而常用的烟雾报警器在这种“白烟”氛围中不能及时报警，其报警时间总是比“白烟”出现的时间晚几分钟，甚至有时在电池起火后才报警。这主要是因为烟雾报警器对汽化电解液这种液体颗粒物感知不敏感。而储能舱内部通常会布置多个摄像头，人为观察储能舱安全情况，因人的主观性，观察漏检情况严重，且费时费力。因此，本章提出一种基于图像识别的方法，实时提取摄像头中的图像，并识别是否有汽化电解液的产生来进行早期安全预警。

10.2 特征图像识别方法

10.2.1 YOLO 算法介绍

目前针对烟雾检测存在多种不同的方法，大致可以分为硬件与软件两类。硬件方面主要是通过烟雾传感器采集周围空气颗粒物，当空气中颗粒物浓度达到阈值时发出报警信号，此类烟雾检测只适用于固体小颗粒物，一般用于火灾报警，而无法检测锂离子电池受热产生的汽化电解液。软件方面则通过图像识别的方法采集被监测物体的实时视频图像信号，然后通过设计不同的算法对其产生的烟雾进行识别。常见算法主要包括以下几种：

（1）帧间差法

该方法首先对视频中几帧图像的像素取平均值得到背景图像，再将视频帧图像与背景图像进行差分操作实现前后景分离，提取出运动目标。但由于该方法对背景要求比较高，且烟雾是非刚性物质，运动方式为随机扩散，故该方法不能很好地提取出烟雾位置，可能出现空洞和轮廓丢失的现象。

（2）颜色特征识别法

颜色特征识别主要是通过分析烟雾在 RGB（红、绿、蓝）三通道的像素分布，从而进行识别。由于烟雾通常为白色或者灰色，所以这也就表明烟雾区域的 RGB 三通道的像素值会比较接近，也即满足下面公式中的 rule1。此外，为了避免将过亮或过暗的区域识别成烟雾区，故将图像从 RGB 色彩空间转到 HSI 色彩空间，利用亮度值 I 进行限制，也即下面公式中的 rule2 和 rule3。若像素点的像素值满足 rule1 并且满足 rule2 或 rule3，则认为该点属于烟雾所在区域。但是该方法对环境的依赖程度很高，不适合用在条件多变的储能舱之中。

$$\text{rule1}: R\pm\alpha = G\pm\alpha = B+\alpha$$

$$\text{rule2}: L_1 \ll I \ll L_2$$

$$\text{rule3}: D_1 \ll I \ll D_2$$

式中，R 代表像素点在 RGB 色彩空间下 R 通道的像素值；G 代表像素点在 RGB 色彩空间下 G 通道的像素值；B 代表像素点在 RGB 色彩空间下 B 通道的像素值；I 代表像素点在 HSI 色彩空间下 I 通道的像素值；α 的范围在 15~20 之间；L_1 等于 150；L_2 等于 220；D_1 等于 80；D_2 等于 150。

（3）机器学习方法

机器学习的方法有很多，我们在此仅介绍 3 种。方法一：基于颜色对烟雾图片进行聚类，再提取疑似烟雾区域。从烟雾区域中提取 LBP（Local Binary

Patterns，局部二值模式）纹理特征并结合该区域的颜色特征以此区分类烟雾目标。但该方法对计算的消耗非常大。方法二：通过采用 Gabor 滤波器与特征编码，构建一个前馈网络结构对烟雾纹理进行提取，从而达到识别的目的，但是该方法对小目标的识别还存在不足。方法三：通过将图片分割成 32×32 个小方格，利用离散余弦变换和小波变换进行特征提取，之后利用 SVM 对特征结果进行分类，从而识别出烟雾区域。机器学习需要搜集特定场景数据集，自我学习烟雾特征，在视觉识别领域具有强大的泛化能力和识别精度，但模型的计算量庞大，实时性较差，并且需要根据特定场景调整优化算法，以达到最佳的识别效果。

随着人工智能技术的不断完善，深度学习在计算机视觉领域的应用展现出远高于传统算法的效果。相比于传统算法，深度学习算法的鲁棒性更强，识别精度更高。对于容错率低的应用场景，高精度识别是首要的目标。为此，针对锂离子储能电站汽化电解液的识别，我们选择 YOLOv3 算法进行设计。

YOLOv3 算法属于目标检测算法，它的思想就是将一张图片划分为若干个小方格，以每个小方格为基础进行回归预测。其主要有三部分组成，包括骨干网络、特征融合和检测头。其网络结构如图 10-1 所示。

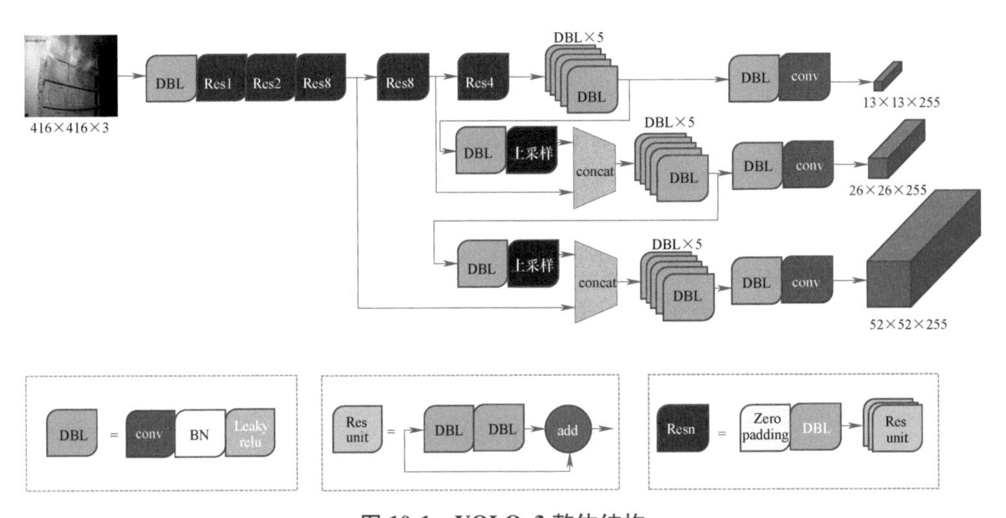

图 10-1　YOLOv3 整体结构

骨干网络采用 Darknet53 作为特征提取网络，利用连续的 3×3 与 1×1 的卷积核对图像进行初步特征提取。同时为了防止随着网络层数加深，梯度出现消失或爆炸，在特征提取部分还加入了残差结构，输出初级特征图。

特征融合部分采用类似图像金字塔的思路，将骨干网络输出的三层特征图首先进行一次 1×1 的卷积，再利用上采样进行自上而下的特征融合。这样也进一步使得图像语义变得丰富，有利于提升模型的检测精度。

检测头部分主要使用一次 3×3 的卷积核和一次 1×1 的卷积核对特征融合部分输出的特征图进行卷积，将最后输出特征图的通道数变为 3×(5+c)，其中 3 代表每个小方格对应 3 个预测框，5 代表预测框的四个位置偏移系数与一个是否包含物体的状态量。c 代表预测种类的数目。

YOLOv3 的损失函数由目标框位置损失、置信度损失和类别损失三部分组成。其表达式如下：

$$\begin{aligned}\text{loss(obj)}=&\sum_{i=0}^{k2}\sum_{j=0}^{B}I_{ij}^{\text{obj}}(2-w_i*h_i)[-x_i*\log(x_i^*)-(1-x_i)*\log(x_i^*)]+\\&\sum_{i=0}^{k2}\sum_{j=0}^{B}I_{ij}^{\text{obj}}(2-w_i*h_i)[-y_i*\log(y_i^*)-(1-y_i)*\log(1-y_i^*)]+\\&\sum_{i=0}^{k2}\sum_{j=0}^{B}I_{ij}^{\text{obj}}(2-w_i*h_i)[(w_i-w_i^*)^2+(h_i-h_i^*)^2]\end{aligned}\tag{10-1}$$

$$\begin{aligned}\text{loss(cls)}=&-\sum_{i=0}^{k2}\sum_{j=0}^{B}I_{ij}^{\text{obj}}[C_i*\log(C_i^*)+(1-C_i)*\log(1-C_i^*)]-\\&\sum_{i=0}^{k2}\sum_{j=0}^{B}I_{ij}^{\text{nobj}}[C_i*\log(C_i^*)+(1-C_i)*\log(1-C_i^*)]\end{aligned}\tag{10-2}$$

$$\text{loss(pred)}=-\sum_{i=0}^{k2}\sum_{j=0}^{B}I_{ij}^{\text{obj}}[p_i(c)*\log(p_i^*(c))+(1-p_i(c))*\log(1-p_i(c))]\tag{10-3}$$

$$\text{Loss}=\text{loss(obj)}+\text{loss(cls)}+\text{loss(pred)}\tag{10-4}$$

式中，k^2 代表特征图大小；B 代表锚框个数（3 个）；I_{ij}^{obj}代表若（x，j）处有目标则为 1，反之为 0；I_{ij}^{nobj}表示若（x，j）处没有目标则为 1，反之为 0；w_i、h_i、x_i、y_i、C_i、$p_i(c)$ 分别代表图片真实的宽、高、中心点 x 坐标、中心点 y 坐标、是否包含物体（0-1 变量）、物体对应某个种类的概率；带 * 标记的变量则为相对应的预测值。

10.2.2　算法改进策略

（1）主干特征提取网络改进

深度残差网络设计了一种残差模块，并以残差模块来构建网络（见图 10-2）。采用了近路连接的思想，直接通过简单的恒等映射完成了输入与输出之间的关系。以 x 作为输入，$F(x)$ 为常规卷积运算，直接使用 $x+F(x)$ 作为输出，而舍去了非线性变换（见式（10-6）），因此不需要引入额外的参数，减小了计算负担，同时解决了梯度在网络深层消失或爆炸的问题。

$$y=F(x,w_{\text{f}})\cdot T(x,w_{\text{t}})+x\cdot C(x,w_c)\tag{10-5}$$

$$y=F(x,w)+x\tag{10-6}$$

原始 YOLOv3 算法采用 Darknet53 主干特征提取网络，该网络含有 52 层卷积层，只使用了基础的残差模块，在目标检测领域取得了不错的精度和速度表现，但其参数量巨大，依赖硬件程度较高。由于汽化电解液的检测需求为单一目标检测，并且需要尽可能降低硬件部署成本，需要采用一种轻量级的主干特征提取网络，在较低的算力成本下，实现图像实时检测，Darknet53 网络结构庞大，明显不符合要求。

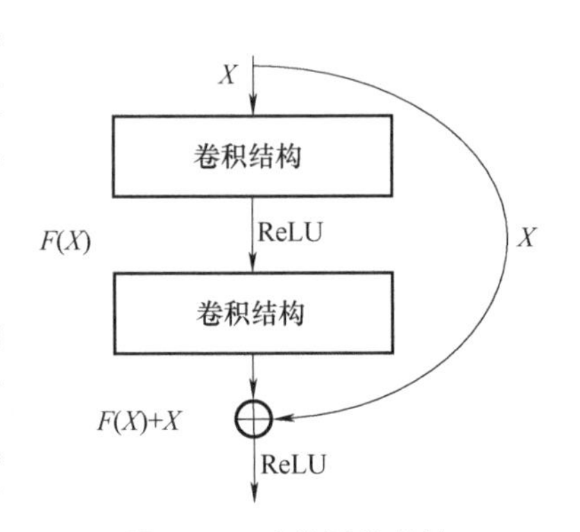

图 10-2 残差网络结构

SENet 又对残差模块进一步优化，引入了注意力机制（见图 10-3）。在残差卷积之后，分 3 个步骤计算：

1）首先对输入全局池化，对输入 $W \times H \times C$ 每个通道的特征图压缩成 $1 \times 1 \times C$ 的实数列，降低特征维度，使得每个通道都获得全局感受野。

2）其次将实数列送入到 2 个卷积结构中，先将 $1 \times 1 \times C$ 的实数列降维成 $1 \times 1 \times C/r$，通过 ReLU 激活函数之后，再升维成 $1 \times 1 \times C$，通过 Sigmoid 函数得到归一化权重。

3）最后将输入与激活的输出加权，得到最后的输出结果。

由此 SE 模块完成了不同通道特征图的重要性划分，对损失修正，从而提高了精度。

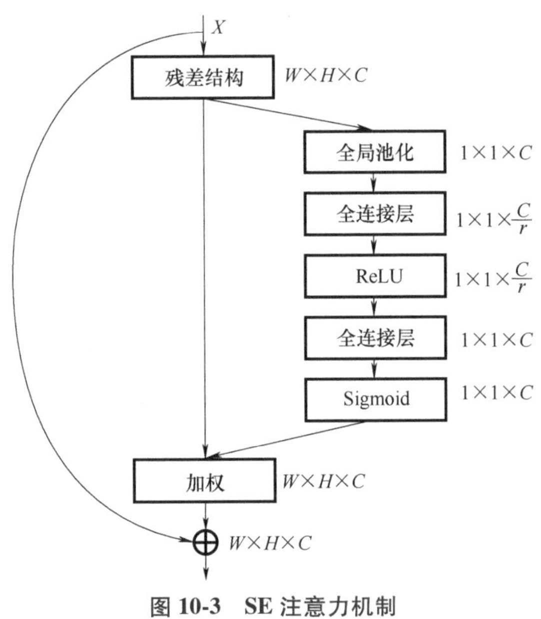

图 10-3 SE 注意力机制

提取特征较好的主干特征提取网络对于目标检测的精度起关键性作用。ImageNet 数据集是用于评价主干特征提取网络性能的统一数据集，综合对比现有主流轻量级主干特征提取网络在 ImageNet 数据集上的性能（见表 10-2），最终选用 ReXNet 网络，在较低的参数量下能够保持较高的精度。

表 10-2　主干特征提取网络性能对比

模型	Top-1 精度	Top-5 精度	算力（G）	参数量（M）
DarkNet53	0. 78	0. 941	18. 58	41. 6
MobileNetv3	0. 7532	0. 9231	5. 47	21
MobileNetv2	0. 7215	0. 9065	3. 44	14
GoogLeNet	0. 707	0. 8966	2. 88	8. 46
RedNet26	0. 7595	0. 9319	1. 7	9. 2
EfficientNet	0. 7738	0. 9331	0. 72	5. 1
MixNet	0. 7628	0. 9299	0. 25	4. 167
ReXNet	0. 7746	0. 937	0. 415	4. 838

ReXNet 网络结构（见表 10-3）包含 16 个主要构成单元，大量使用了 SE 优化后的残差结构，合理设置了每个输入层的大小，相比于原始 Darknet53 网络，参数量大大减小，符合汽化电解液的检测要求。

表 10-3　ReXNet 网络结构

输　入	算　子	输出通道	SE	激活函数	步长
$224^2\times3$	Conv2d 3×3	32	—	SW	2
$112^2\times32$	Bottleneck1	16	—	SW	1
$112^2\times16$	Bottleneck6	27	—	SW	2
$56^2\times27$	Bottleneck6	38	—	SW	1
$56^2\times38$	Bottleneck6	50	√	SW	2
$28^2\times50$	Bottleneck6	61	√	SW	1
$28^2\times61$	Bottleneck6	72	√	SW	2
$14^2\times72$	Bottleneck6	84	√	SW	1
$14^2\times84$	Bottleneck6	95	√	SW	1
$14^2\times95$	Bottleneck6	106	√	SW	1
$14^2\times106$	Bottleneck6	117	√	SW	1
$14^2\times117$	Bottleneck6	128	√	SW	1
$14^2\times128$	Bottleneck6	140	√	SW	2
$7^2\times140$	Bottleneck6	151	√	SW	1

（续）

输　入	算　子	输出通道	SE	激活函数	步长
7^2×151	Bottleneck6	162	√	SW	1
7^2×162	Bottleneck6	174	√	SW	1
7^2×174	Bottleneck6	185	√	SW	1
7^2×185	conv 1×1 pool 7×7	1280	—	SW	1
1^2×1280	fc	1000	—	—	1

ReXNet 所用激活函数均为 Swish，将 Swish 和 Hard-Swish 公式和曲线对比（见图 10-4），可以分析得出，Swish 含有指数函数，计算成本较高，但梯度较为平滑。Hard-Swish 计算简单，但梯度凸出，在左右两侧有数值突变，容易在模型收敛过程中起反作用。

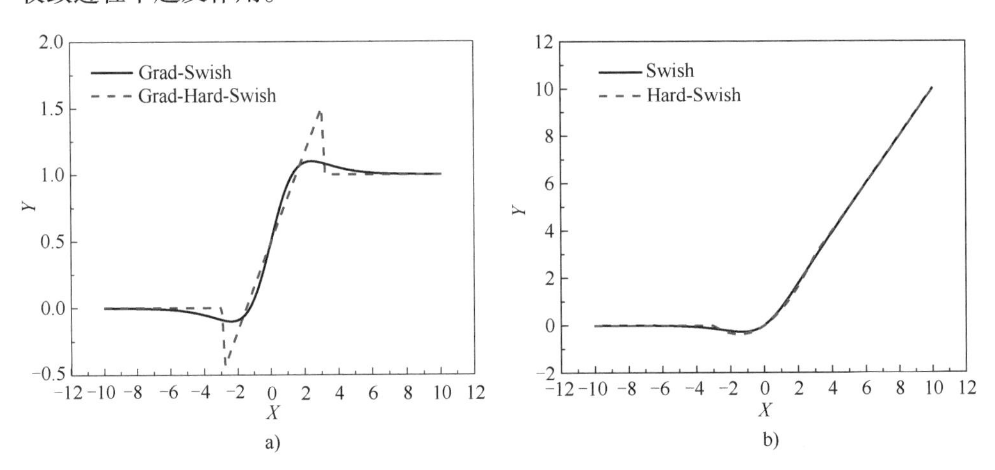

图 10-4　Swish 与 Hard-Swish 输出和梯度曲线

a）导函数　b）原函数

综合这两类激活函数各自的特点，修改了原始 ReXNet 最后四层激活函数，弥补 SE 注意力机制带来的计算成本，提升预测速率。

$$\text{Swish}(x)=\frac{x}{1+\mathrm{e}^{-x}} \tag{10-7}$$

$$\text{Hard-Swish}(x)=\begin{cases}0, & x\leqslant -3\\ x, & x\geqslant 3\\ \dfrac{x(x+3)}{6}, & \text{其他}\end{cases} \tag{10-8}$$

（2）多尺度特征融合

随着卷积层数的不断增加，输出特征图的尺寸不断减小，进而可能造成小目标信息的丢失。针对锂离子电池储能电站的预警性要求，我们希望在汽化电解液产生早期模型即可进行准确的识别。基于此，我们针对本方法的骨干网络设计了合理的多尺度特征融合方案，来提升模型对小目标的识别精度。

通过对 ReXNet 骨干网络各层输出特征图进行可视化分析发现，第 6 层、第 12 层和第 16 层输出的特征图均对汽化电解液所在区域表现出较高的注意程度，并且具有一定的互补特性。因此我们选择这三层的特征图进行多尺度特征融合。同时，为了减小模型的体积和提升模型的预测速度，我们更改了卷积核大小与输出通道数，经过大量尝试后，我们发现卷积核大小为 5×5 与1×1 的交替、输出通道数分别设为（160，128，96），则模型体积小，并且检测精度良好。

多尺度特征融合过程，如图 10-5 所示。对 C5 特征图首先进行一次 SPP（空间金字塔池化）操作，从不同的尺寸进行池化特征抽取，再聚合，提高了算法的检测精度。紧接着对处理后的图片交替使用大小为 5×5 和 1×1 的卷积核进行卷积。之后再进行一次卷积核大小为 1×1、步长为 1 的卷积。由于之前的卷积操作并未改变图像的大小，所以为了与上层高分辨率图像进行特征融合，我们采用了线性插值方法来实现特征图的大小扩充。之后再与上层图像逐位相加，实现图像融合的目的。经过循环操作后，特征图集｛C3，C4，C5｝会生成对应的特征图集｛P3，P4，P5｝。相较之前，特征图集｛P3，P4，P5｝具有更丰富的语义特征，能更好地提升模型的鲁棒性与检测精度。特征图集｛P3，P4，P5｝之后则传入到 head 检测头部分，进行两次卷积，再结合损失函数进行反向传播和参数优化。

（3）初始锚框优化

YOLO 算法预先设置锚框，比对锚框与真实区域的重叠率来确定候选区域的生成，故锚框的参数设置对最终的识别效果起到较大的作用。锚框预设值取决于数据集真实框分布，显然初始锚框不适用于汽化电解液的形状特征，会影响候选区域的生成。

因此采用 K-means 聚类算法来设置锚框初始值，对于给定的样本集，按照样本之间的欧氏距离，将样本集划分为｛C1，C2，…，Ck｝k 个簇。让簇内的点尽量紧密地连在一起，从而让簇间的距离尽量的大。欧氏距离的二次方误差 E 为

$$E = \sum_{i=1}^{k} \sum_{x \in C_i} \|x - \mu_i\|_2^2 \tag{10-9}$$

式中，x 为样本；μ_i 代表第 i 个聚类中心。

只需让计算出来的二次方误差 E 尽可能的小，说明聚类结果越贴合数据集，训练精度越高。

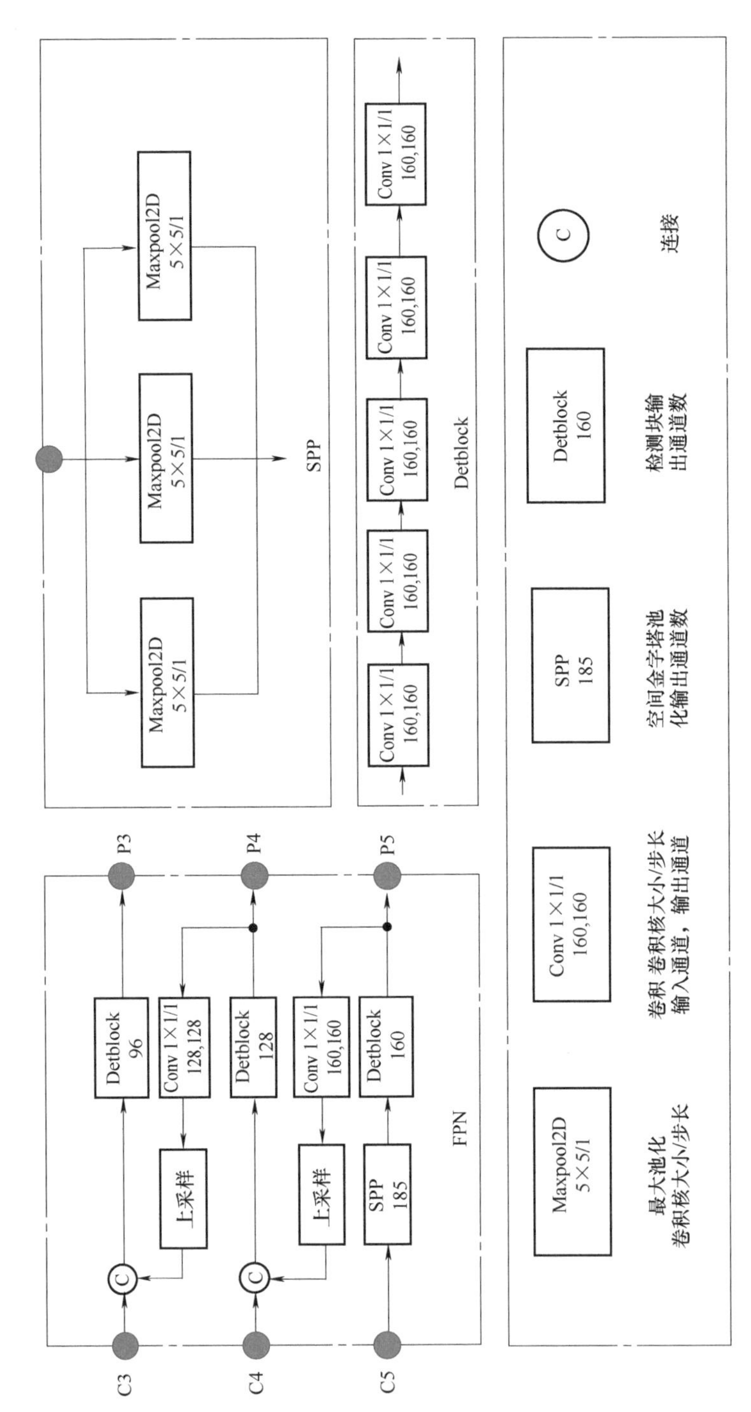

图 10-5 FPN（特征金字塔网络）结构

读取每个标注文件中 x_{min}，y_{min}，x_{max}，y_{max} 值，按网络输出层比例缩放之后聚类回归。这里设置的多尺度输出层为 {C1，C2，C3} 3 个，每层 3 个锚框，共 9 个锚框，求得锚框的聚类中心（见图 10-6）。

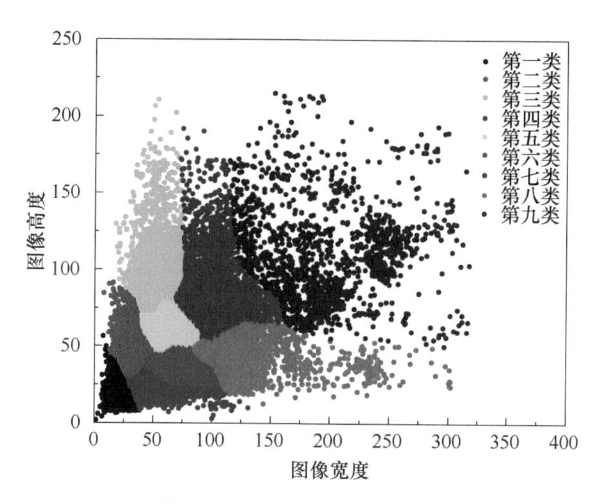

图 10-6 K-means 聚类结果

将初始的锚框 [[12，16]，[19，36]，[40，28]，[36，75]，[76，55]，[72，46]，[142，110]，[192，243]，[459，401]] 修正为 [[20，20]，[49，23]，[35，47]，[68，37]，[60，61]，[52，94]，[128，43]，[101，82]，[190，104]]。

10.3 特征图像识别预警效果

10.3.1 数据集准备

深度学习需要大量数据集的支撑，数据集的多样性直接影响模型的通用效果，然而真实储能舱火灾样品数据十分有限，因此这里对储能舱和模拟场景进行了图片采集。

储能舱数据集包括储能舱电池原始图像、红外图像和电池过充图像。模拟烟雾包括森林着火烟雾图像、室外人造烟雾图像和模型烟雾图像。数据集分布见表 10-4。

除了广泛采集数据以外，可以通过数据增强（Data Augmentation）的方法，例如对同一张图片随机改变亮度、对比度，随机旋转、缩放等，不仅可以极大地扩充数据集规模，而且可以增加模型的泛化能力，使模型能够适应各种不同场景，同时避免模型对训练集过拟合。这里主要采用 Mixup 和 Cutmix 的混合增强方法。

表 10-4　数据集分布

分　类	数　量	占　比
储能舱原始图像	1703	18.49%
储能舱红外图像	323	3.51%
单体电池过充图像	1533	16.64%
森林着火烟雾图像	1237	13.43%
室外人造烟雾图像	1621	17.60%
模型烟雾图像	2794	30.33%
总计	9211	100.00%

Mixup 是对图像进行混类增强的算法，可以将不同类之间的图像进行混合。Cutmix 是将一部分区域裁剪掉，但不填充 0 像素（黑色），而是随机填充训练集中的其他数据的区域像素值，分类结果按一定的比例分配。Mixup 和 Cutmix 都使用到了 λ 参数，λ 是由参数为 α 和 β 的贝塔分布计算出来的混合系数，公式如下：

$$\lambda = \mathrm{Beta}(\alpha, \beta) \tag{10-10}$$

Mixup 使用下列公式进行数据增强：

$$\mathrm{mixed\_batchx} = \lambda \cdot \mathrm{batchx1} + (1-\lambda) \cdot \mathrm{batchx2} \tag{10-11}$$

$$\mathrm{mixed\_batchy} = \lambda \cdot \mathrm{batchy1} + (1-\lambda) \cdot \mathrm{batchy2} \tag{10-12}$$

Cutmix 使用下列公式进行数据增强：

$$\mathrm{mixed\_batchx} = M \odot \mathrm{batchx1} + (1-M) \odot \mathrm{batchx2} \tag{10-13}$$

$$\mathrm{mixed\_batchy} = \lambda \cdot \mathrm{batchy1} + (1-\lambda) \cdot \mathrm{batchy2} \tag{10-14}$$

M 是填充的二进制掩码，batchx1 和 batchx2 为两张图片样本，batchy1 和 batchy2 为两张图片的标签值，mixed_batchx 和 mixed_batchy 分别对应增强后的图片和标签值，实际增强效果如图 10-7 所示。

经过数据增强以后，数据集准备工作已基本完成，下面进入到模型训练阶段。

10.3.2　模型训练

在进行模型训练之前，我们按 7：2：1 的比例对数据集进行划分，其中 6448 张图片作为训练集，1844 张图片作为测试集，919 张图片作为验证集。同

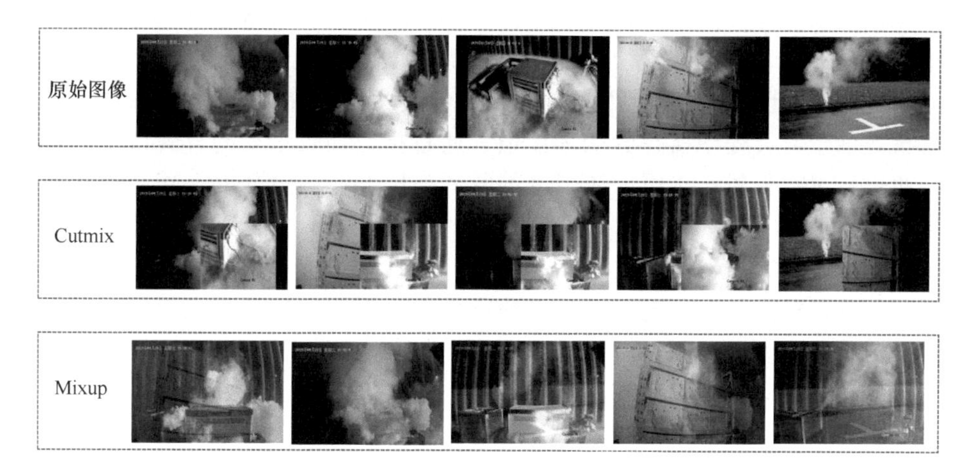

图 10-7　数据增强效果图

时为了进一步提升模型的精度与鲁棒性，我们采用了多种数据增强的方法，其中包括 Mixup、Cutmix、随机翻转、随机改变亮暗、随机裁剪和随机扩张等。经过数据处理后，实际入网训练数据可成倍增加。

其次，对于模型训练我们也采用了适宜的策略。这里我们采用的 YOLO 算法是一种 Anchor-based 算法，在 10.2.2 节中我们利用 K-means 聚类算法得到了适应本数据集的锚框尺寸，故将其作为训练时的初始化锚框，有利于加快模型的收敛。

在学习率与训练轮数的设置方面，在经过大量实验研究后发现，当学习率设置为 0.0000625，训练轮数为 650 轮时，模型表现出了较好的收敛性。此外，由于模型训练早期，参数是随机初始化的，若一开始就选择比较大的学习率，容易造成模型振荡。所以为了避免这种现象，在模型训练初期使用了 Linear-Warmup 策略，逐渐增加一定的学习率值。Linear-Warmup 策略的学习率更新公式如下所示：

$$\text{Linear\_up} = \text{Lr\_end} - \text{Lr\_start} \tag{10-15}$$

$$\text{Lr} = \text{Lr\_start} + \text{Linear\_up} \cdot (\text{Global\_step} / \text{Warmup\_step}) \tag{10-16}$$

式中，Lr_start 等于 Lr_end · start_factor，start_factor 是一个非负系数；Lr_end 即为设定的学习率值；Global_step 为当前步数；Warmup_step 为热身总步数。

由于模型训练后期，若学习率设置过大可能造成模型在最优值附近振荡，而无法达到最优值，故采用学习率阶梯式下降策略降低学习率。其中学习率在第 430 轮、第 540 轮和第 610 轮各下降一次，后一次的值为前一次值的 0.1 倍。在训练策略上主要采用了多尺度训练方法，从而使得小目标与大目标均能得到兼顾。

在优化器选择方面，主要使用的是 SGD+Momentum 策略。单纯地使用 SGD（随机梯度下降）策略会产生较大振荡，同时模型的收敛时间较长。故考虑加入 Momentum（动量梯度下降）策略。Momentum 在利用当前梯度进行参数更新时会考虑之前学习过程中所得到的梯度值，通过指数加权平均的方式得到综合梯度，再进行参数更新，从而加快模型的收敛速度并在一定程度上能避免模型陷入局部最优值。

在损失函数方面，若单独将 x、y、w、h 四个偏移量作为回归变量，有时并不能很好地反映出预测框与真实框的重叠关系。因为在位置损失函数一致时有可能预测框与真实框的重叠面积不一致，因此引入一个 IoU_LOSS 来衡量这一关系。计算公式如下：

$$\text{IoU\_LOSS}=1-\text{IoU}\cdot\text{IoU} \tag{10-17}$$

式中，IoU 代表预测框与真实框的交并比（Intersection-over-Union）。

10.3.3 评价指标

模型训练完毕以后，需要经过合理的指标去判别模型的好坏，在所有的检测任务中，使用实际目标与预测目标之间的交并比（IoU）来评价是否成功预测目标的位置。IoU 的图形含义如图 10-8 所示，IoU 表达式如下：

$$\text{IoU}=\frac{\text{area}(B_{\text{P}}\cap B_{\text{gt}})}{\text{area}(B_{\text{P}}\cup B_{\text{gt}})} \tag{10-18}$$

式中，B_{P} 为预测的边框；B_{gt} 为目标实际的边框；这里设置若 IoU 大于 0.5，则认为正确预测到了目标位置，如图 10-9 所示。

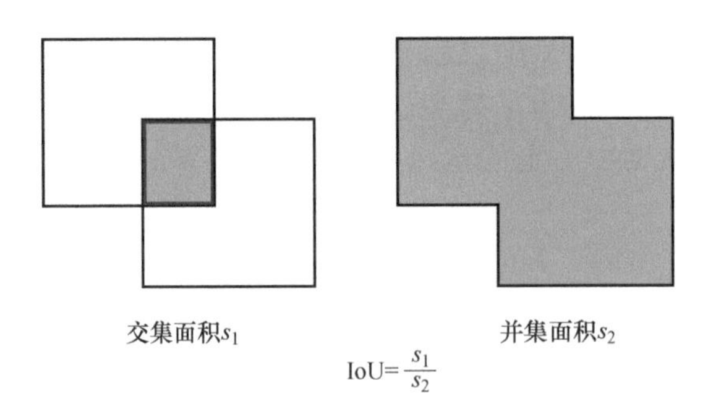

图 10-8　IoU 的图形含义

召回率（Recall）和准确率（Precision）也是两个重要指标。

$$\text{Recall}=\frac{\text{TP}}{\text{TP}+\text{FN}} \tag{10-19}$$

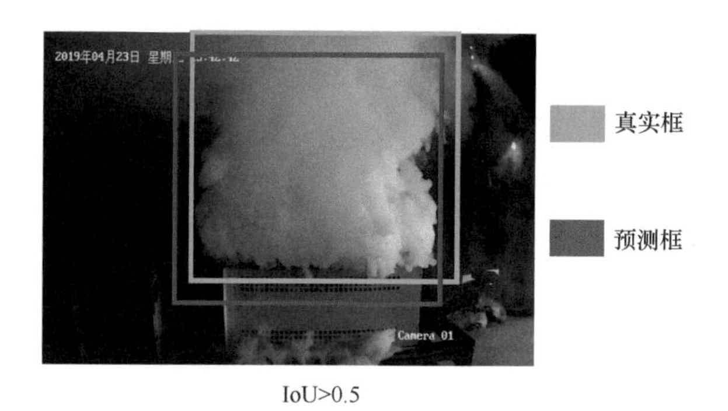

IoU>0.5

图 10-9　正确检测案例

$$\text{Precision}=\frac{\text{TP}}{\text{TP}+\text{FP}} \tag{10-20}$$

式中，TP 为成功预测的正例；FP 为被模型误判为正例的负例；FN 为被模型误判为负例的正例。

召回率可以作为漏检的标准，评判模型检测到多少目标物体，准确率可以作为误检的标准，评判模型检测到的目标物体是否正确。

置信度阈值是 0-1 变化的数，对于不同的置信度阈值，召回率和准确率都会有一定的变化。把召回率和准确率分别作为横纵坐标，可以获得一条 P-R 曲线，该曲线与横纵坐标的面积就是 AP（Average Precision，平均准确率），把所有类别物体的 AP 值取平均得到 mAP（Mean Average Precision，平均准确率均值），mAP 是衡量模型最重要的指标之一，由于这里讨论的是单一目标检测值，显然 mAP 值等于 AP 值。

确定了评价指标之后，对训练所得到的模型量化分析，能够客观评判模型的性能。

10.3.4　结果分析与对比

（1）主干特征提取网络热力图验证

为了验证修改模型的可靠性，单独对主干特征提取网络进行了热力图验证，选用的热力图标准为 Grad-CAM。梯度类激活热力图（Gradient Class Activation Map，Grad-CAM）是一种深度学习结果可视化解释技术（见图 10-10）。Grad-CAM 实现的方法可以分为以下两个部分。第一部分为特征提取部分，将初始图片经过主干特征提取网络卷积得到不同层的特征图；第二部分为分类器部分，由全连接层组成，最后会输出每个类别的概率。通过计算特征图中像素对分类概率的梯度，可以表征特征图对分类结果的影响程度。

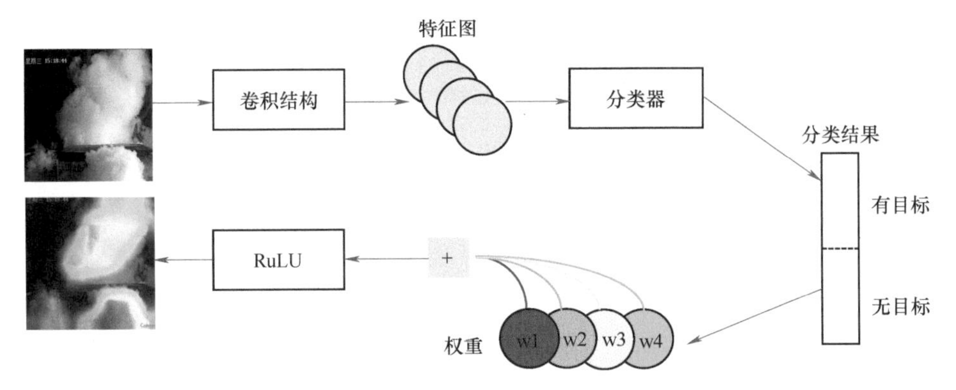

图 10-10　Grad-CAM 实现流程图

Grad-CAM 用梯度的全局平均来计算权重，计算出各个特征图的权重后，加权求和即可得出 Grad-CAM，让卷积神经网络对其分类结果给出一个合理解释。热力图颜色越深，越贴合目标区域，主干特征提取网络的收敛性越好。对主干特征提取网络的每一层进行热力图验证，如图 10-11 所示。

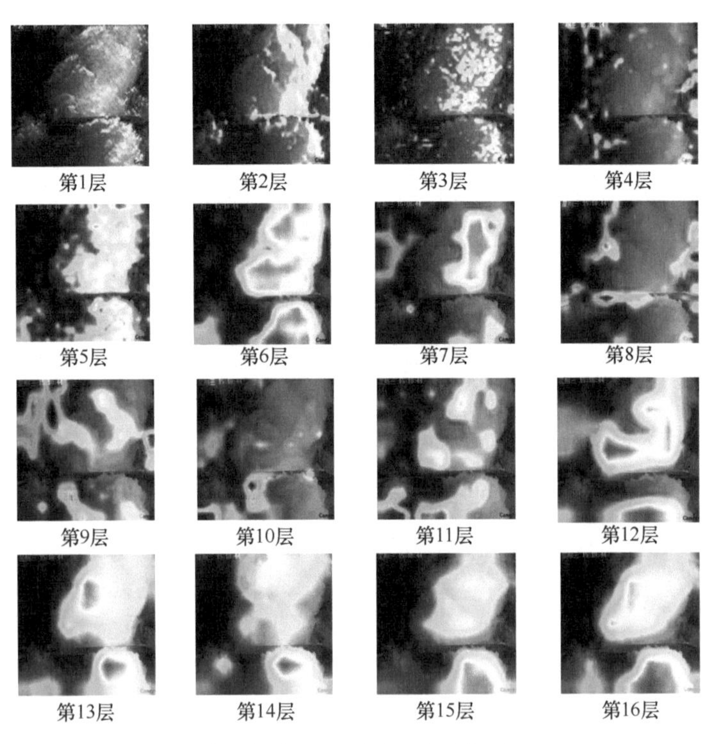

图 10-11　Grad-CAM 热力图

由热力图结果可知，随着网络深度的增加，模型对于汽化电解液的敏感程度明显增大，识别区域较为准确，收敛性良好。结合热力图和每一层输出特征图的大小，综合选取第 6、12、16 层作为主干特征提取网络的输出，进入到特征金字塔中进行多尺度特征融合。

（2）模型对比

经过对导出模型进行性能测试，得出最终模型体积为 16.2M。在输入尺寸大小为 320×320 大小时，mAP 为 78.07%。在 GTX1650 硬件中平均预测速率为 65 帧/s，相较于主流视觉检测模型，模型体积、预测速率都有显著的提升（见表 10-5），能够较为精准地检测烟雾，满足了锂离子电池汽化电解液的安全预警，如图 10-12、图 10-13 所示。

表 10-5　模型参数对比

算　法	网　络	大小	平均预测速率/(帧/s)	mAP（0.5，11point）
YOLOv4	CSP-Darknet53	244M	13	78.19%
PPYOLO	Resnet50	179M	22	78.01%
YOLOv3	Darknet53	234M	18	76.52%
YOLOv3-tiny	Mobilenetv3	89M	28	77.04%
Faster-RCNN	Resnet50	157M	16	76.51%
SSD	Vgg16	93M	25	79.73%
YOLO（我们采用的）	ReXNet	16M	65	78.07%

图 10-12　模组测试效果

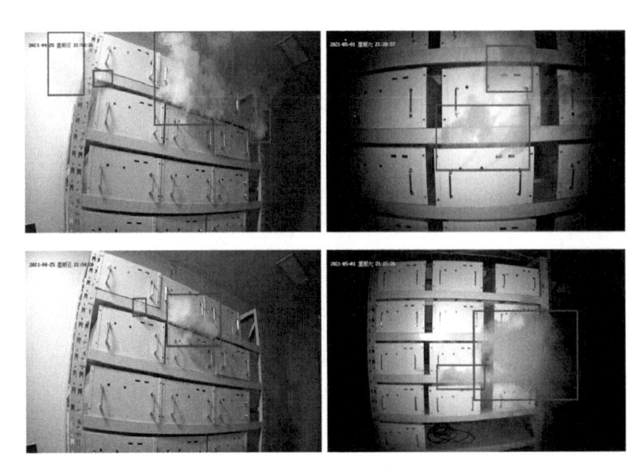

图 10-13　储能舱测试效果

10.4 本章小结

本章介绍了汽化电解液的产生原因，探索了特征图像识别汽化电解液的方法，完成了图像识别算法的设计并对不同模型的预警效果进行分析和对比。具体分为以下几个方面：①介绍了主流图像识别算法，包括帧间差法、颜色特征识别法和机器学习方法（如 YOLO 算法），针对储能舱环境，对 YOLO 算法的特征提取网络进行轻量化改进，设计了合理的多尺度特征融合方案，来提升模型对小目标的识别精度，实现 YOLO 模型，在汽化电解液产生的早期即可识别并预警电池故障；②收集并扩充了特征图像识别的训练数据集，以增强模型的泛化能力，对改进后的 YOLO 模型进行训练并建立评价指标，最终改进的 YOLO 算法训练的模型体积为 16.2M，mAP 为 78.07%，在 GTX1650 硬件中平均预测速率为 65 帧/s。相比其他识别算法，改进后的算法体积小，速度快，且能较准确地检测烟雾，利用储能舱现有的监控设施，大大降低成本，实现在烟雾报警器动作前报警，有效解决了储能舱烟雾报警器可靠性低的问题。

第 11 章

储能电站气体爆炸特性及防护

储能电池在热失控过程中产生大量的可燃气体，这些气体聚集在空间有限的储能舱体内，一旦出现火花，则存在极大的爆炸风险，爆炸产生的高温冲击波也会影响相邻舱体的安全。爆炸事故是储能电站安全事故中最严重的事故，不仅会对整个储能电站构成严重损害，而且会对运维及消防人员的生命安全造成重大威胁，同时也对储能技术的推广以及社会评价造成消极影响。因此，在储能项目大规模推广的过程中，必须结合储能实际工作环境分析其爆炸特性和风险，研究相应的爆炸防护方法。由于真实储能场景爆炸实验成本较高且具有极高危险性，为最大程度还原储能电站工作环境，本章通过 FLACS 仿真分析储能舱内气体爆炸过程及危害，进而提出储能电站气体爆炸防护措施。

11.1 气体爆炸数值模型

这里选取有限元分析软件 FLACS 进行储能电站气体爆炸数值模拟。FLACS 是挪威 Gexcon 公司开发的用于爆炸模拟仿真的三维计算流体力学（CFD）软件，广泛应用在石油天然气、化工、核电等相关领域。

该软件在三维结构网格上求解可压缩 Navier-Stokes 方程，采用理想气体状态方程和湍流模型，使用有限体积法求解。在爆炸过程中，所有状态参数遵循质量守恒、动量守恒和能量守恒等规律，控制方程的一般形式如下：

$$\frac{\partial(\rho\varphi)}{\partial t}+\mathrm{div}(\rho u\varphi)-(\Gamma\mathrm{grad}\varphi)=S_{\varphi} \tag{11-1}$$

式中，ρ 为流体密度的时间平均值；φ 为一般变量的时间平均值；u 为速度的时间平均值；Γ 为 φ 的湍流输送系数；S_{φ}为不同 φ 项的源项。

对于气体爆炸剧烈的化学反应，爆炸过程中燃料的质量分数满足以下要求：

$$\frac{\partial(\rho m_{\mathrm{fu}})}{\partial t}+\frac{\partial(\rho u_j m_{\mathrm{fu}})}{\partial x_j}=\frac{\partial\left(\Gamma_{\mathrm{fu}}\frac{\partial m_{\mathrm{fu}}}{\partial x_j}\right)}{\partial x_j}+R_{\mathrm{fu}} \tag{11-2}$$

式中，u_j 为颗粒在 j 方向上的速度矢量；x_j 为流体中 j 坐标轴方向；Γ_{fu} 为燃料输运特性的湍流耗散系数；m_{fu} 为燃气质量分数；R_{fu} 为气体体积燃烧速率。

爆炸过程常采用火焰模型：将湍流燃烧面等效为多层很薄的层流燃烧面的叠加，先求解燃烧面的方程，在此基础上建立燃烧面数据集，最后通过插值法求得所需变量。此模型中将燃烧面的厚度常数化，一般为网格的 4 倍，从而实现燃烧波的稳定传播。层流燃烧面的模型如式（11-3）、式（11-4）所示。

$$\rho\frac{\partial T}{\partial t}-\rho\frac{\chi}{2}\frac{\partial^2 T}{\partial f^2}-\rho\frac{\chi}{2c_{\mathrm{P}}}\frac{\partial T}{\partial f}\frac{\partial c_{\mathrm{P}}}{\partial f}-\sum_i\left(\rho\frac{\chi c_{\mathrm{P}i}}{2c_{\mathrm{P}}}\frac{\partial Y_i}{\partial f}\frac{\partial T}{\partial f}\right)+\frac{1}{c_{\mathrm{P}}}\sum_i w_i h_i+\frac{\nabla q}{c_{\mathrm{P}}}=0 \tag{11-3}$$

$$\rho\frac{\partial Y_i}{\partial t}-\rho\frac{\chi}{2}\frac{\partial^2 Y_i}{\partial f^2}-w_i=0 \tag{11-4}$$

式中，Y_i表示可燃气 i 的质量分数；w_i为可燃气 i 的反应速率；h_i为可燃气 i 的焓；T 表示温度（K）；ρ 为密度（$\mathrm{kg/m^3}$）；c_{P}为比热容［$\mathrm{J/(kg\cdot K)}$］；χ 为标量耗散率；f 为混合物质分数；∇q 为单位体积的辐射源项。

11.1.1 单层储能舱几何模型

单层储能舱作为目前应用形式最广的建设类型，其几何模型依据储能电站中实际尺寸建立，如图 11-1 所示。

图 11-1a 中，储能舱几何尺寸为 12m×2.4m×3m，单个储能舱的仿真区域为 32m×12m×6m。储能舱的内部结构如图 11-1b 所示，中间留有 0.8m 宽的过道，通道两侧对称布置有电池架、电池模块外壳、电池模块等大型几何体。电池架每侧设 7 层 16 列，单元格尺寸为 0.8m×0.6m×0.3m；电池模块外壳尺寸为 0.7m×0.5m×0.25m，外壳上设有多个通气孔，便于模组的散热，模组尺寸为 0.6m×0.4m×0.24m。图 11-1c 所示为储能电站的整体外观，仿真区域为 50m×23.2m×8m，包括 9 个储能舱体，舱体间的间隔沿 X 轴方向为 4m，沿 Y 轴为 3m。图 11-1d所示为中央储能舱和相邻舱体上的泄压板位置及编号。中央储能舱设置有 4 个泄压板，1#和 2#泄压板分别位于舱体两端的舱门处，开启压力设为 20kPa；3#和 4#泄压板位于舱体两侧中上部，高度为 2.4m，开启压力设为 3kPa。为了分析中央储能舱内爆炸后对相邻舱体的压力冲击，在中央储能舱体周围的 4 个储能舱上也分别设置有泄压板，且位于中央储能舱各个泄压板的对侧。

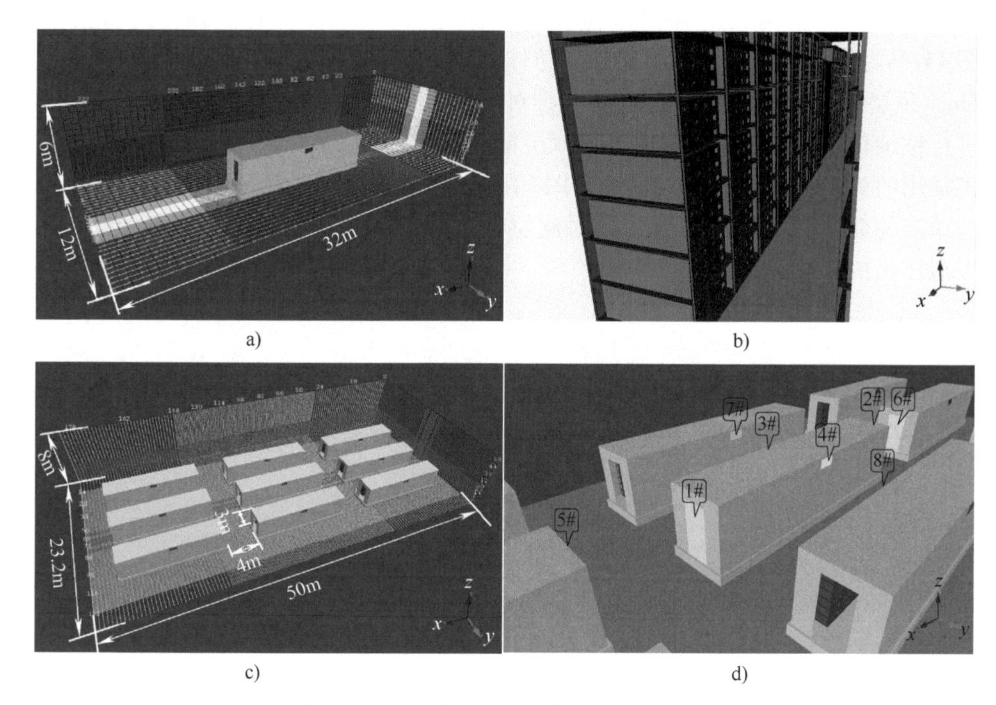

a)　b)　c)　d)

图 11-1　单层储能舱及储能电站几何模型

11.1.2　双层储能舱几何模型

预制舱式储能电站的建设成本相比于基建式已有明显优势，但随着储能需求的不断增长，为了进一步提升储能电站在单位占地面积上的储能容量，双层堆叠式预制舱的建设方案应运而生，如图 11-2 所示。

图 11-2　双层储能舱实景图

通过将两层储能预制舱叠放在一起，节省土地面积，进一步提高土地利用率和能量密度。现阶段这一方案并未应用于实际运行工况中，因为双层储能预制舱更高的能量密度也意味着更高的投资成本、更大的危险性，在对双层建设方案的安全性研究及消防配置方案未能明晰之前，一旦出现事故，所造成的损失也将更大。因此有必要对双层储能预制舱的爆炸过程进行分析。

双层储能预制舱的几何模型在单层储能舱及图 11-2 的基础上进行搭建，图 11-3a为仿真区域以及双层储能舱整体画面，双层舱体整体尺寸为 12m×2. 4m×6m，顶层储能舱与底层储能舱呈中心对称放置，均匀划分网格，储能舱体位置进行精细化处理。图 11-3b 中可见双层储能舱体上设置的若干泄压板，舱门和员工常用门等均以泄压板形式设置。图 11-3c、d 分别为底层及顶层舱内设备布置，与单层储能舱基本保持一致，同时底层及顶层的隔板中部设置有通行孔，同样以泄压板的形式设置。

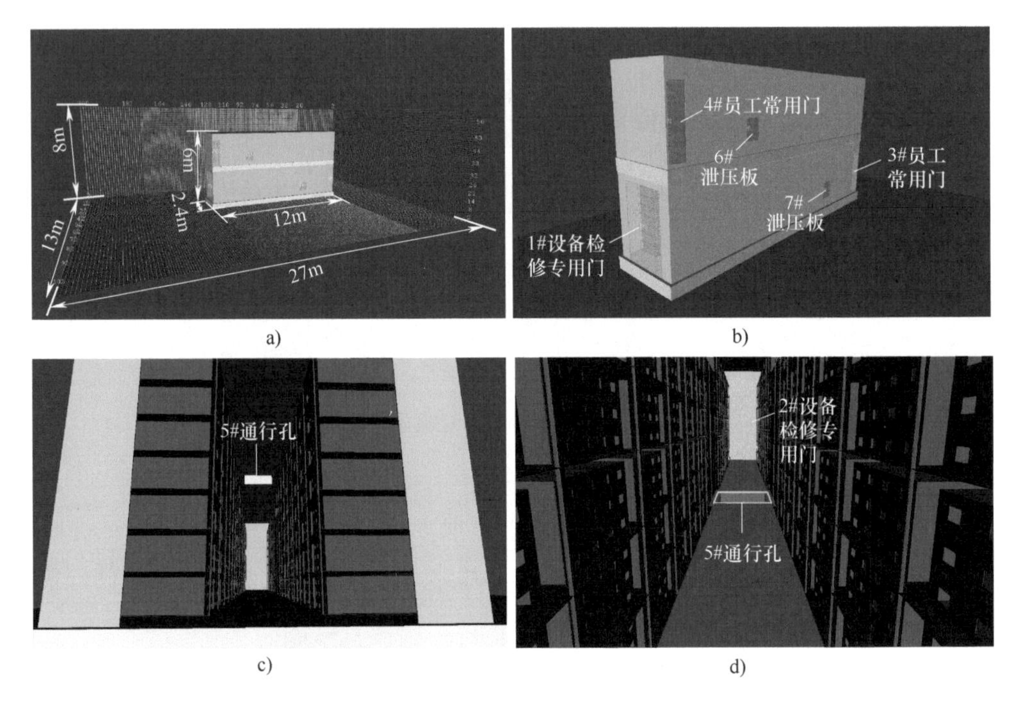

a)　b)　c)　d)

图 11-3　双层储能舱几何模型

a）仿真区域网格分布及区域尺寸　b）双层储能舱泄压板设置　c）底层储能舱　d）顶层储能舱

双层舱体上的各泄压板参数见表 11-1，考虑到双层所需的结构强度，各泄压板的开启压力有所提高。

表 11-1　双层储能舱泄压板设置

序号	尺　寸	开启方向	开启压力/kPa
1#	0. 01m×1. 6m×2. 4m	+X	70
2#	0. 01m×1. 6m×2. 4m	−X	70
3#	0. 55m×0. 01m×2m	+Y	50
4#	0. 55m×0. 01m×2m	+Y	50

（续）

序号	尺　寸	开启方向	开启压力/kPa
5#	0.8m×0.8m×0.01m	+Z	50
		−Z	50
6#	0.6m×0.01m×0.7m	+Y	30
7#	0.6m×0.01m×0.7m	+Y	30

11.1.3　爆炸条件设置

（1）参数设置

时间步长的选取关系到仿真计算的准确度及收敛性，FLACS 的开发公司通过进行大量气体爆炸实验，对仿真结果进行验证，从而确定仿真设置中时间步长 CFLC 及 CFLV 的合理取值分别为 5、0.5。

网格划分的精度关系到仿真结果的精确性以及仿真计算所耗费的时间，且并非精度越高，仿真结果就越精确，Gexcon 公司的验证结果表明，当网格间距小于 0.02m 时，仿真结果相比实验数据将偏大。因此在多次尝试后，本章将储能舱内空间尤其是舱内通道处的网格划分更为精细，将舱外空间的网格划分相对稀疏，来实现准确性与计算时间的平衡。单层储能舱和单层储能电站的网格总数分别为 48 万和 124 万；双层储能舱的网格总数为 102 万。

可燃气体设置于中央储能舱内部，根据气体爆炸模拟实验的视频记录，实验后期汽化电解液以高流速从模组中逸出，最终充满整个储能舱，因此认为爆炸前储能舱内可燃气体近似均匀分布。由于在热失控发展过程中，电池内部参与分解反应的电解液有限，且出于储能电站爆炸危害分析的需求，在此认为模组内的电解液全部用于汽化，也即根据单个磷酸铁锂模组中电解液总量，并结合气体等效原则计算爆炸前模组所产生的气体总量，分别为 129.43mol CO、206.05mol CH_4 以及 129.43mol CO_2。在与储能舱内的空气混合后，CO 所占舱内总气体的体积分数为 4.23%，CH_4 所占舱内总气体的体积分数为 6.73%。

假设点火前舱内及周围环境温度为 20℃，压力为标准大气压 101kPa，舱内无强制气体流动，舱体及舱内设备均设置为壁面边界条件，孔隙度为 0，不可移动。泄压板设置为开口边界条件，当舱内压力数值未超过泄压板开启压力时，其孔隙度为 0，当舱内压力数值超过各自开启压力后，泄压板被冲开，其孔隙度为 1。采用欧拉边界条件，起爆点设在中心舱过道中间，高度为 1.7m。

（2）参数的有效性验证

由于真实储能电站中电池成本昂贵，且爆炸实验危险性高，实验数据难以获得，因此选择使用以上建模方法建立仿真模型，在相同的爆炸条件下进行仿真，并将仿真数据与文献中的数据进行对比验证，有效性验证用几何模型如图 11-4 所示。

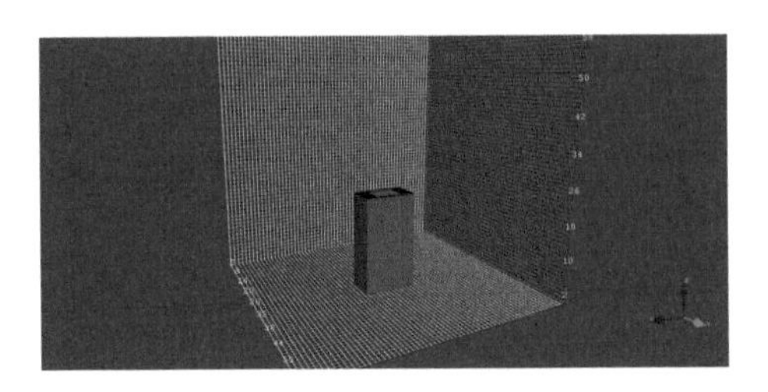

图 11-4　有效性验证用几何模型

在 1m×0.55m×1.8m 的长方体容器内，对比研究了不同起爆点及不同可燃气浓度下的爆炸情况。仿真数据与已有文献数据对比见表 11-2。

表 11-2　仿真数据与已有文献数据对比

起爆位置/m	可燃气浓度（%）	文献最大压力值/kPa	仿真最大压力值/kPa	误差（%）
0.1	25	90	89	-1.1
	22	44	40.7	-7.5
0.9	25	75	70.9	-5.5
	22	31	35.4	+14.2
1.7	25	10.6	11-6	+9.4

由表 11-2 数据对比可知，使用本仿真中的建模方法所得到的仿真结果与文献中的数据具有较好的一致性，尤其是在可燃气浓度较高（25%）时，误差在 10%以内，在浓度较低时，误差也控制在 15%以内，属于可接受范围。说明本研究中的爆炸模型、边界条件以及参数设定具有可行性。

11.2　单层储能舱

11.2.1　气体爆炸实验

为明确储能舱的防爆需求，分析储能舱内的气体爆炸发展过程，在全尺寸储能舱的实验平台上，选择与储能工况相近的过充方式触发 8.8kWh 的模组的热失控过程，并在舱内增加高温热源，从而引燃舱内的可燃气进行气体爆炸模拟实验，对储能舱内储能模组的产气过程和爆炸过程进行分析。

如图 11-5 所示，高温热源采用小型电加热炉，并使用消防沙掩盖舱内的电加热炉控制线路，待模组在热失控发展过程中产生的可燃气达至一定浓度后，远程接通加热炉电源达到引爆效果。监测设备安装调试完成之后，使用 0.5C（172A）倍率的恒定电流对 8.8kWh、100% SOC 的磷酸铁锂模组进行过充，在 1930s 时启动高温热源引爆可燃气。实验过程中模组电压随时间的变化曲线如图 11-6 所示。

图 11-5　高温热源

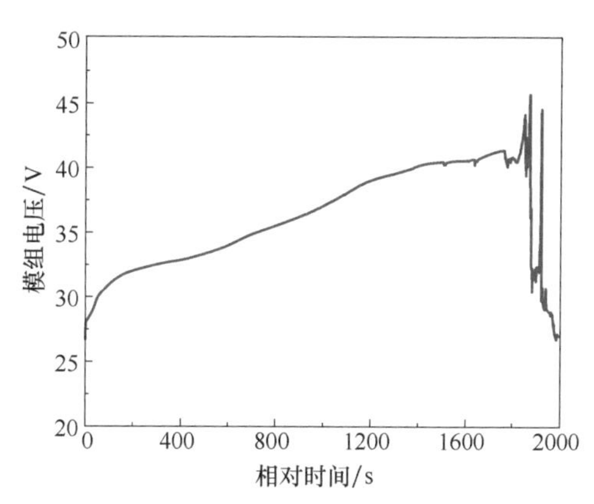

图 11-6　爆炸模拟实验中模组电压随时间的变化曲线

可以看出，电压曲线中随着过充的进行模组电压从 27.5V 不断升至 40V，且上升速率不断减小，过充后期出现明显波动现象，对应模组的热失控。另外在 1500s、1636s 以及 1765s 时，模组电压曲线分别出现短暂且微小的下降现象，而在此持续充电过程中，电压下降现象即为电池内部短路的明显表现。接下来将气体爆炸模拟实验分为产气过程和爆炸过程分析，并根据产气的机理，将产气过程分为化学反应产气以及物理变化产气过程。

（1）化学反应产气过程（H_2 和 CO）

锂离子电池在热失控发展过程中，内部温度不断升高，同时随着电池内部化学反应的进行产生 H_2、CO 以及烃类可燃气。主要化学反应类型包括：SEI 膜分解反应、电解液与负极的反应、电解液与锂的反应、电解液分解反应等，详细的产气公式见本书 2.3.1 节。当电池内气体压力高于电池顶部安全阀的开启压力时，气体将冲开电池顶部的安全阀并扩散至舱内。实验开始后 926s，模组内开始出现安全阀打开现象，由于模组内单体电池的不一致性，不同电池的过充深度和耐过充能力不同，模组内单体电池安全阀随后被陆续冲开。化学反应产气 H_2 和 CO 的浓度变化曲线如图 11-7 所示。

如图 11-7 所示，在 1850s 之前，CO 的浓度缓慢上升到 170×10^{-6}，而 H_2 的浓度变化则具有明显的波动特征，浓度最高达到 1000×10^{-6}。其中，H_2 浓度曲

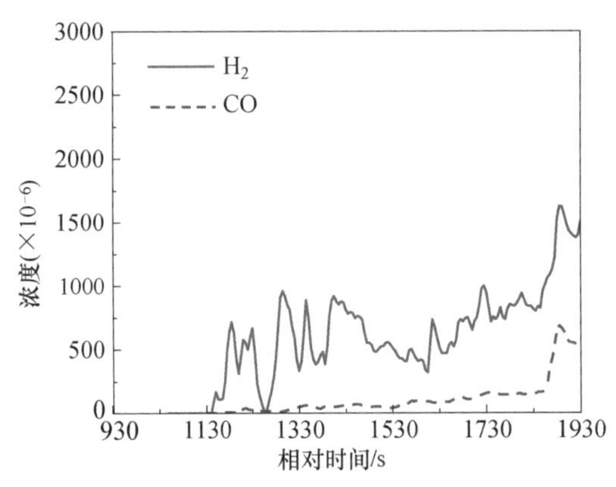

图 11-7 爆炸模拟实验中 H_2 和 CO 浓度变化曲线

线的波峰与安全阀被冲开现象相关，而波谷则与 H_2 在储能舱内扩散行为相关。1850s 之后，H_2 和 CO 的浓度急剧上升，在爆炸之前分别最高达到 1628×10^{-6}（0.1628%）和 668×10^{-6}（0.0668%）。一方面这种浓度急剧上升现象与电池内部的化学反应程度相关，在模组电压曲线中也可找到电压显著降低的对应现象。另一方面爆炸前储能舱内 H_2 和 CO 的浓度远未达至其爆炸下限：4%和 12.5%，而通过莱夏特尔定律对混合可燃气的爆炸极限进行验证，公式如下：

$$LEL=(P_1+P_2+P_3)/(P_1/LEL_1+P_2/LEL_2+P_3/LEL_3) \tag{11-5}$$

式中，P_1、P_2 以及 P_3 为各种可燃气在混合气体中所占的气体体积，LEL_1、LEL_2 以及 LEL_3 分别对应各可燃气的爆炸下限，LEL 为混合气体的爆炸下限。同样按照 H_2 及 CO 的峰值浓度来计算，起爆前混合可燃气体积分数仍未达至其爆炸下限，说明 H_2 及 CO 并非引发爆炸的可燃气主要成分。

（2）物理变化产气过程（汽化电解液）

锂离子电池电解液的主要成分包括 $C_3H_4O_3$、$C_4H_6O_3$、$C_3H_6O_3$ 等，均具有可燃性。由于模组的结构相对密集，散热有限，在热失控发展过程中模组内的电池将持续聚集热量。当电池内部温度达到电解液的沸点时，电池内的有机电解液将出现汽化现象，并通过已打开的安全阀扩散至整个储能舱内，表现为视频监控记录中的白色烟气不断从模组中逸出。

图 11-8 为电池内部短路时模组变化过程。按照电压曲线图中红色虚线所代表的时间节点截取视频监控画面，以反映电压与电解液汽化速率的对应变化情况。电解液的汽化速率由电池内所积累的热量决定，因此当电池出现内部短路时，由内部短路产生的高热量使电解液汽化速率明显增加，表现为视频监控记录中的白烟逸出速率显著增加。而当电池内部短路产生的热量在电解液汽化及逸出过程中损耗后，电解液汽化速率逐渐降低，表现为视频监控中白烟逸出速率降低。图 11-8a 中可见模组电压于 1500s 开始出现下降，并在 1502～1505s 内

迅速下降了 0.2155V，在 1511s 之后又恢复上升趋势。而在对应的视频监控（见图 11-8b）中，从 1503s 时的画面可见，因为内部短路现象刚刚出现，电解液的汽化过程暂时没有明显变化，但此图可反映出内部短路之前电解液的汽化速率。从 1504s 时的画面可见，仅在 1s 之后，大量白色汽化电解液从模组侧面高速喷出，电解液的汽化速率明显提高。从 1511s 时的画面可见，汽化电解液的流速仍进一步增大，这说明此前的内部短路所产生的热量仍未被完全消耗。此后电解液的高速汽化现象维持了 35s 以上，随后流速逐渐降低，但电解液的汽化现象始终存在。电解液汽化速率逐渐降低的现象表明，在 1500s 时出现的内部短路现象所产生的高热量随着电解液的汽化以及逸出过程逐渐散失。

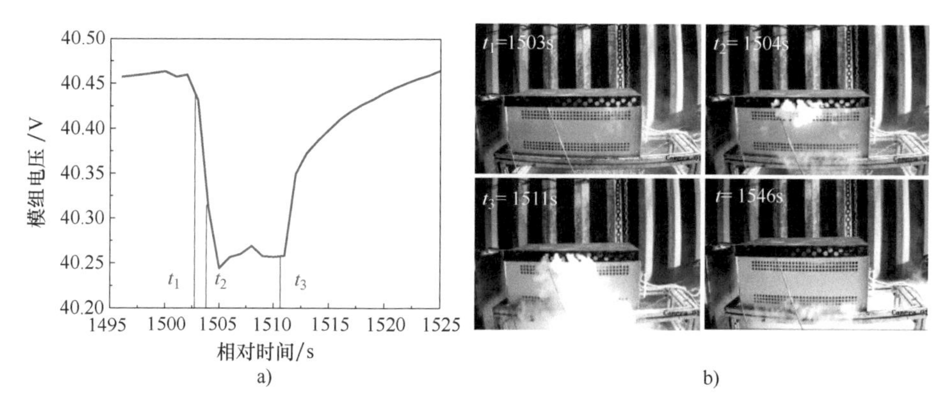

图 11-8　内部短路时模组变化过程（1500s）

a）模组电压变化曲线（1500s）　b）不同时刻模组光学图像

图 11-9 为 1636s 和 1765s 模组出现内部短路时的变化过程。其中，图 11-9a 是 1636s 电池出现内部短路（微短路），而图 11-9b 是 1765s 电池出现内部短路。从图 11-9c 中可以看出，内部短路出现之前，电解液的汽化速率较低。仅在 1s 之后，大量白烟从模组内冒出，并且在 7s 之后，电解液的汽化速率进一步增加。再次印证了电池内短路现象可显著促进电解液的汽化进程。

表 11-3　三次内部短路现象中模组电压变化数值对比

第 n 次内部短路现象	开始时间节点/s	期间电压下降最大值/V	期间电压下降速率最大值/(V/s)
1	1500	0.2155	0.093
2	1636	0.4165	0.149
3	1765	1.2273	0.279

表 11-3 总结了 1500s、1636s、1765s 这三次内部短路现象中模组电压变化数

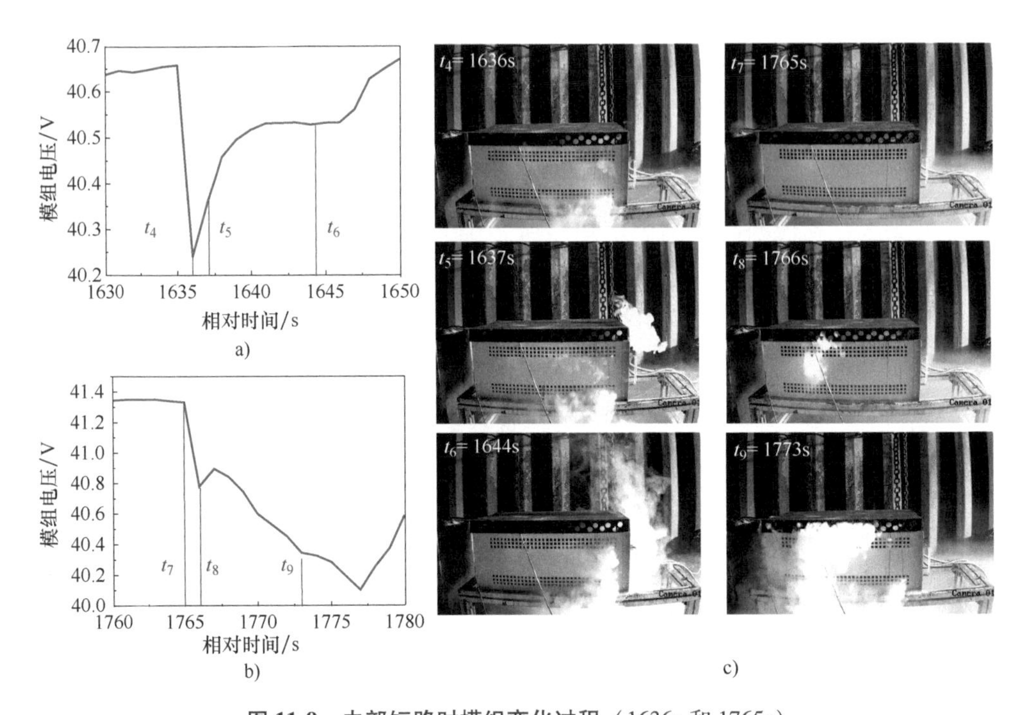

图 11-9　内部短路时模组变化过程（1636s 和 1765s）

a）模组电压变化曲线（1636s）　b）模组电压变化曲线（1765s）　c）不同时刻模组光学图像

值的对比结果，可以发现随着过充的进行，内部短路过程中电压下降的幅值以及下降速率均不断增加，说明模组的耐过充能力逐渐下降，电池内部短路的程度不断加深，这是模组不断接近热失控状态的表现。

如图 11-10a 所示，在 1765s 的内短路现象之后，模组的电压开始逐渐出现波动现象，并且下降幅度明显增加，降幅最高达到 15V，反映了电池内部状态的危险程度。而图 11-10b 中可见，模组在 1820s 的电压上升期中仍在高速逸出汽化电解液，说明此前由 1765s 时的内部短路过程中所产生的以及后续电池内部化学反应产生的热量，仍未被电解液汽化及逸出过程完全消耗，如此充足的热量从侧面说明了本阶段中电池内部状态的危险性。而此前产生的汽化电解液多沉积于舱内底部，是由于汽化电解液的密度较空气更大。图 11-10b 中可见，在随后的过充时间中，电解液的汽化速率提升至更高层次，在高温热源启动之前，白色汽化电解液充满整个储能舱，并完全遮挡住监控摄像头的视野，说明储能工况中导致爆炸事故出现的混合可燃气的主要成分为汽化电解液。

（3）爆炸过程

通过远程启动电加热炉为爆炸提供具有足够能量的高温热源，爆炸随即发生，储能舱内外的监控记录如图 11-11 所示。图 11-11a 为爆炸起始时的监控画

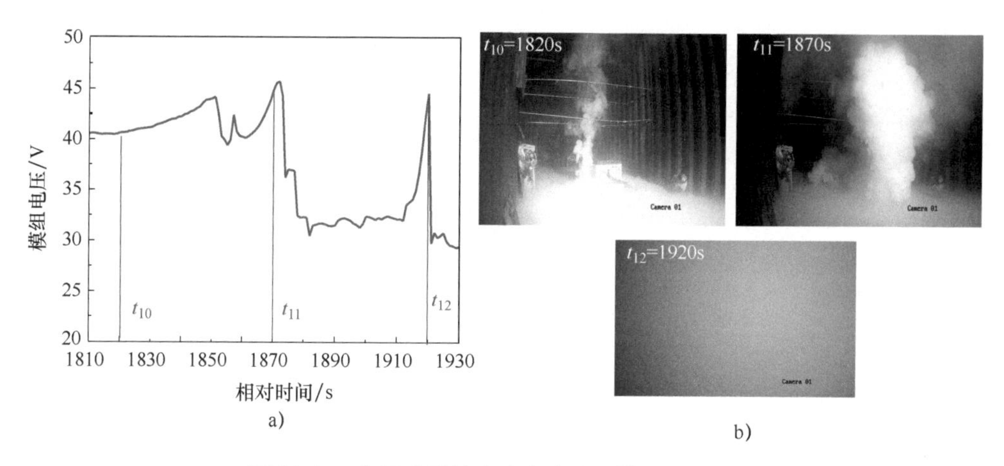

图 11-10　电解液持续高速逸出阶段模组变化过程

a）模组电压变化曲线　b）不同时刻模组光学图像

面，由于此前监控视野完全被汽化电解液遮挡，因此舱内监控画面中仅能观察到一团亮光，而强光的中心位置正是高温热源所处的位置。图 11-11b 所示为同一时间舱外的画面，可见舱体侧面的泄压板被瞬间形成的气压冲开，白色的汽化电解液从其中喷出。图 11-11c 中可见在 1s 之后，已处于危险状态的模组被整个引燃，燃烧剧烈。同时图 11-11d 中可见舱门也被爆炸产生的巨大压力冲开，此视角下也可看到舱内的火光。图 11-11e 中可见在发生爆炸的 29s 之后，模组仍在剧烈燃烧，此时火焰主要集中在模组中上部。图 11-11f 中可见大量高温烟气通过已打开的舱门向上方扩散。

通过气体爆炸模拟实验，可以得到以下结论：

1）单模组在热失控发展过程中所产生的可燃气，在可燃气含量未被及时强制降低且出现高温热源的情况下，足以产生爆炸事故，并将引燃模组，触发模组的持续燃烧。

2）引发爆炸的可燃气的主要成分为汽化电解液，电解液的汽化过程与电池内部的热量关系密切，内部短路现象将显著提高电解液的汽化速率。

11.2.2　单层储能舱气体爆炸特性

根据储能舱气体爆炸实验的结论，可燃气体的主要成分为磷酸铁锂模组的汽化电解液，实验所用单个 86Ah 磷酸铁锂电池含有电解液 355g，其中包含 $C_3H_4O_3$ 36.8%，$C_4H_8O_3$ 63.2%，则单模组则含有 $C_3H_4O_3$：394×32×36.8%/88=52.7mol，以及 76.62mol 的 $C_4H_8O_3$。由于软件中的可燃气体数据库未收录这两种成分的数据，因此在以下数值研究中使用等效气体，气体类型等效原则如下：

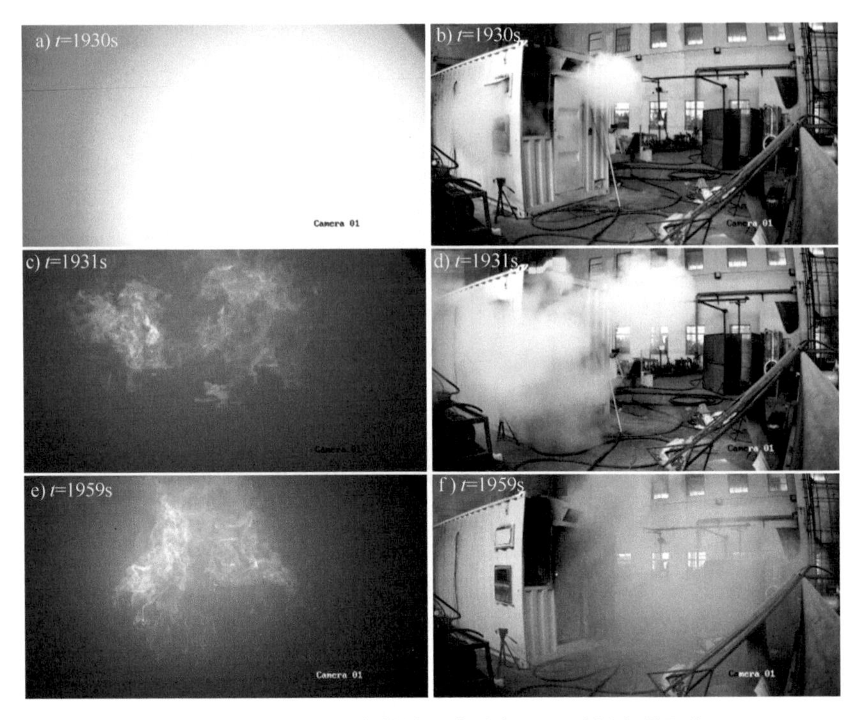

图 11-11　爆炸过程中储能舱内外部不同时刻光学图像

$$1\text{mol}\ C_3H_4O_3 = 1\text{mol}\ CH_4 + 1\text{mol}\ CO + 1\text{mol}\ CO_2 \tag{11-6}$$

$$1\text{mol}\ C_4H_8O_3 = 2\text{mol}\ CH_4 + 1\text{mol}\ CO + 1\text{mol}\ CO_2 \tag{11-7}$$

在储能舱气体爆炸模拟实验的基础上，利用有限元分析软件进行数值分析研究以作为实验的补充部分，以单模组的可燃气产量及中心处起爆为典型爆炸场景，从爆炸产生的高温、超压等角度对单层储能舱的典型爆炸过程进行分析。

为了分析爆炸过程中燃烧波的变化过程，首先选取燃烧速率作为输出变量。储能舱内燃烧波的变化过程如图 11-12 所示。

由于舱内两侧对称布置大量模组，舱内火焰基本上主要集中在通道和顶部。图 11-12a 为起爆后 0.24s 的燃烧速率分布图，可见爆炸初期，由于两侧电池簇的限制，火焰以柱体形式向周围未燃区发展。此外从 *YZ* 剖面可以看出，燃烧速率向上方的蔓延速率更为突出。图 11-12b 中可见，起爆后 0.42s，舱体侧面上的 3#、4#泄压板已被舱内所聚集的超压冲开，火焰以火舌形式冲向舱外。从 *YZ* 剖面图可以看出，火舌最远距离可达 5m 外，可直接作用在电站内的相邻舱体上。而此时舱内火焰主要存在于中上部，距离舱体底部还有 0.6m。从图 11-12c 中可以看出，起爆后 0.870s，火焰波在通道内进一步向舱体两端发展。由于起爆点附近的可燃气体几乎耗尽，因此在起爆点附近区域的燃烧速率为 0（无显示）。

图 11-12d 中可见，3#、4#泄压孔外的火焰强度明显下降，舱内火焰主要通过 1#和 2#舱门传播至舱外，且舱外火焰中燃烧速率明显更高，与舱外充足的氧气有关。图 11-12e 中可见，起爆后 1. 12s，2#舱门外火焰最远传播距离可达 7m 外，虽然火势已有消退趋势，但同样能够直接威胁储能电站内的相邻舱体。图 11-12f 中可见，起爆后 1. 307s，随着可燃气被完全消耗，储能舱内及舱外的火焰已基本消失，爆炸过程结束。为了分析爆炸对储能舱内的影响，选取温度和超压作为输出变量进行后续研究。

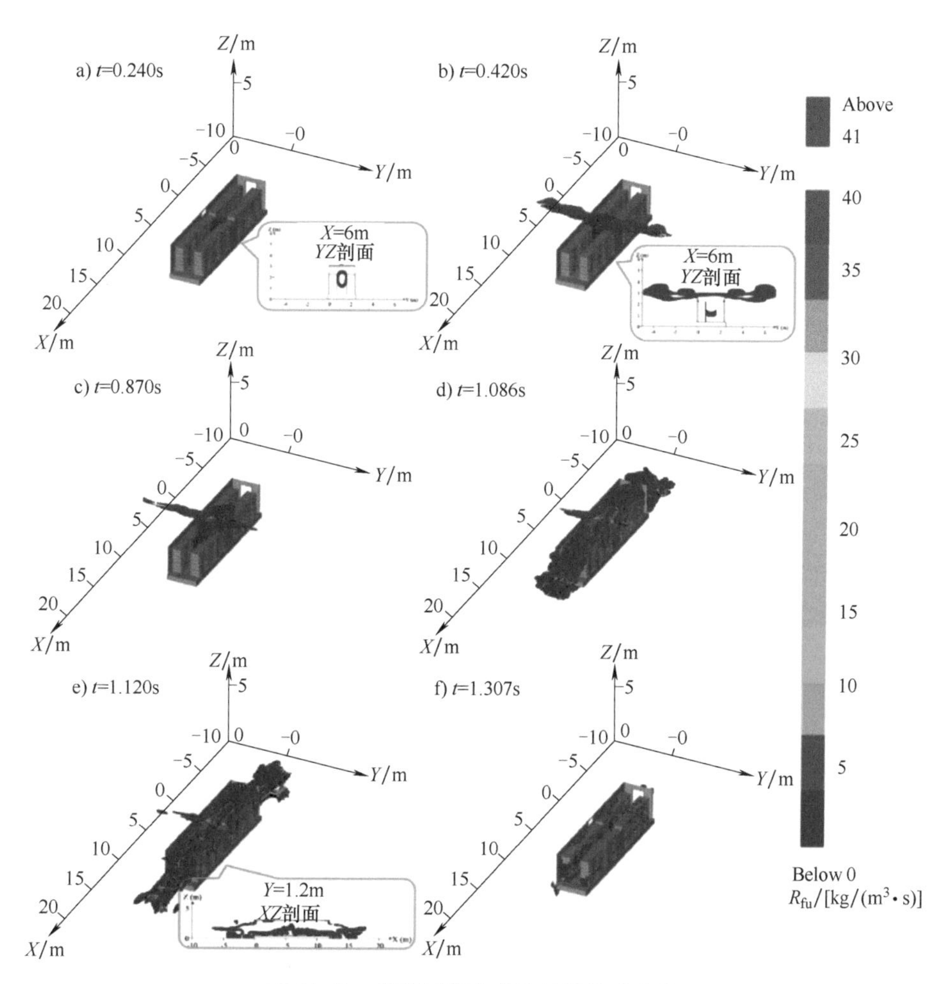

图 11-12　爆炸过程中储能舱燃烧波变化

图 11-13 显示了爆炸过程中的温度变化，最低显示温度设定为 343K（约 70℃）。高温区域的发展主要受已燃区影响。图 11-13a 所示为起爆后 0. 24s 储能舱内的温度分布，与燃烧速率分布相似，高温区呈柱状发展，从 *YZ* 剖面看，高

温区向上方的发展同样更为明显，已燃区中心温度达 2000K 以上，高温区外层温度相对较低。图 11-13b 中可见，起爆后 0.42s，储能舱内高温区域仍局限于中上部，舱外高温区主要集中在通过 3#和 4#泄压孔喷出的火焰周围，由剖面图可见温度分层明显。图 11-13c 中可见，起爆后 1.055s，随着燃烧区域的扩展，2000K 以上高温区逐渐覆盖了储能舱内的大部分空间，温度数值与起爆点的间距呈明显梯度关系；同时 3#和 4#泄压孔外高温区域进一步扩大，且垂直方向的扩展更为明显。高温区域也通过打开的 1#和 2#舱门蔓延到舱外。图 11-13d 中可见，起爆后 1.307s，储能舱内部空间基本被 2000K 以上的高温完全覆盖，舱外高温区也进一步扩大。

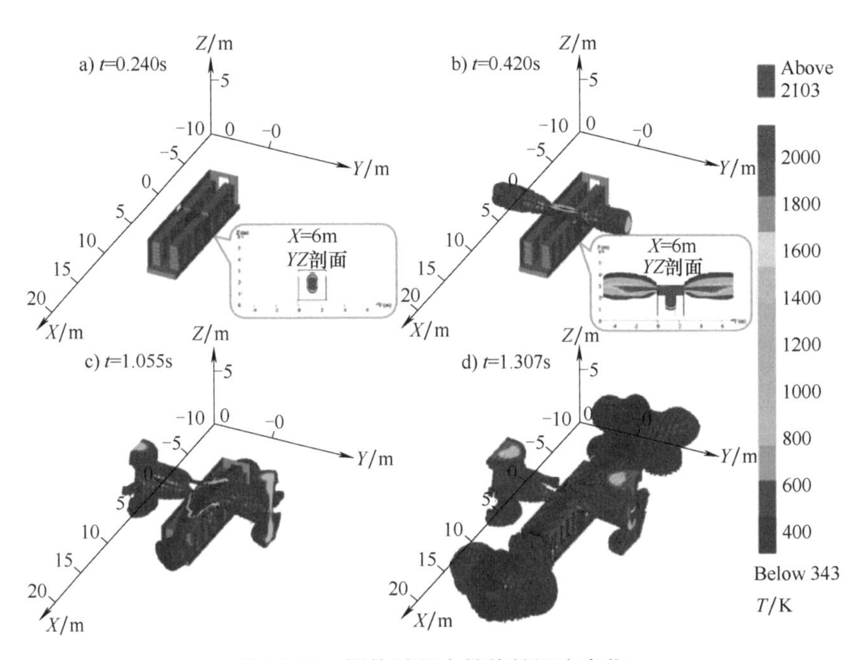

图 11-13 爆炸过程中储能舱温度变化

此仿真研究未包含模组的热失控燃烧过程，因此考虑到实际爆炸事故场景中模组将被引发持续燃烧，舱内高温区域持续时间将更长，温度峰值也将更高，舱外高温覆盖范围也将更广。

舱内混合可燃气被点燃后，受高温而膨胀的已燃气体将压缩未燃气体，叠加的压缩波形成以声速传播的压力波，图 11-14 为爆炸过程中舱内超压变化过程。图 11-14a 中可见，起爆后 0.27s，舱内所积聚的超压已经超过 3#和 4#泄压板上所设定的开启压力（3kPa），舱内超压随即以 3#和 4#泄压孔为中心、以球形传播到舱外开放环境中。图 11-14b 中显示，起爆 0.51s 后舱内的超压数值出现短暂下降，这是由于超压通过 3#和 4#泄压孔得到了泄放。由于压力波传播速度快，同时舱内空间有限且结构整齐，所以舱内超压具有较好的一致性。从图 11-14c 可见，起爆后 0.99s，随着可燃气逐渐加速地燃烧，舱内超压的积聚速率超过了通过 3#和 4#泄压孔的泄放速率，舱内超压数值随之不断提升。图 11-14d 中可见，起爆后 1.033s，舱内超压已达到舱门处 1#和 2#泄压板的开启压力（20kPa），压力波同样以球形的形式传播到舱外，从舱体中部到两端舱门处的超压数值呈现梯度下降现象。图 11-14e 中可见，压力波在舱外传播的范围进一步扩大，舱内超压数值也相应减小，超压的存在仅持续 1s 左右。图 11-14f 中可见，起爆后 1.307s，超压已基本消失。

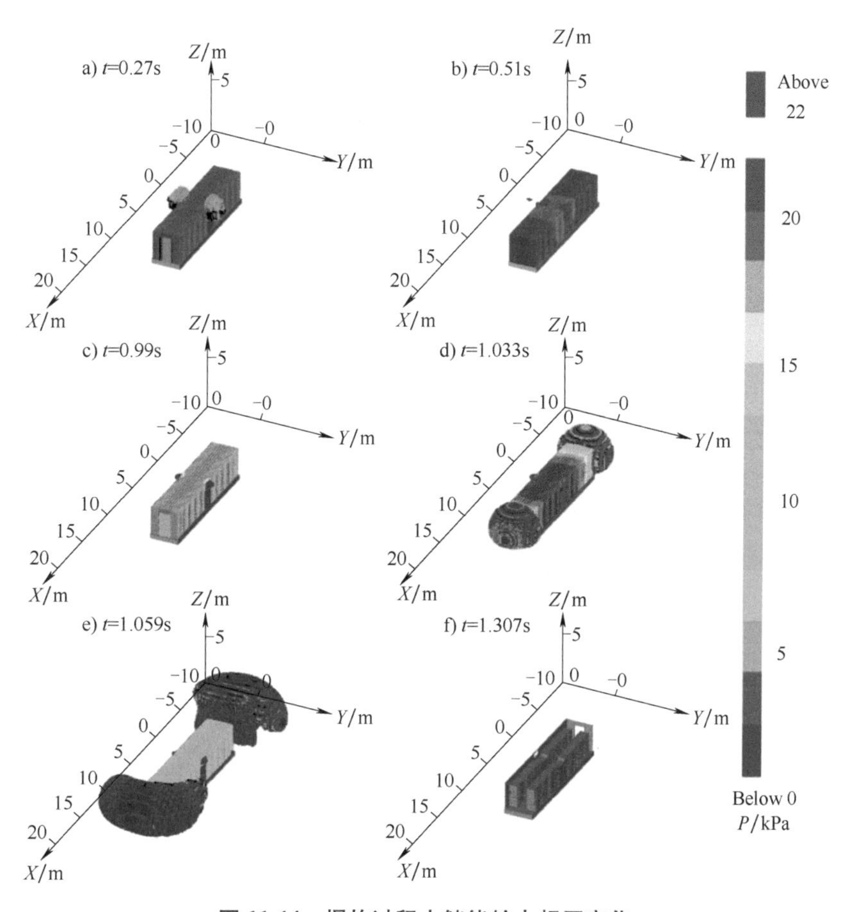

图 11-14　爆炸过程中储能舱内超压变化

爆炸主要以高温和超压的形式对周围区域产生影响，因此同样选取这两个参数，对储能电站内中央储能舱发生爆炸所产生的影响进行分析。

图 11-15 为仿真结束时不同高度层的温度分布，最低显示温度同样设定为

343K。图 11-15a 是 2. 8m 高度处的温度分布，可见舱内最高温度超过 2000K，3#和 4#泄压孔外的高温区域较窄，3m 外对侧舱体的表面温度可达 600K；图 11-15b是 1. 5m 高度层的温度分布，1#和 2#舱门外的高温区域大多集中在对侧舱体和相邻通道内，1#舱门对侧舱体的表面温度可超过 1000K。图 11-15c 中 343K 以上的区域面积明显大于图 11-15a 和图 11-15b，1#舱门对侧存在温度超过 1600K 的区域，说明在此爆炸场景下，热量在较低位置的影响范围更广。由于 3#和 4#泄压孔面积有限，泄爆时的热量以及高温区域主要集中在 1#和 2#舱门外，高温在爆炸冲击方向上最远的传播距离可达舱门 8m 外。

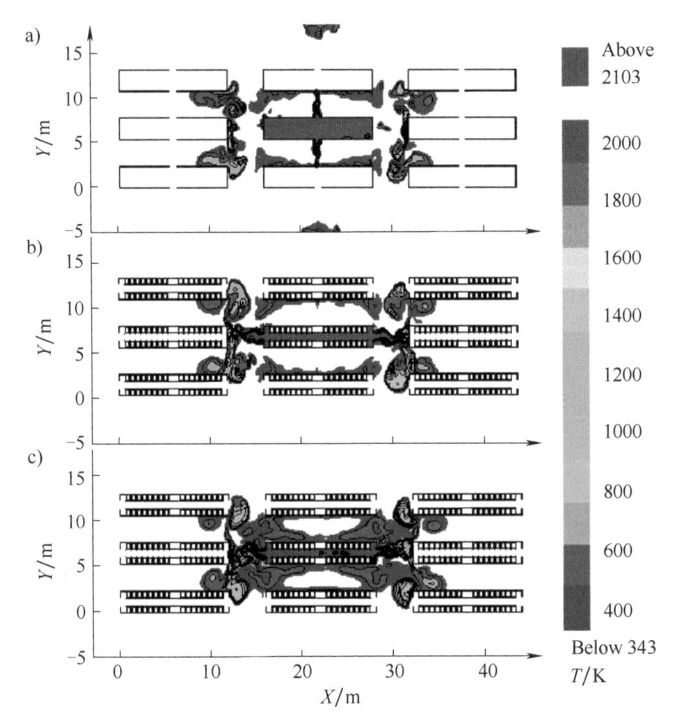

图 11-15　仿真结束时储能电站不同高度温度分布

a）高度 2. 8m　b）高度 1. 5m　c）高度 0. 4m

随后，以中央舱和相邻舱结构上较为脆弱的泄压板为研究对象，分析爆炸时超压对其的影响，各泄压板所承受平均压力的变化曲线如图 11-16 所示。由于压力变化曲线基本对称，也即变化趋势及数值接近，仅方向不同，所以在此仅以压力数值为正的一侧为例。从图 11-16a 可以看出，1#泄压板上的平均压力在 0. 25~0. 6s 期间逐渐下降到 2kPa，对比图 11-16b 可知，舱内超压在 0. 25s 时达到 4#泄压板的开启压力，导致随后舱内聚集的超压由此得到泄放。随后超压数值呈加速上升趋势，这是由于随着舱内可燃气体的加速燃烧，舱内超压的积聚速率超过了通过 3#和 4#泄压孔的泄放速率，并在 1. 1s 达到 1#泄压板所设置的开启压力，1#泄压板随即被冲开。在 0. 02s 后，对侧 4m 外舱体上的 5#泄压板所承受的平均压力达到峰值 4kPa，然后逐渐降低。

从图 11-16b 可以看出，4#泄压板在 0. 25s 达到其开启压力后，舱内超压通过其释放到舱外并作用在对侧舱体上，对侧 3m 外的 8#泄压板的承压曲线随即上升，并暂时达到 1kPa 的超压峰值；随后 8#泄压板承压曲线加速上升，其变化趋势与爆炸舱内一致，当舱内压力达到峰值时，8#泄压板上的压力也达到峰值 4. 6kPa，虽然数值较舱内明显偏低，但不能排除爆炸舱体对侧 3m 外的泄压板被爆炸超压冲开，从而导致高温甚至火焰直接影响到对侧舱室内部的可能性。

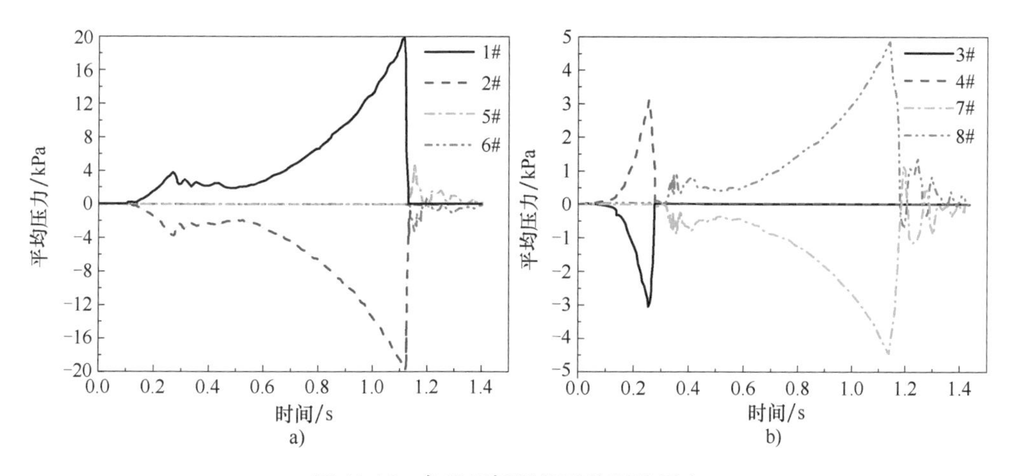

图 11-16　各泄压板所承受的平均压力

a）舱门开启压力为 20kPa 的泄压板　b）舱壁上开启压力为 3kPa 的泄压板

单层储能舱仿真结果表明：①中心舱周围的四个舱体将直接受到火焰的冲击；②爆炸结束时爆炸舱内最高温度可超过 2000K，对侧 4m 外舱体最高温度超过 1600K，舱外高温区域多集中于 0. 4m 的低空层；③超压持续时间只有 1s 左右，相邻舱室的最大压力可达 4. 5kPa，对侧 3m 处的泄压板可能被冲开，使相邻舱室内部直接受到高温甚至火焰的影响。

11. 2. 3　单层储能舱爆炸防护

由于爆炸火焰波在水平方向蔓延产生的危害较大，有引发连环爆炸的可能，故本章提出在爆炸通过泄压板突破后，加装隔离防火墙以阻止爆炸在水平方向的蔓延，使储能舱上方成为泄压方向，并通过仿真建模分析其可行性，其中爆炸设置方案采用中心区域电爆。

模型变化与隔离板安装位置如图 11-17 所示。

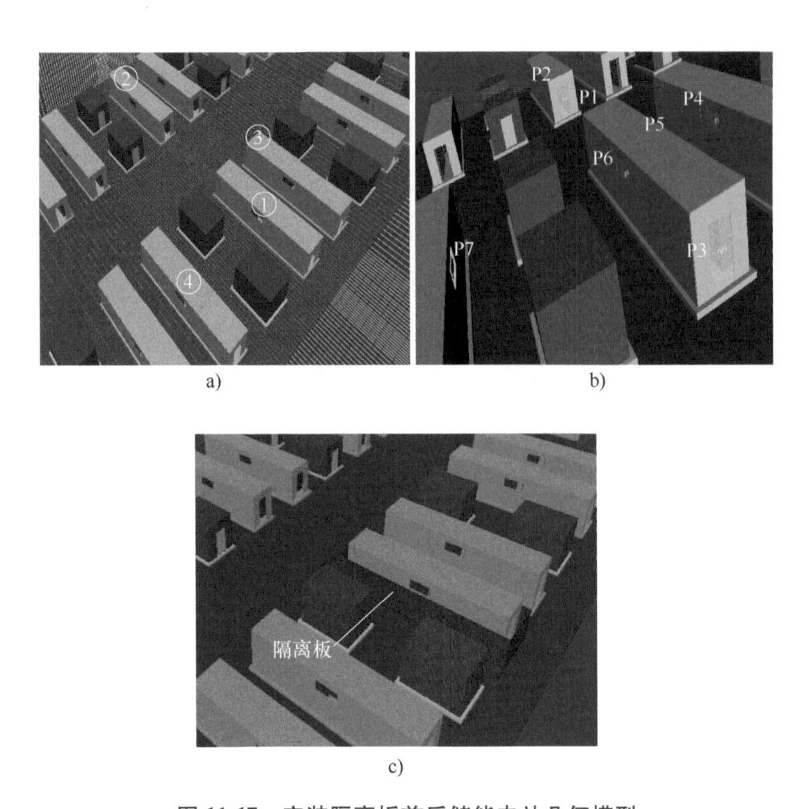

a)　　b)

c)

图 11-17　安装隔离板前后储能电站几何模型

a）储能舱编号　b）储能舱泄压板分布位置　c）隔离板安装位置

（1）不同距离隔离板的影响对比

为探索合适距离的隔离板安装位置，进行了 3 组不同距离（0.25m、0.5m 和 0.75m）隔离板的仿真研究，其中隔离板高度均为 1.8m，对比周围相邻储能舱的泄压板超压变化以选出合适的隔离板安装位置，不同距离隔离板的相邻储能舱泄压板超压变化如图 11-18 所示。

从图 11-18a 可知，当隔离板安装过近（0.25m）时，泄压板 P2 承受的压强峰值明显过高，达到 23.8kPa，隔离板阻隔作用有限，而 0.5m 和 0.75m 隔离板安装距离下的泄压板 P2 压强峰值差距较小，均为 5kPa 左右。从图 11-18b 和图 11-18c 中可以对比看出，在隔离板高度为 1.8m 的情况下，不同距离下的泄压板 P4 和 P7 的超压变化较小，峰值压强均超过了泄压板的临界压强（3kPa），有被打开的危险，推测是由于隔离板高度与泄压板下边缘等高，对爆炸产生的冲击波阻隔作用较小，高温与超压传播衰减有限。

综合对比可以得出结论，0.25m 的隔离板安装距离过近，阻隔作用有限；相比 0.75m，0.5m 的安装距离效果更优，故接下来研究在隔离板安装距离为

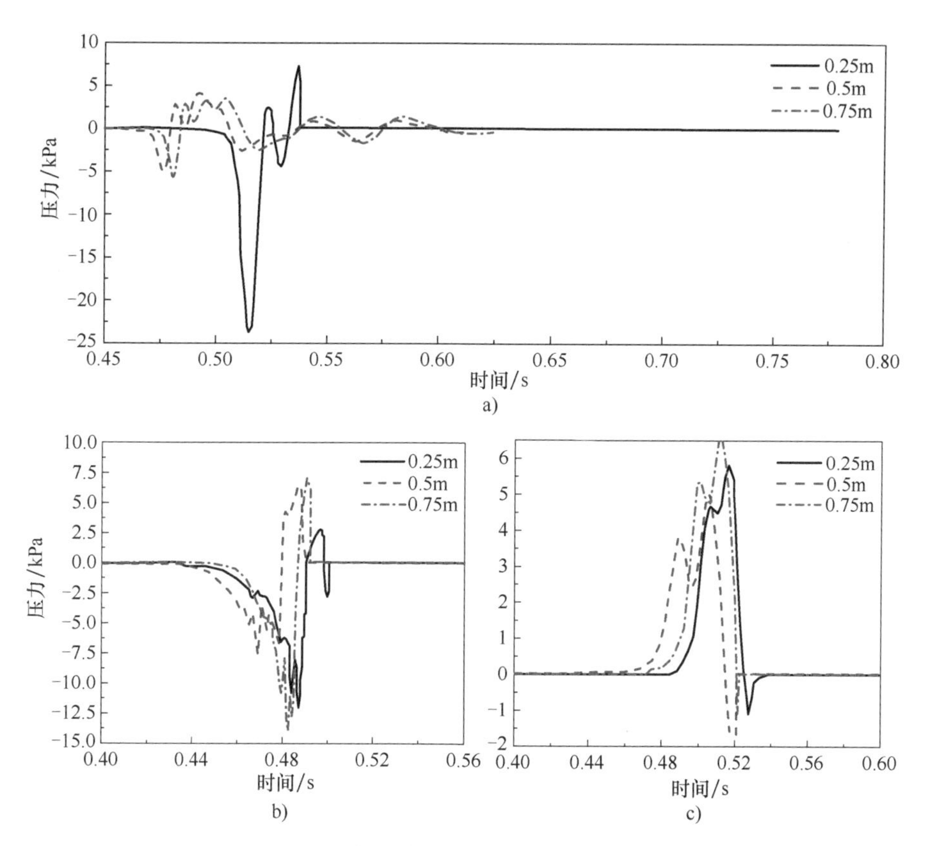

图 11-18　不同距离隔离板的相邻储能舱泄压板超压变化

a）P2　b）P4　c）P7

0.5m 的情况下，不同高度的隔离板对爆炸冲击波的阻断效果。

（2）不同高度隔离板作用的分析对比

为了更直观地对比效果，同时设置两组仿真分析，其中隔离板安装距离为 0.5m，高度分别为 1.8m 和 2.8m。

加装隔离板后的储能电站局部燃烧速率变化如图 11-19 和图 11-20 所示。

从图 11-19a 和 b 可以看出，t=0.46s 之前，爆炸仅局限在储能舱内部发生，燃烧速率最高可达 84.2kg/(m^3·s)，t=0.46s 时，爆炸产生的火焰突破泄压板 P5、P6 来到舱外。由于隔离板的高度仅有 1.8m，与泄压板下边缘等高，故火焰在 Y 轴方向向 4 号储能舱扩散受到的阻力较为有限。如图 11-19c 所示，在 X 轴方向向 2 号储能舱扩散时受到的阻隔作用较为明显。从图 11-19d 可以看出，t=0.52s 后火焰逐渐萎缩。从图 11-19e 和 f 可以看出，火焰在 t=0.6s 之后被完全局限在隔离板之内，危险性大幅降低。

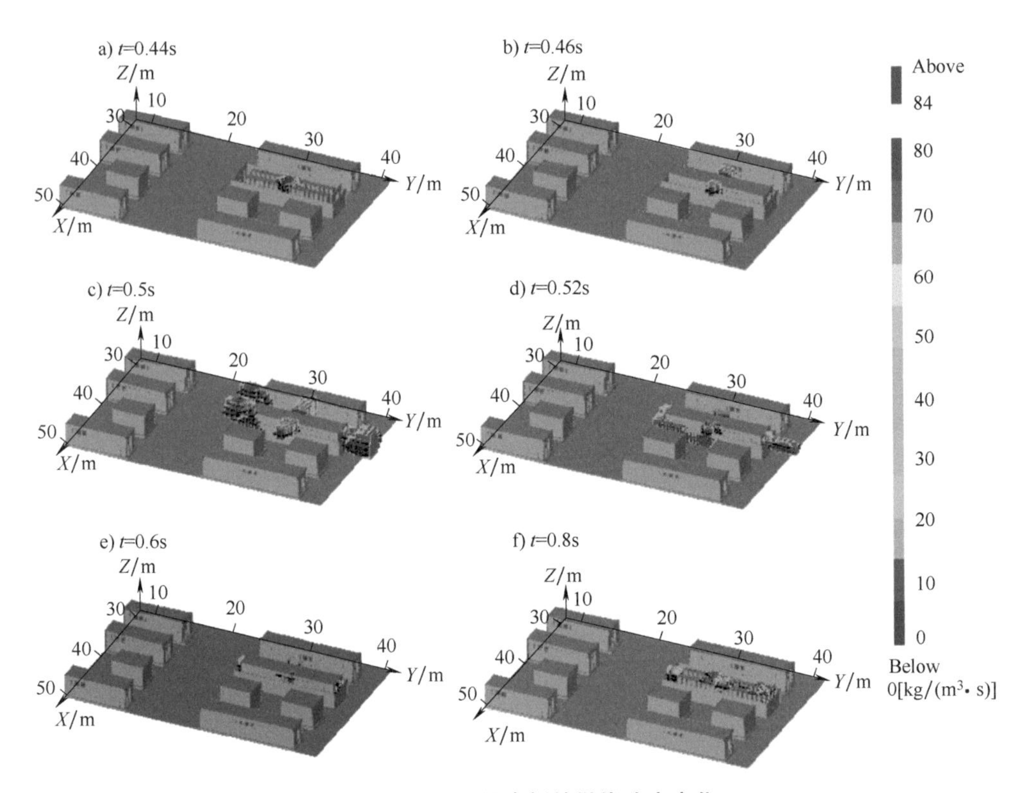

图 11-19　1.8m 隔离板的燃烧速率变化

从图 11-19 可以明显看出，加装 1.8m 高度的隔离板后，火焰蔓延范围大幅减小，尤其是在 X 轴方向对相邻的 2 号储能舱保护作用显著，由于 P5、P6 泄压板高度等原因，对 3 号和 4 号储能舱仍有一定威胁。对比图 11-19 和图 11-20 可以看出，在加高隔离板高度至与储能舱顶平齐的 2.8m 后，隔离板对爆炸火焰的隔离作用进一步凸显，从 P5 和 P6 泄压板处延伸出来的火焰扩散方向被完全改变至向上，爆炸产生的火焰自始至终都未扩散至相邻储能舱，安全性进一步提高。

相邻储能舱的 P2、P4、P7 泄压板所承受的超压能有效反映相邻储能舱的受保护情况，泄压板的超压变化如图 11-21 所示。

从图 11-21a 可以看出，泄压板 P2 在 $t=0.51$s 时承受最大超压为 5kPa，相比于未设置隔离板时降低了 18kPa，低于自身临界压强，不会被打开，安全性极大提高，P4 和 P7 泄压板由于所处高度为 1.8m，没有被保护措施阻挡，保护措施起到的效果有限，P4 泄压板承受的最大超压为 6kPa，高于自身临界压强，仍有被打开的危险，P7 泄压板在 $t=0.52$s 时承受最大超压为 5kPa，也有被打开的可能性。从图 11-21b 可以看出，相比于图 11-21a，该泄压板所承受超压的峰值

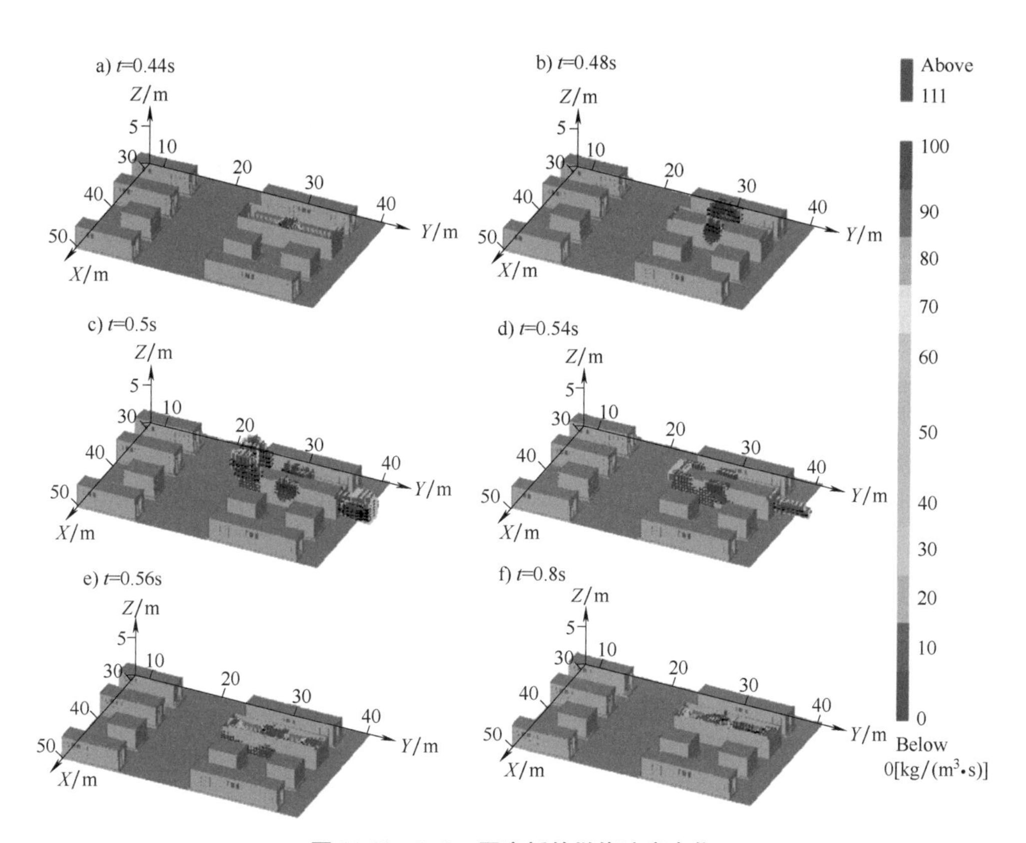

图 11-20　2.8m 隔离板的燃烧速率变化

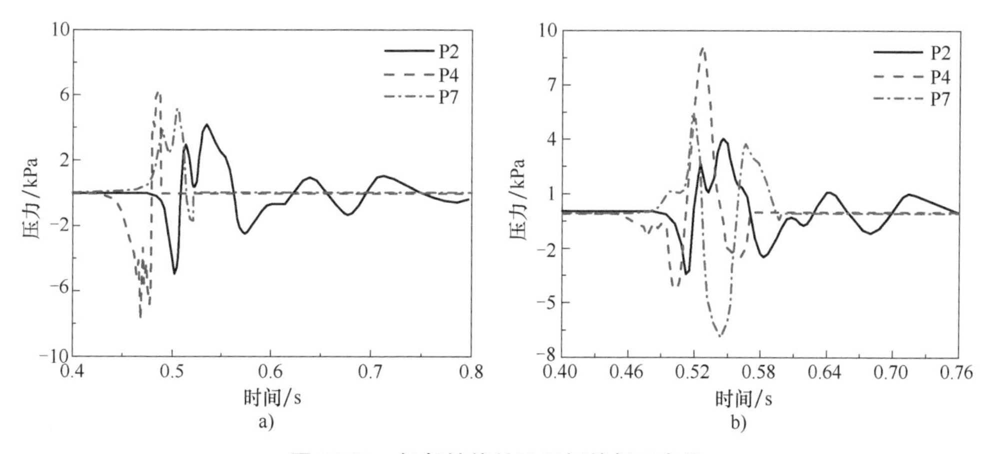

图 11-21　相邻储能舱泄压板的超压变化

a）1.8m 隔离板　b）2.8m 隔离板

时刻晚了约 0.02s，表明加高的隔离板在阻隔爆炸扩散方面起到了一定作用，P2

泄压板承受的最大超压进一步降低，为 4kPa，安全性再次提高，P4 和 P7 泄压板变化较小，猜测是由于 P4、P7 距离起爆点过近导致的。

综合图 11-19、图 11-20 和图 11-21，对比不同高度隔离板作用，可以得出以下结论：①对发生爆炸的储能舱加装隔离板后，火焰扩散方向由水平方向被强行改变至垂直方向，减少了相邻储能舱被爆炸火焰威胁，从而引发连环爆炸的可能性，安全性大幅提高；②隔离板安装距离不可过小（0.25m），否则在 Y 轴方向的隔断作用大幅下降，P2 泄压板依然有被突破的风险；③加装 1.8m 高的隔离板只能对舱门泄压板处扩散的火焰产生较大的阻隔作用，对侧面的泄压板作用有限，相邻储能舱仍有一定危险性；④当隔离板高度加高至 2.8m 后，整个储能舱四面都被隔离，相邻储能舱发生连环爆炸的可能性被进一步降低；⑤加装隔离板后，相邻储能舱的舱门泄压板处超压大幅降低，低于临界压强，而侧面泄压板处的超压虽然也大幅降低，但仍高于自身临界压强，有被打开的危险，提高侧面泄压板的临界压强需要被重点考虑。

本节总的仿真结果表明：

1）对起始爆炸储能舱加装安全隔离措施，对爆炸在水平方向的扩散抑制效果明显，火焰仅在 $t=0.5$s 时短暂扩散至隔离板外，然后迅速缩回，安全性大幅提高，火焰的主要扩散方向由原来的水平方向向四周储能舱蔓延改变至向垂直上方扩散，但应注意隔离板安装距离不可过小。

2）由于侧面泄压板的高度较高，当隔离板的高度不足时，对火焰扩散的抑制作用主要体现在 Y 轴的舱门泄压板处，对在 X 轴方向的抑制作用较为有限，爆炸储能舱加装的安全隔离措施高度越高，水平方向抑制效果越显著。

3）加装隔离安全措施后，周围相邻储能舱的侧面泄压板承受的超压在大幅降低后仍高于自身临界压强，更换泄压板的材料或提高泄压板的临界压强是比较合适的选择。

11.3 双层储能舱

在分析了双层储能舱的典型爆炸过程后，为了进一步明晰更多存在的爆炸危险，本章对比分析不同起始条件下的爆炸效果，并从气体爆炸角度验证当前双层结构方案的可行性。考虑到泄压板开启压力及可燃气浓度的影响规律已较为清晰，因此本节仅研究不同起爆点位置的影响。

11.3.1 底层舱爆炸特性

与单层储能舱的爆炸场景同理，在双层储能舱的结构中，不同起爆点会对可燃气体的加速时间以及火焰波的发展过程产生影响，而且不同方向的爆炸冲击波对相邻舱体内部的影响也将不同。根据起爆点所处舱体的不同，爆炸类型主要分为底层舱爆炸以及顶层舱爆炸两种。

根据起爆点相对于泄压面积最大的泄压板（舱门）的位置，将底层舱内的不同起爆点分为舱门远端起爆、舱门近端起爆以及中心起爆（典型场景）。

（1）底层舱中心起爆

图 11-22 所示为爆炸过程中各泄压板的承压曲线。曲线整体同样呈现逐渐加速上升的趋势，与混合可燃气的加速燃烧有关。底层储能舱体上的 1#、3#、5# 及 7#泄压板在 0. 4s 之前的压力变化曲线具有良好的一致性，与压力波的传播速度及舱内空间的有限有关。起爆后 0. 45s，舱内聚集的超压达到 30kPa，随即底层舱体上的 7#泄压板被冲开，其压力曲线瞬间下降。起爆后 0. 49s，开启压力为 50kPa 的 3#及 5#泄压板被冲开，其压力曲线同样瞬间下降。一方面，原本局限于底层储能舱内的压力波通过 5#通行孔向顶层储能舱内传播，表现为顶层储能舱的 2#、4#及 6#泄压板的承压曲线开始上升；另一方面，局限于底层储能舱内的超压通过面积更大的 3#泄压孔向舱外开放环境中传播。这两方面因素导致舱内的超压出现短暂的下降，表现为 1#泄压板承压曲线的下降。随着底层舱内混合可燃气的加速燃烧，超压积累速率超过通过各泄压孔的泄放速率，导致舱内超压进一步上升，达到底层舱中 1#泄压板的开启压力 70kPa，1#泄压板承压曲线随即快速下降；顶层舱内的超压峰值接近 50kPa，约为底层舱超压峰值的 0. 7 倍。

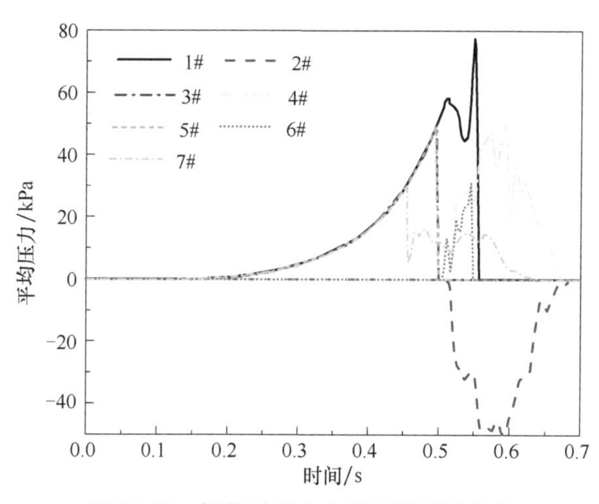

图 11-22　爆炸过程中各泄压板承压曲线

图 11-23 所示为爆炸过程中超压的变化，由于储能舱内几何模型基本对称，且泄压板开启方向中无 Y 轴负方向，因此选取 Y>0. 9m 的范围作为显示区域，最低显示压力值为 3kPa。图 11-23a 中可见，起爆后 0. 27s，由于泄压板还未被冲

开，舱内的超压数值具有良好的一致性。图 11-23b 中可见，起爆后 0. 503s，舱内超压整体数值进一步提高，同时舱体左端超压略有下降，这是由于舱体左端的 7#泄压板已被冲开，舱体左侧的超压率先得到泄放；底层舱内超压数值已超过层间 5#泄压板的开启压力，底层舱内超压以 5#泄压孔为中心，呈球形向顶层舱内传播，同时底层舱内 5#泄压孔附近的超压数值明显下降。图 11-23c 中可见，压力波在受到舱体顶部的阻挡后，转向舱体两端扩散，此时整个顶层舱已被 3kPa 以上的压力完全占据。图 11-23d 中可见，底层舱右侧超压已超过 1#泄压板的开启压力（70kPa），压力波以曲面的形式传播至舱外开放空间，由于 1#泄压孔面积较大，沿爆炸冲击方向传播至舱外的压力波峰值可达 20kPa，影响范围可达 10m 之外；而顶层舱内的超压数值进一步上升，最高接近 50kPa；图 11-23e、f 中显示了超压通过各泄压孔不断泄放的过程，由于 2#舱门未被冲开，顶层舱的泄压面积小于底层舱，故顶层舱内的泄压速率也明显低于底层舱，最终舱内超压完全释放，整个过程仅持续 0. 698s。

图 11-24 所示为爆炸过程中温度的变化，同样选取 $Y>0.9$m 的范围作为研究区域，最低显示温度同样设置为 343K。图 11-24a 所示为起爆后 0. 12s 的画面，可见高温区域以起爆点为中心呈球形向四周未燃区域扩展。图 11-24b 中可见，起爆后 0. 338s，高温区域仍以球形扩展且温度分层较为明显，爆炸中心处的温度高达 2000K 以上，600K 以下的较低温度区域仅分布于外层。图 11-24c 中可见，起爆后 0. 435s，底层舱内 2000K 以上高温区域明显增大，进一步向舱体两端的未燃区扩展。图 11-24d 中可见，起爆后 0. 503s，层间的 5#泄压板已被超压冲开，高温区域通过层间通行孔向顶层舱中扩展，而底层舱内的高温范围进一步扩大。图 11-24e 中可见，爆炸后产生的高温烟气随爆炸冲击向顶层舱中传播，2000K 以上的高温区域呈现细长柱状形式，1800K 以下的高温区域仍呈明显梯度分布，且高温区域形状与冲击波方向相符。

图 11-24f 中可见，承载热量的高温烟气在受到舱体上壁的阻挡后，转向两端方向扩展，起爆后 0. 539s，通行孔所在的竖直方向最高温仍为 2000K 以上，顶层舱内上方空间的温度多为 1000K 以上。而由于底层舱体的 3#及 7#泄压板已被超压冲开，故底层舱内的热量随高温气体向 X 轴负方向（偏向已打开泄压板所在位置）的扩展更为明显。图 11-24g、h 中可见，底层舱体上泄压面积最大的 1#泄压板已被冲开，热量随大量高温烟气通过 1#舱门向舱外传播，舱门附近的温度可达 1800K 以上，1400K 以上高温覆盖的区域可达 10m 外。而由于顶层舱通过面积较小的 5#通行孔所获得的热量有限，此后顶层舱中最高温度为 1200K 以上，且多聚集于舱体中上部。另外底层舱面积最大的 1#舱门被 X 轴正向的超压冲开后，相对集中的泄爆气流使得顶层舱内温度相对较低的气体通过 5#通行孔回流至底层舱中，从而在整体温度为 1800K 的底层舱内形成一条温度在 400K 以下的低温气流通道。

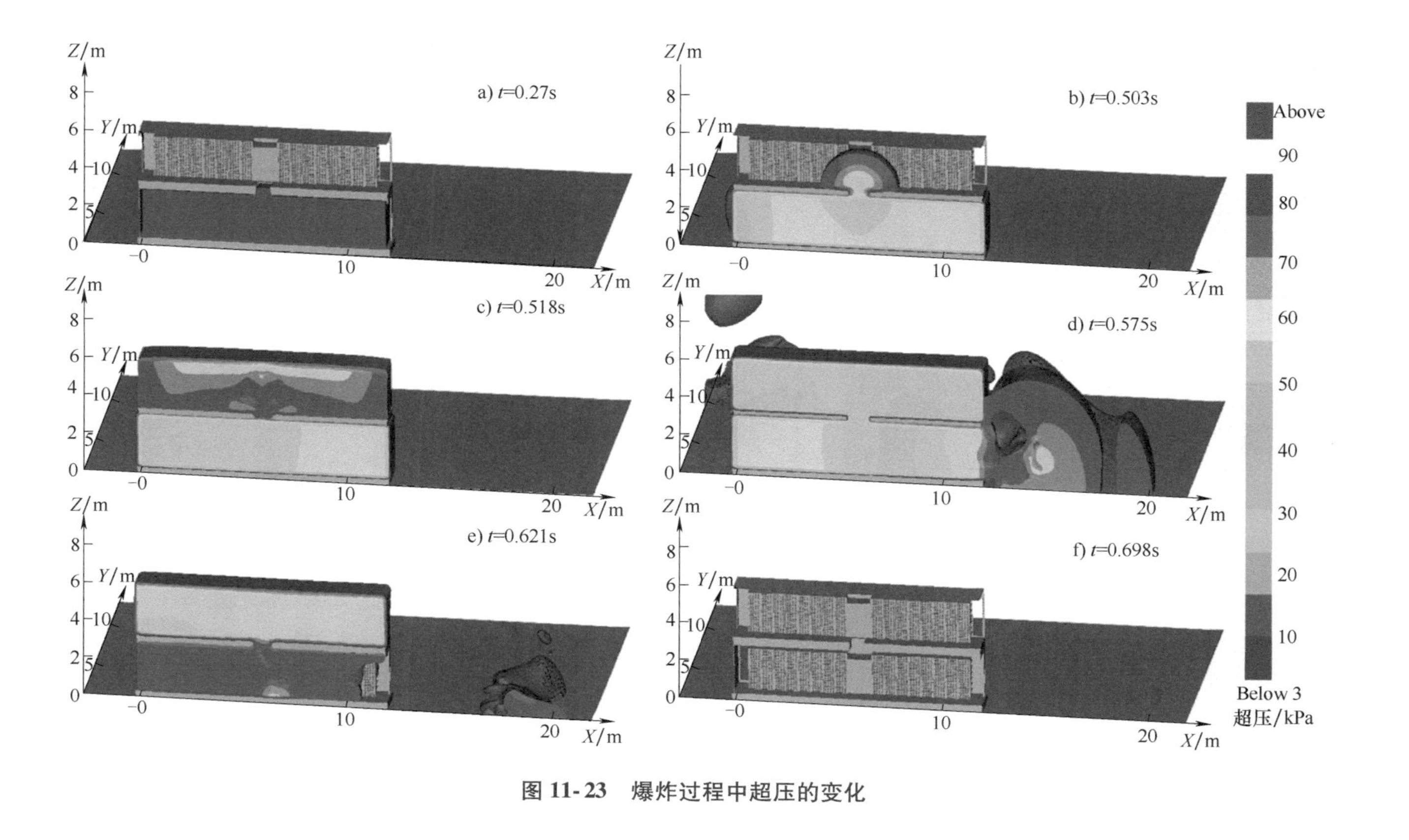

图 11-23　爆炸过程中超压的变化

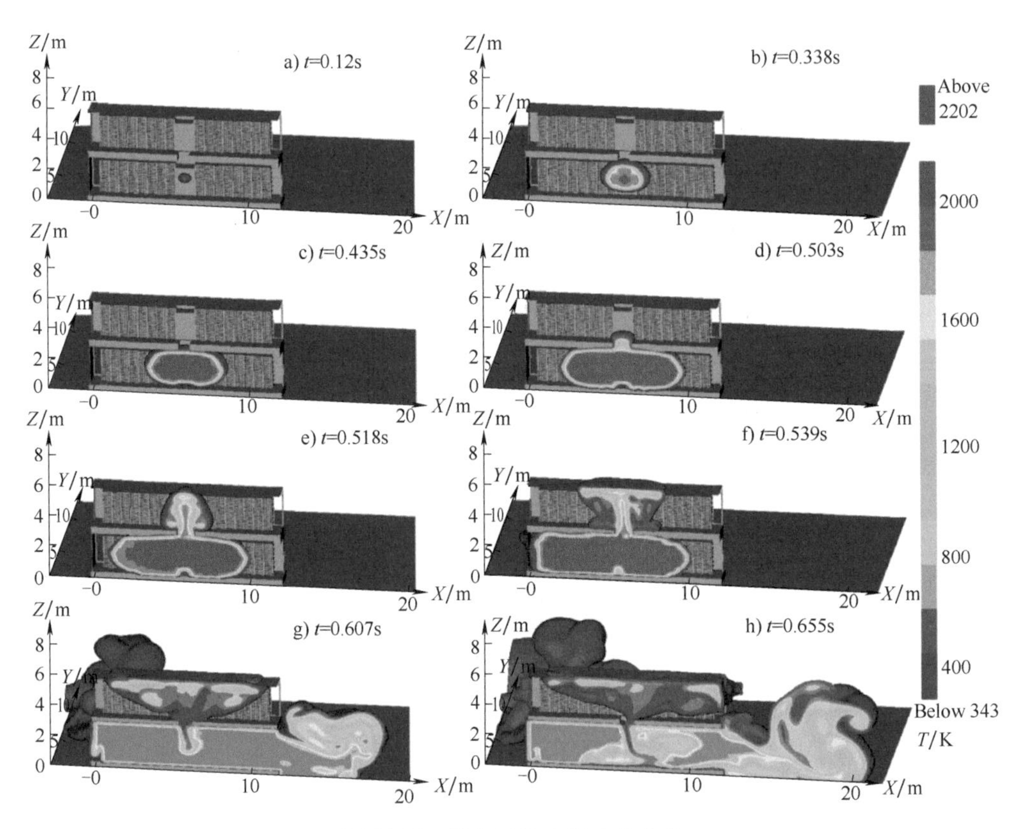

图 11-24 爆炸过程中温度的变化

结果表明，爆炸后底层舱内最高温度可达 1800K 以上，受到爆炸冲击方向的影响，爆炸结束后聚集于顶层舱内中上部的高温烟气温度峰值可达 1000K 以上；另外底层舱集中的泄爆方向可使顶层舱内的空气回流至底层舱内；顶层舱内超压峰值可达底层舱峰值的 0.7 倍。

（2）舱门远端起爆

首先以底层舱内坐标（0.5，1.2，1.7）处为起爆点，分析底层舱门远端起爆时的爆炸过程。图 11-25 所示为爆炸时超压变化过程，图 11-25a 中可见，起爆后 0.39s，底层舱内已被超压完全占据，且距离起爆点更近的左侧空间超压数值更高，峰值超过 20kPa。图 11-25b 所示为起爆后 0.45s 的压力分布，首先可见底层舱内超压整体水平进一步提升，且随着爆炸能量不断向舱体右侧未燃区传递，热量使气体不断受热膨胀，叠加的压缩波在向右侧传播时受到右侧舱门的阻挡，从而使舱体右侧的超压数值不断升高，并呈现梯度分布现象，此时右侧超压峰值接近 60kPa；同时层间 5#泄压板已被底层舱内超压冲开，超压以 5#通行孔为中心，仍以球形向顶层舱传播，说明超压在向顶层舱传播时，其传播形式并未受到起爆点位置的影响。图 11-25c 所示为起爆后 0.47s 的压力分布，首先可见底层舱内超压峰值超过 60kPa，由于位于舱体左侧的 3#和 7#泄压板被冲开，超压由此泄放至舱外，因此左侧超压数值较低，底层舱内超压仍存在明显梯度分布现象。另外顶层舱内压力波在受到顶层舱上壁的阻挡后向舱体两端传播，且此时 5#泄压孔正上方壁面超压峰值超过 20kPa。图 11-25d 中可见，起爆后 0.52s，由于泄压孔的存在，底层舱内超压数值明显下降，处于 30kPa 左右。而顶层舱由于不断接收来自底层舱的爆炸能量，其超压整体数值超过底层舱，顶层舱内角落处超压峰值可达 50kPa。图 11-25e、f 为起爆 0.59s 及之后的超压分布，随着可燃气体的不断消耗以及爆炸能量的不断释放，压力积聚速率明显小于压力泄放速率，表现为出现压力数值持续衰减，同时顶层舱的压力衰减过程较底层舱更快，推测与顶层舱体的壁面冷却效应相关。另外，超压从 0 升至 20kPa 所经历的时间为 0.4s，而从 20kPa 升至 70kPa 所经历的时间为 0.06s，也反映出气体爆炸属于活化反应不断加速的过程。

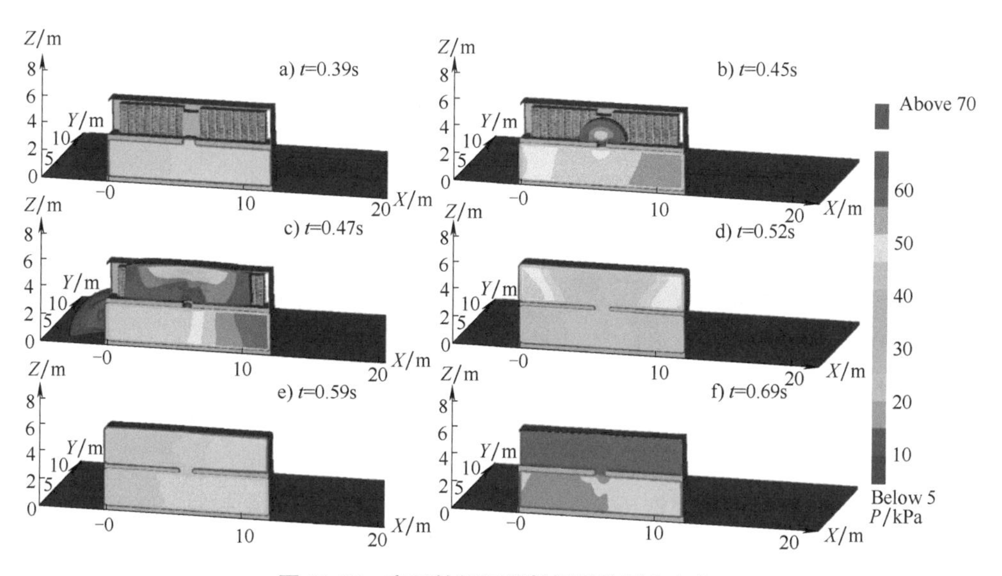

图 11-25　底层舱门远端起爆后的压力变化

图 11-26 所示为底层舱门远端起爆后舱内各泄压板的承压曲线，起爆后底层舱内的 1#、3#、5#以及 7#泄压板对应的承压曲线以一致的趋势加速上升，在层间 5#泄压板被冲开后，局限于底层舱内的超压得以向顶层舱内释放，表现为位于顶层舱内的 2#、4#及 6#泄压板对应的曲线随即迅速上升，且使底层舱内 1#舱门的承压曲线出现下降趋势，而其峰值为 65kPa（未达到其开启压力）。随后顶

层舱内的7#泄压板在0.48s被冲开，使顶层舱内的2#及4#泄压板承压曲线出现短暂下降趋势；而后随着舱内爆炸的进行，超压积聚速率进一步提高，表现为仍未被冲开的1#、2#及4#泄压板对应曲线在0.5s后再次提升，从而使得4#泄压板在0.52s被冲开，随后顶层舱内的超压迅速降低，表现为2#舱门对应曲线迅速下降；直到底层舱内超压在0.57s达到55kPa的峰值时，顶层舱内的2#舱门承压曲线出现短暂抬升；而后随着可燃气体临近完全消耗以及持续的泄压作用，舱内超压持续降低，表现为1#及2#舱门对应承压曲线持续下降。

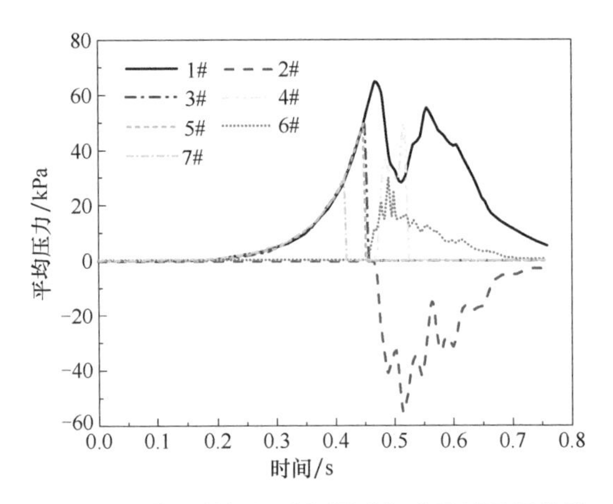

图 11-26　底层舱门远端起爆后各泄压板承压曲线

图11-27所示为底层舱门远端起爆后温度变化过程，最低显示温度仍设为343K，同样显示 $Y>0.9$m 的仿真区域。图11-27a所示为起爆后0.28s的温度分布，此时处于爆炸初期，温度场以起爆点为中心呈球形分布，中心处温度已高达1800K。图11-27b可见，起爆后0.46s，燃烧区域温度峰值达2000K以上。层间5#泄压板被超压冲开，热量随高温烟气传递至顶层舱内。图11-27c所示为起爆后0.48s的温度分布，1800K以上的火焰随爆炸冲击冲入顶层舱内，且火焰略向右偏移，与燃烧波传播速度相对较慢，受爆炸方向影响更为明显相关；顶层舱内高温区域呈冲击形，且覆盖面积进一步扩大。图11-27d为起爆后0.54s的温度分布，首先可见由于热量通过底层舱体左侧的3#和7#泄压孔以及层间5#通行孔，分别向舱外开放环境以及顶层储能舱内传播，导致底层舱内高温区域扩展趋势略有减缓；另外作为传播热量的介质，传播至顶层舱内的高温烟气在受到上壁的阻挡后向两端扩展，顶层舱内最高温度可达1400K以上，而自层间通行孔中延伸出的高温气体通道此时更具方向性，与爆炸冲击方向相符。图11-27e所示为起爆后0.62s的温度分布，底层舱内左侧的温度数值降至1800K，与热量不断通过左侧泄压孔释放至舱外有关，仅燃烧波波面附近温度可

达 2000K。顶层舱内的高温区域进一步扩展，直接受到底层舱高温烟气冲击的壁面位置温度超过 1600K，1000K 以上区域则主要集中于舱内右侧中上部；顶层舱内的热量也通过 4#和 6#泄压孔向舱外释放，高温烟气方向性明显，舱外高温区域同样不断扩展。图 11-27f 中可见，仿真结束时，底层舱内高温区域向右侧未燃区方向的扩展已停止，2000K 以上高温区面积进一步减小，爆炸过程已基本结束。底层舱内左侧及中部的温度基本处于 1800K，而右侧 1/4 空间的温度则处于 343K 以下。顶层储能舱内，右侧空间被 400K 以上的高温烟气完全占据，1000K 以上的高温区域则是紧贴上壁面及右壁面分布，与高温烟气流动方向有关。顶层舱内左侧同样出现 343K 以下的低温区，舱外高温区域则是进一步扩张。

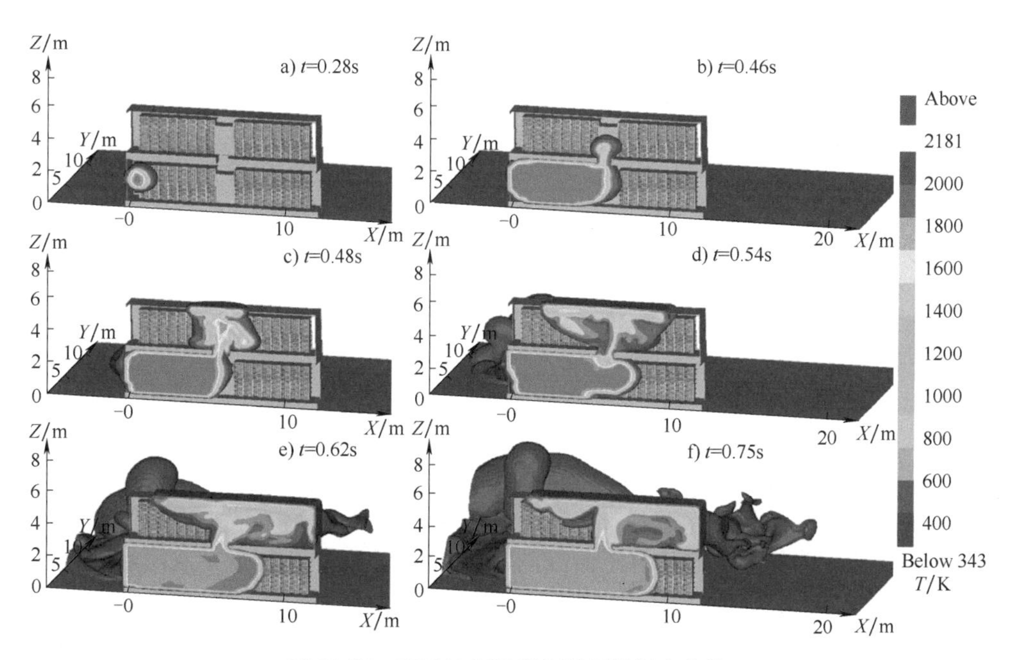

图 11-27　底层舱门远端起爆后的温度变化

由于本仿真无法模拟爆炸结束后的温度分布及模组的燃烧情况，考虑到实际事故场景中高温烟气的扩散以及热量的传递，随着时间的推移，双层舱内将完全被高温烟气占据。但在本仿真中底层舱以及顶层舱内存在的低温区现象，仍可对底层舱门远端起爆后的热场变化提供参考。

（3）舱门近端起爆

将起爆点坐标设置为（11.5，1.2，1.7），对底层舱门近端起爆的爆炸过程进行研究。图 11-28 所示为底层舱门近端起爆后各泄压板的承压曲线，起爆后底层舱体上的 1#、3#、5#以及 7#泄压板对应承压曲线以较为一致的趋势加速上升。随着 7#、5#以及 3#泄压板相继被超压冲开，原本局限于底层舱内的超压通过泄压孔向顶层舱以及舱外释放，表现为顶层舱内的2#、4#及6#泄压板承压曲线在0.45s后上升，底层舱的1#泄压板曲线在0.46s出现短暂下降趋势。而后随着爆炸的发展，底层舱内超压进一步提升，底层舱以及顶层舱各泄压板承压曲线再次上升。但随着顶层舱6#泄压板在0.48s被冲开，舱内泄压速率由此得到提升，表现为还未被冲开的1#、2#及4#泄压板承压曲线在0.48s再次出现下降趋势，但下降幅值相对有限，仅为5kPa。随着可燃气的持续燃烧，底层舱内超压再次上升并达到泄压面积最大的1#泄压板开启压力，并使顶层舱的4#泄压板也被冲开，整个双层舱内的超压随即出现明显下降趋势。

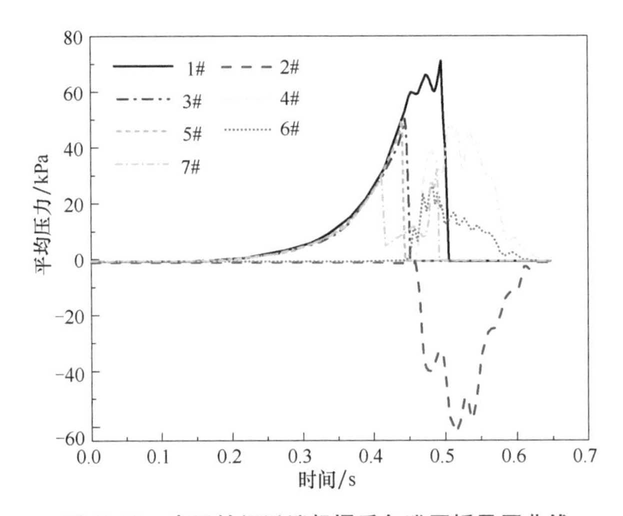

图 11-28 底层舱门近端起爆后各泄压板承压曲线

近端起爆后各泄压板的承压曲线与本节中底层舱中心起爆（双层舱典型爆炸）过程类似，底层舱体上所有泄压板均被冲开，顶层舱体上仅有开启压力最大的2#舱门未被冲开。不同之处在于近端起爆时，层间泄压板被冲开后，底层舱1#泄压板承压曲线下降幅值较小，且顶层舱内的超压峰值更高，可达60kPa。反映了当起爆点位于舱门近端时，由于距离舱外空气更为接近，使得底层舱内的爆炸强度相对提高，从而使爆炸过程中的超压上升速率以及幅值均有所提高。

图11-29为底层舱门近端起爆后的温度变化。图11-29a中可见，起爆后0.38s，温度层分布与距起爆点的远近呈明显梯度关系，起爆点附近温度峰值可达2200K。图11-29b所示为起爆后0.47s的温度分布，此时底层舱内1/2空间已被2000K以上高温覆盖，且层间5#泄压板已被冲开，底层舱内的火焰及高温烟气以冲击形传播至顶层舱内，5#泄压孔中心温度峰值可达1800K以上。图11-29c中可见，起爆后0.49s，底层舱内高温区域继续向左侧未燃区扩展，2000K以上高温已占据底层舱内3/4的区域，剩余1/4区域也被343K以上高温

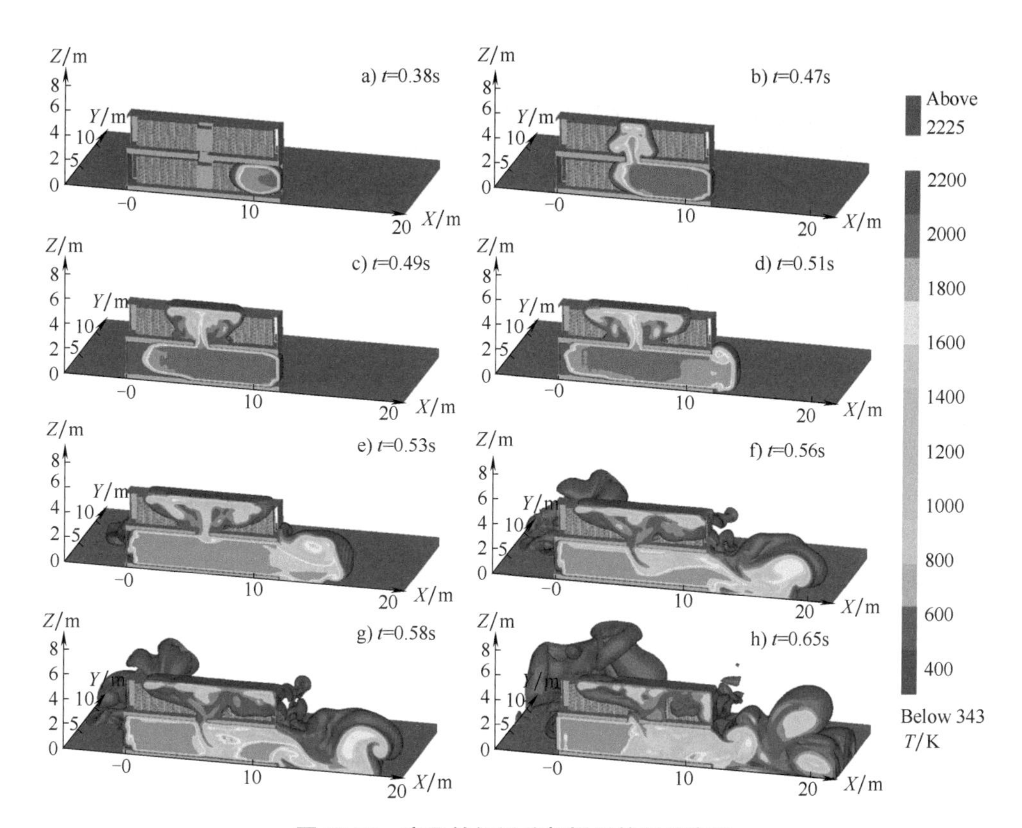

图 11-29　底层舱门近端起爆后的温度变化

覆盖。层间通行孔正上方温度峰值达 1600K 以上，顶层舱内高温区域继续扩张。图 11-29d 所示为起爆后 0. 51s 的温度分布，底层舱基本被 1800K 以上的高温完全占据，同时泄压面积最大的 1#舱门被超压冲开，其附近区域的温度明显下降。随着爆炸所产生的热量不断通过泄压孔传递至舱外和顶层舱内，以及可燃气接近完全消耗，2000K 以上高温区域仅分布于底层舱内中部。顶层舱内温度峰值区域仍是与通行孔相接的气体通道，峰值可达 1800K。图 11-29e 中可见，起爆后 0. 53s，底层舱内温度基本降至 1800K，说明此时由气体燃烧的产热速率已小于通过高温烟气进行热传导以及热辐射等方式的散热速率，爆炸过程临近结束。通过 1#舱门传播至舱外的高温烟气温度峰值可达 1800K 以上。顶层舱内的温度峰值可达 1000K 以上，主要集中在通行孔上方以及舱内顶部。图 11-29f 所示为起爆后 0. 56s 的温度分布，底层 1#舱门外的高温范围进一步扩展，与此对应的是舱内 1#舱门附近的温度明显下降，且高温烟气随爆炸冲击波冲出舱门时产生强烈气流，使得顶层舱内温度为 343K 以上的气体被裹挟回流至底层舱内。顶层舱内的高温烟气也通过 4#及 6#泄压孔释放至舱外开放环境中。图 11-29g、h 中可见，起爆0.58s后，底层舱1#舱门外的高温区域持续扩张，1000K以上高温区域最远扩展至10m外，而底层舱内右侧的温度数值降至1000K左右，相比于底层舱内温度高达1800K的左侧区域，泄爆时的气流更偏向于使顶层舱内的“低温”空气回流，两层之间的“低温”空气通道明显可见，此时顶层舱内的左下方温度尚处于343K以下。

对比底层舱内不同起爆点的爆炸效果，舱门远端起爆相比于典型爆炸场景，相似点在于：①顶层舱内温度峰值均可达1000K，且集中在中上部；②顶层舱内超压峰值仅相差5kPa。不同点在于爆炸结束后1800K以上的高温仅覆盖底层舱左侧3/4空间，底层舱门未被冲开，反映了起爆点位置对爆炸发展过程所造成的影响。

舱门近端起爆相比于典型爆炸场景（中心点起爆），相似点在于舱内的温度场分布：①爆炸过程中1800K以上的高温均曾完全覆盖整个底层舱空间，底层舱门均被超压冲开，低温气体通道明显；②而顶层舱内温度峰值均可达1000K，且集中在中上部。不同点在于：①舱门近端起爆后，爆炸能量能就近通过泄压面积最大的舱门及早得到释放，导致起爆点（舱门）附近的温度峰值更低；②但由于起爆点靠近舱外空气，相对提升了爆炸强度，使顶层舱内超压数值高出10kPa。

11.3.2 顶层舱爆炸特性

双层储能舱叠放式的结构使其存在更多爆炸类型，不同的爆炸方向使爆炸后的高温烟气扩散方向及能量传递途径也不同，在研究底层舱内不同起爆点的爆炸效果后，本节对顶层舱内不同起爆点的爆炸效果进行分析。在与底层舱起爆时相同的仿真条件下，仅将可燃气范围及起爆点同时向上方平移3m，分析顶层储能舱内发生爆炸后，整个双层舱内的温度场及压力场等的变化过程。

（1）中心起爆

顶层舱门近端起爆后的温度场分布与顶层舱内典型爆炸场景（中心起爆）具有相似趋势，在此仅对顶层中心起爆的爆炸过程进行分析。图11-30所示为顶层舱爆炸后储能舱内的超压变化，同样取Y>0.9m作为显示区域，超压最低显示数值为10kPa。

图11-30a中可见，起爆后0.32s，顶层舱内整体超压同样具有明显一致性。图11-30b中可见，起爆后0.48s，层间5#泄压板已被顶层舱内超压冲开，超压以通行孔为中心呈球形向底层舱内传播，同时顶层舱4#舱门也被冲开，但此时其影响范围较小。图11-30c中可见，4#舱门附近超压数值明显降低，最低降至30kPa，体现了泄压孔的泄压作用，而顶层舱内左侧超压数值仍有上升，超过60kPa，与可燃气的加速燃烧相关。底层舱内的超压数值也进一步提升。图11-30d

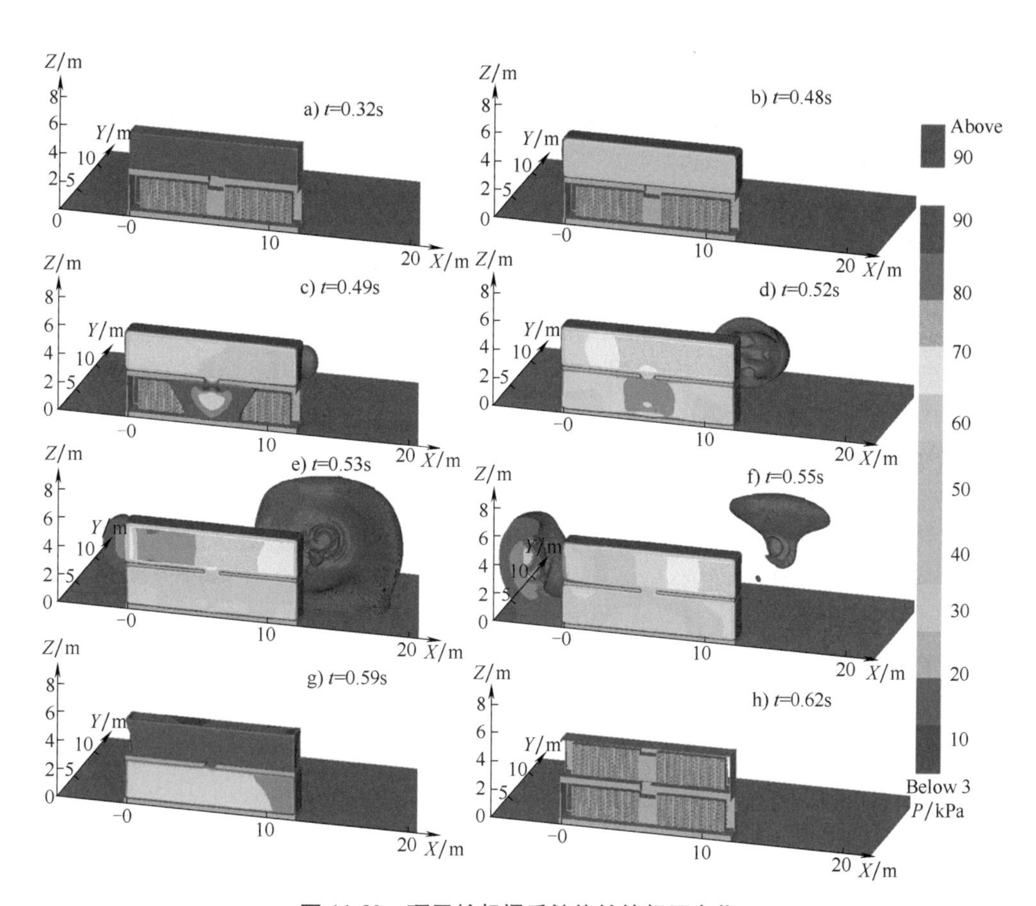

图 11-30　顶层舱起爆后储能舱的超压变化

中可见，顶层舱内的超压数值升至 70kPa 以上并具有较好一致性，与此时泄压面积有限有关，并且与舱内超压积聚速率超过了通过 4#及 5#泄压孔的泄压速率有关；另外由于建筑结构的阻挡作用，底层舱内两端的超压数值最高，可达 30kPa 以上。通过 4#泄压孔外的超压影响范围进一步扩展，同样呈曲面形状，但数值基本未超过 20kPa。图 11-30e 所示为起爆后 0. 53s 的超压分布，可见顶层舱 2#舱门被超压冲开，而此前顶层舱内超压始终通过舱体右端 4#舱门释放至舱外，导致舱内超压由左至右呈现梯度下降趋势；而底层舱内主要空间则被 30kPa 以上超压占据，舱外超压影响范围进一步扩展至低空层。图 11-30f 所示为起爆后 0. 55s 的超压分布，由于 2#舱门的泄压面积较 4#舱门更大，因此顶层舱内超压由右至左呈现梯度下降趋势。而随着爆炸的进一步发展，底层舱内超压峰值升至 60kPa，且峰值超压同样位于舱体两端角落处。图 11-30g、h 为起爆 0. 59s 及之后的仿真画面，由于可燃气体几乎被完全消耗，超压积聚速率明显降低，双层储能舱内超压全面下降，而由于顶层舱泄压面积更大，因此顶层舱内超压衰减速度较底层舱更快。

图 11-31 所示为顶层舱内发生爆炸后，双层舱内的温度变化。图 11-31a、b 中可见，层间 5#泄压板被冲开之前，顶层舱内高温区域的变化过程与底层舱类似，图 11-31b 中也可见，起爆后 0.49s，5#泄压板已被冲开。图 11-31c 中可见，底层舱内的高温区域与爆炸冲击方向相符，多集中于底层舱体中下部，高温烟气在爆炸冲击下直抵舱体底部，在受到地板的阻挡后向舱体两端蔓延，底层舱内最高温度可达 1600K 以上。另外顶层储能舱上的 4#舱门已被冲开，高温区域向舱外扩展。图 11-31d 所示为起爆后 0.55s 的画面，此时顶层舱 2#舱门也被冲开，舱内热量在向底层舱及舱外传播的过程中逐渐降低，舱内温度基本为 2000K，顶层舱内温度峰值区域集中于距离泄压孔较远的舱体中部。底层储能舱内的高温范围进一步扩展，仍多聚集于舱内中下部。图 11-31e、f 所示为高温区域后续发展情况，由于 2#泄压孔面积较大，因此顶层舱内 2#泄压孔附近区域热量散失速率更快，表现为温度更低。另外由于顶层舱内 X 轴负向为主要泄爆方向，使得底层舱内 400K 气体被裹挟从通行孔流入顶层储能舱内，形成温度相对较低的气流通道，而图 11-31f 中顶层舱内的气流通道温度升至 1000K 以上，是在回流过程中被顶层舱内的热量加热所致。另外由于顶层舱所处位置较高，在此爆炸方向下释放出的热量同样多聚集于较高位置，舱体周围较低位置处出现“低温

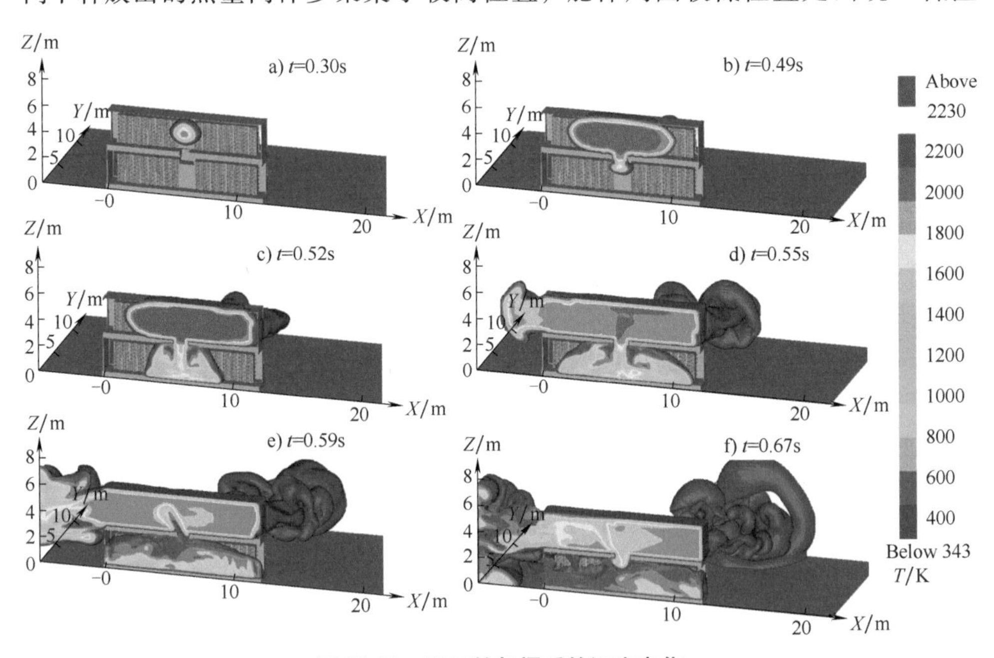

图 11-31 顶层舱起爆后的温度变化

区”。底层舱内 600K 以上的温度峰值区域聚集于舱体底部，但考虑到高温烟气易向上运动，在此仿真未能模拟出的后续事故时间内，高温区域将进一步占据整个底层舱体空间。

（2）舱门远端起爆

随后将起爆点设置为（11. 5，1. 2，4. 7），对顶层舱门远端起爆的爆炸过程进行分析。图 11-32 为顶层舱门远端起爆后各泄压板的承压曲线，设置于顶层舱体上的 2#、4#、6#以及层间的 5#泄压板的对应曲线在起爆后逐渐加速上升，开启压力最低的 6#泄压板对应曲线在 0. 4s 率先下降，随后开启压力相同的 4#及 5#泄压板对应曲线基本同时下降，局限于顶层舱内的超压随即通过打开的 5#泄压孔向底层舱内传播，底层舱内的 1#、3#以及 7#泄压板对应曲线瞬间上升。起爆后 0. 44s，顶层舱内的超压进一步提升至泄压面积最大的 2#舱门的开启压力，舱内超压迅速下降，表现为底层舱内的 1#、3#以及 7#泄压板对应曲线随后出现波动下降趋势。在顶层舱门远端起爆场景中，顶层舱内超压峰值达到 70kPa，顶层舱内所有泄压板均被冲开。而底层舱内超压峰值为 40kPa，仅 7#泄压板被冲开。

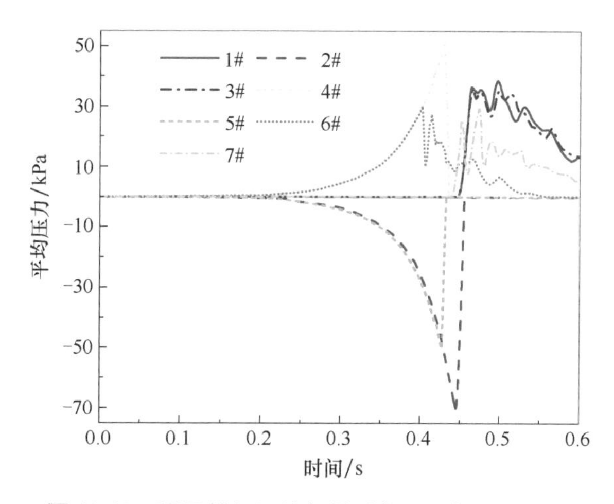

图 11-32　顶层舱门远端起爆后各泄压板承压曲线

图 11-33 所示为顶层舱门远端起爆后的温度变化，图 11-33a 所示为起爆后 0. 27s 的温度分布，仍然是呈球形向四周传播。图 11-33b 中可见，起爆后 0. 45s 顶层舱内温度峰值达 2000K，4#泄压板以及层间 5#泄压板已被超压冲开，高温烟气随爆炸冲击波传播至舱外以及底层舱内，此时底层舱内的高温烟气峰值温度可达 1800K 以上。图 11-33c 所示为起爆后 0. 50s 的温度分布，此时顶层舱面积最大的 2#舱门已被冲开，随着大量承载热量的高温烟气从其中冲出，顶层舱内的温度峰值降至 1800K。同时由于通过 2#舱门进行主要泄爆的 *X* 轴负向泄爆

方向，顶层舱内的高温烟气几乎不再经由5#泄压孔进入底层舱内，底层舱内峰值温度为1000K且集中在舱内底部。图11-33d所示为起爆后0.60s的温度分布，底层舱内较低温度气体回流至顶层舱内的现象再次出现，顶层舱中的“低温”空气通道明显，且由于较低温度气体的冷却作用以及持续的热量流失，顶层舱内上方的温度有所下降；而底层舱内的热量则通过5#通行孔不断散失，此时底层舱内温度基本降至600K。

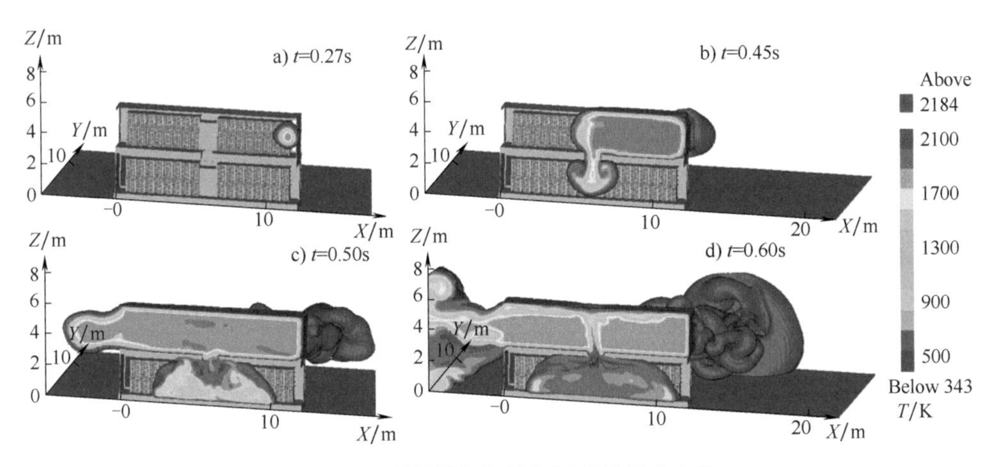

图11-33 顶层舱门远端起爆后的温度变化

顶层舱门远端起爆相较于顶层舱中心起爆（以及顶层舱门近端起爆），相同之处在于温度场分布基本类似，顶层舱门均被冲开，1900K以上高温均完全覆盖整个顶层舱内，底层舱内高温区域均集中在中下部，由通行孔连接的低温气体通道均明显可见。不同之处在于顶层舱门远端起爆时，底层舱内600K以上高温覆盖区域有所缩减，且超压峰值也有所降低，这是由于受到起爆点位置的影响，爆炸方向使得爆炸能量在传播至底层舱的过程中受到阻碍。

对比顶层舱门远端起爆以及底层舱门远端起爆，虽然同为单侧舱门的远端起爆场景，但由于通行孔位置相对于爆炸方向的不同，爆炸效果存在明显差异。当顶层舱门远端起爆时，舱内积累的超压将开启压力为70kPa的舱门冲开，1800K以上高温完全覆盖顶层舱内空间，而未发生爆炸的相邻舱内温度仅为600K以上；底层舱门远端起爆时，底层开启压力为70kPa的舱门未被冲开，1800K以上高温仅覆盖底层舱内3/4空间，而未发生爆炸的相邻舱内温度可达1000K以上。顶层舱发生爆炸时舱内所累积的超压数值明显更高，高温覆盖区域更广，未发生爆炸的相邻舱温度更低，说明在舱门远端起爆的情况下，爆炸能量并不倾向于通过中心处通行孔从上往下传播，顶层舱发生爆炸后的爆炸能量更多地保留在顶层舱内，传播至底层舱内的能量有限；而当底层舱内发生爆炸时，承载着热量的高温烟气更易通过中心处通行孔传播至顶层，导致顶层舱内的温度明显更高。

11.3.3　结构可行性分析

根据双层储能预制舱的爆炸仿真结果，当层间存在连通时，双层舱内任意起爆点所造成的爆炸均会影响到整个舱体，压力波、高温烟气甚至火焰波将通过层间连通孔传播至正常舱体内：当底层舱内发生爆炸后，顶层舱内最高温度可达 1000K 以上；当顶层舱内发生爆炸后，底层舱内最高温度可达 600K 以上，高温影响范围均可占正常舱体 2/3 以上，考虑到爆炸可能引发模组持续燃烧并引发连锁反应，爆炸后正常舱内的温度将会更高，高温影响范围将会更广。因此在当前的双层储能舱模型下，爆炸后的风险相对于单层储能舱将更高，所造成的经济损失及爆炸灾害程度更大，鉴于气体爆炸风险无法忽视，从气体爆炸角度，当前的双层几何模型可行性不高。

另一方面，本章中双层储能预制舱气体爆炸特性的研究也为双层结构设计提供启示：①为了尽量避免爆炸风险的提高，应减少两个舱体的接触和连通，在保证结构稳定性的前提下，对底层及顶层的舱体进行间隔处理；②由于爆炸及火灾事故出现之后，高温烟气及热量更易向上方传播，因此有必要对舱体外壳（尤其是顶层舱体）进行隔热化处理，配合消防系统，降低事故发生后高温对正常舱体所造成的影响。

11.4　本章小结

本章在真实储能场景的基础上建立气体爆炸仿真模型，对单层以及双层储能舱的典型气体爆炸过程进行数值分析，并进一步分析不同起爆条件下的单层储能舱爆炸特性，以及不同起爆点下双层舱体间互相的影响特性。分别建立了单层储能舱以及双层储能舱气体爆炸模型，研究了单个模组所产生的可燃气在中心处起爆等条件下的典型爆炸过程。单层储能舱仿真结果说明，爆炸后舱内温度峰值可达 2000K 以上，相邻舱室内部存在直接受到高温甚至火焰影响的可能性。双层储能舱仿真结果说明，底层舱中心起爆后，顶层舱内温度峰值可达 1000K 以上，顶层舱内超压峰值可达底层舱峰值的 0.7 倍。

对单层储能舱的不同起爆条件进行敏感性分析，研究了不同泄压板开启压力、可燃气浓度以及起爆点下的爆炸特性。结果说明：①舱内超压峰值与泄压板开启压力呈正相关；②汽化电解液体积分数为 14% 时舱内爆炸威力最强；③双侧舱门式储能舱中不同起爆点的超压峰值变化区间为 1~1.5 倍舱门开启压力。最后基于以上研究提出通过加装隔离板等储能舱安全防护策略。

对双层储能舱不同起爆点下的舱体之间互相影响特性进行分析，结果说明：①底层舱门远端起爆时舱内存在未燃区；②顶层舱起爆后相邻舱内温度可达600K，其中舱门远端起爆时对相邻舱的高温影响相对较小。

以上气体爆炸特性研究可为储能舱的安全运行及推广应用提供参考依据。

第 12 章

火灾事故处置

除了常规电站可能发生的变压器火灾、电缆火灾外，锂离子电池储能电站还可能发生电池火灾等其他火灾。电池在充放电过程中外部遇明火、撞击、雷电、短路、过充或过放等各种意外因素有发生火灾爆炸的危险性；电池因过电压或过电流导致设备温度过高，形成引燃源；电池热管理系统故障导致设备高温运行，如通风道堵塞、风扇损坏、安装位置不当、环境温度过高或距离外界热源太近，均可能导致电池系统散热不良，引发火灾。本章主要介绍储能电站发生火灾事故后需要紧急处理的相关内容。主要分为 3 部分：储能电站的火灾特性、灭火介质选择、灭火剂效果对比。

12.1 储能电站火灾特性

由锂离子电池热失控引发的火灾往往含有下列 5 类火灾：

1）负极材料石墨为燃料的固体火灾（A 类）。

2）有机电解液为燃料的液体火灾（B 类）。

3）隔膜分解以及其他副反应的气体产物为燃料的气体火灾（C 类）。

4）铝集流体以及内部嵌锂为燃料的金属火灾（D 类）。

5）系统整体引起的电气类火灾（E 类）。

锂离子储能电站在过充、短路或热冲击条件下发生热失控致火时，荷电状态对电池的燃烧行为有很大影响。高荷电状态下的电池具有更多次数的射流火焰产生，并释放出更多的燃烧热，这主要是由于：①储能电站自身存储有大量电能，有很高的比能量；②储能系统内具有大量电解液，热失控时正负极材料和电解液之间的化学反应将释放大量热能。此外，电解液分解产生大量可燃性气体，当电池泄压阀打开后，可燃性气体遇高温燃烧，导致火灾事故产生。

锂离子电池的火灾危险程度与单体电池的物质组成直接相关。对于磷酸铁锂电池，过充电情况下引发热失控的主要反应形式为持续释放大量的可燃烟雾，持续时间长且反应温度较低，这与三元锂电池燃烧迅速，呈爆燃状的行为差异较大。磷酸铁锂电池加热引发的热失控同样一般不会发生主动式着火或者爆炸，但电池热失控过程中会产生大量的可燃气体，在封闭空间内具有爆炸的风险。

锂离子电池储能电站火灾的特点有以下几点：

1）火势蔓延程度受电站布置影响。储能电站通常由舱式储能单元组成，储能单元间的布置间隔决定了火势蔓延程度。

2）火灾时释放有毒气体。火灾时释放有毒气体，在封闭的储能舱中局部浓度较大，火灾时内部能见度较低。

3）火灾复燃可能性大。明火被扑灭后，内部的放热反应却并未终止，仍有热量不断被释放，可燃气体持续逸出，遇高温电池金属外壳后被重新点燃。

4）灭火以隔离控制为主。对封闭舱式储能电站火灾，火灾时可燃气体爆炸的风险很高，将火势控制于单个储能单元即为有效隔离。

12.2 灭火介质选择

12.2.1 灭火原理

灭火的技术关键就是破坏维持燃烧所需的条件，使燃烧不能继续进行。灭火方法可归纳为隔离法、窒息法、冷却法和化学抑制法四种，前三种均是通过物理过程灭火。火灾的扑救通常是通过上述四种方法的一种或综合几种方法作用灭火。

（1）隔离法

隔离法的原理是将空气和燃烧物质进行隔离或者移开，燃烧物质因缺少必要的燃烧条件不能蔓延而停止。灭火时隔离法的具体做法为使用泡沫或者石墨粉，在燃烧的物体和空气之间形成有效的隔断，当可燃物与空气隔离开时，火焰就失去了燃料来源，氧气供给也会减少，进而达到燃烧自动阻断的效果。然而采用隔离法时，疏散火场的可燃物质有造成新的火灾隐患的可能，应对搬离火场的可燃物质进行有效处理，避免二次火灾的发生。

（2）窒息法

窒息法是通过阻断燃烧区空气流或者利用不可助燃的惰性气体来稀释空气，使得燃烧时燃烧物因氧气减少而熄灭。在窒息法中，一种行之有效的方法就是利用氮气或者二氧化碳来对空气中氧气的浓度进行有效的稀释。一般地，空气中氧气浓度约为20%，当低于该值氧气不足时，整个燃烧的过程便会遇到阻碍。

窒息法的主要方式还有利用石棉毯、黄沙、泡沫等难燃物覆盖燃烧物，另外也可对起火的舱体进行封闭来实现。

（3）冷却法

燃烧物在燃烧时必须要达到其燃烧所需要的燃点，这是一个必备的条件。假如能够把可燃物的温度降低到燃点以下，那么燃烧也可以被终止。冷却法就是利用这个原理，其主要做法是将可燃物的温度降到其燃烧所必需的燃点以下，不具备充分的温度，燃烧过程便被终止。

（4）化学抑制法

化学抑制法主要是基于连锁反应的原理，将化学灭火剂喷入燃烧区使其参与燃烧反应，可以销毁燃烧过程中产生的游离基，形成稳定分子或低活性游离基，从而使燃烧反应停止，达到灭火的目的。该方法能够有效地抑制物体的燃烧，在消防灭火的过程中得到了有效的推广。燃烧物中含有的氢对维持可燃物的有效燃烧起到十分重要的作用，碳氢化合物燃烧的火焰中，其连锁反应的维持主要靠 H・、OH・、O・这些自由基来完成。卤代烷灭火剂在火焰的高温作用下会产生 Br、Cl 和粉粒，这些物质可以对火焰的产生起到抑制作用，能够实现高效灭火。

12.2.2　常用灭火剂

围绕抑制锂离子电池火灾灭火剂的研究最早应用在航空领域。表 12-1 分析比较了气、液、固三种不同种类的灭火剂灭火机理，以评估不同种类灭火剂对电化学储能电池火灾的适用性。

表 12-1　抑制锂离子电池火灾灭火剂比较

灭火剂种类	常用灭火剂名称	灭火机理	优缺点	实验论证
气体灭火剂	卤代烷 1301、哈龙 1211	销毁燃烧过程中产生的游离基，形成稳定分子或低活性游离基	降温效果有限，无法抑制锂离子电池的复燃。对臭氧层破坏，已在我国全面禁止使用	美国联邦航空管理局（FAA）
	CO_2、IG-541、IG-100	稀释燃烧区外的空气，窒息灭火	灭火效果较差，出现复燃。对金属设备具冷激效应（即对高热设备元件具有破坏性），同时对火灾场景密封环境要求高，不环保	应急管理部天津消防研究所、中国船级社武汉规范研究所

（续）

灭火剂种类	常用灭火剂名称	灭火机理	优缺点	实验论证
气体灭火剂	洁净气体灭火剂，如HFC-227ea/FM-200（七氟丙烷）、HFC-236fa（六氟丙烷）、Novec1230、ZF2088	分子汽化迅速冷却火焰温度，窒息并化学抑制	无冷刺激效应，不造成被保护设备的二次损坏。燃烧初期有大量氟化氢等毒性气体产生，需要考虑灭火剂浓度设置	中国科学技术大学火灾科学国家重点实验室
水基型灭火剂	水、AF-31、AF-32、A-B-D 灭火剂	瞬间蒸发火场大量热量，表面形成水膜，隔氧降温，双重作用	降温灭火效果明显，成本低廉且环境友好，但耗水量大，扑救时间长。喷雾强度为 2.0L/(min · m^2)，安装高度为 2.4m 条件下，细水雾灭火系统无效	美国联邦航空管理局（FAA）、应急管理部天津消防研究所、德国机动车监督协会（DEKRA）、英国民航管理局（CAA）
	水成膜泡沫灭火剂	特定发泡剂与稳定剂，强化窒息作用	3%水成膜泡沫灭火剂无法解决电池复燃问题	应急管理部天津消防研究所
干粉灭火剂	超细干粉（磷酸铵盐、氯化钠、硫酸铵）	化学抑制或隔离窒息灭火	微颗粒、具有严重残留物、湿度大对设备具有腐蚀性。干粉灭火剂对锂离子电池火灾几乎没有效果	应急管理部天津消防研究所、中国船级社武汉规范研究所
气溶胶灭火剂	固体或液体小质点分散并悬浮在气体介质中形成的胶体分散体系（混合金属盐、二氧化碳、氮气）	氧化还原反应大量产生烟雾窒息	亚纳米微颗粒（霾），金属盐、具有残留物、对设备具有腐蚀性及产生高热性损坏，伴有大量烟气污染周围环境。与水基灭火剂结合使用可有效提高锂离子电池火灾扑救效率，减少耗水量	德国机动车监督协会（DEKRA）

在我国储能电站建设早期，多采用以七氟丙烷作为灭火剂的全淹没柜式灭火装置。2018 年 7 月，当时国内规模最大的镇江 101MW/202MWh 电网侧分布式储能电站投运。基于当时对磷酸铁锂储能电池安全性的认知，其灭火设施配置

为：储能舱内设置预制七氟丙烷灭火装置和移动式干粉灭火器，舱外配置灭火沙箱。然而，七氟丙烷等气体灭火装置，是通过隔绝氧气来实现灭火，无法使电池降温，一旦有外部氧气进入，就易引起电池复燃。由于电池燃烧过程中会产生一氧化碳、甲烷等易燃易爆气体，电池复燃后可能又引发气体爆炸。频发的火灾事故及相关科研单位对储能锂离子电池模组安全性的实验均表明，以七氟丙烷为灭火介质的气体自动灭火系统，可以扑灭舱内初期火灾，但无法抑制复燃，还有明显的短板。

目前，我国储能电站已经开始应用水作为灭火剂，包括储能舱细水雾灭火系统和储能舱外移动式冷却水系统（利用室外消火栓）。水是最常用、便宜及易获取的灭火介质，在储能舱内小型或大型火灾的消防处置中都发挥着不可替代的作用。对于储能电站内的初期燃烧事故，如单个模组的燃烧，可以使用储能舱内的消防管路及细水雾喷头对燃烧模组或燃烧区域进行灭火及降温。此时，细水雾的流量及压强应保证可以快速灭火，喷射时间应使电池不再复燃。而一旦火情蔓延至整个储能舱，由于电池材料的易燃性及电池的密集排布，此时热量集聚、燃烧剧烈且持续时间长，同时有大量有毒气体排放，储能舱内部消防措施无法发挥作用，只能依靠外部消防救援，消防车携带的主要灭火剂是水。比如 2021 年 7 月 30 日，位于澳大利亚维多利亚州的特斯拉 Megapack 储能系统中某储能舱发生爆燃事故，13 吨锂离子电池剧烈燃烧，现场烟雾弥漫（见图 12-1）。起火后的第 4 天，当地政府仍在努力控制火势，15 辆水罐车 150 名消防员对其进行救援，最终成功阻止了火势蔓延并让事故储能舱自行完全燃尽。

图 12-1　澳大利亚维多利亚州的特斯拉 Megapack 储能系统爆燃事故

当前国内外围绕储能电池的灭火介质选择已经开展了大量研究，但究竟延续采用气体灭火系统还是可以选用水灭火系统尚存在争议，同时如何有效避免初期火灾扑灭后储能电池自身持续反应引发的复燃是研究的热点。早期电池储能舱内采用的柜式七氟丙烷灭火装置可以扑灭舱内初期火灾，但无法抑制复燃。2019 年美国消防协会发布《锂离子储能系统自动喷水保护指南》，针对三元锂离子电池储能柜和磷酸铁锂电池储能柜开展了自动喷水灭火实验。结果表明，对于并排布置的储能柜，自动喷水灭火系统仅能起到延缓火焰蔓延的效果，但无法完全扑灭火灾，尤其是对三元锂离子电池储能柜，持续喷水未能有效阻止储能柜全面燃烧。2019年以来，我国研究人员通过一系列实验发现高压细水雾对于扑灭电池火灾、防止复燃具有不错的效果。当前我国针对电池储能舱内固定灭火系统的设计路线，一方面正在开展细水雾灭火系统的研发，通过细水雾的窒息、持续冷却和隔绝热辐射的多重作用，有效扑灭初期火灾并防止发生复燃；另一方面是研发多级喷射的气体灭火系统，如多次喷射能形成舱内全淹没的七氟丙烷灭火系统以及冷却效果更好的全氟己酮灭火系统。

（1）细水雾灭火剂

细水雾（在最小设计工作压力下、距喷嘴1m处的平面上，水雾中的雾滴粒径$D_v<1000\mu m$）灭火技术是一种全新的灭火技术，凭借无污染、冷却迅速、成本小和不易复燃等优点获得大量关注。其通过①冷却降温；②水雾气化吸收火灾散发的大量热量，迟滞升温；③密集水雾隔绝氧气，达到窒息效果；④吸收热辐射等方式扑灭火灾，四种机理共同作用，灭火效果突出。

细水雾灭火可行性经过多年实验论证，得到充分肯定。与水喷淋灭火系统相比，细水雾灭火系统耗水量大幅降低，同时降低了因喷洒水量过多造成电气设备短路的可能性；与气体灭火技术相比，细水雾灭火技术更显廉价、清洁，也避免了气体灭火剂因浓度下降而复燃的可能。而且细水雾幕对火灾烟气具有较好的抑制效果，可大幅降低火场烟气的光学密度，提高能见度，有效延迟烟气穿过细水雾幕的时间，便于人员疏散撤离。

高压细水雾具有扑救A类、B类、D类和E类火灾的能力，且对灾后烟气具有较好的净化作用。

（2）气态灭火剂

目前我国常用的气体灭火剂有卤代烷1302、CO_2、IG-541、Novec1230、六氟丙烷和七氟丙烷等灭火剂。其中卤代烷1302通过消除燃烧过程中产生的游离基来灭火，降温效果有限，且因对臭氧层有所破坏，已在我国全面禁用；CO_2和IG-541通过隔绝氧气灭火，灭火效果一般，对高热设备元件具有破坏性，同时对密封条件要求高，不适用于锂离子电池模组灭火。

1）Novec1230灭火剂属于氟化酮类，是一种新的哈龙替代品，常温下无色、无味、易气化，运输储存方便。这种灭火剂易挥发，灭火后不留残渣，灭火效率高，性能优良。其灭火机理主要是利用Novec1230的高热容量，在释放后与空气形成气态混合物，吸收足够多的热量，使环境温度降到熄灭温度点以下。

2）七氟丙烷灭火剂（HFC-227ea/FM-200）属于新式高效灭火气体，无色无味，挥发性强，一定浓度下对人体无害，且绝缘性强，具有广阔的应用前景。

其灭火机理主要是喷出时气化吸热降温，随后化学键断裂持续吸收热量，抑制燃烧活性。

3）六氟丙烷灭火剂（HFC-236fa）作为氢氟烷烃灭火介质的一种，物理性质与“哈龙”灭火介质相近，但不含溴、氯等元素，对臭氧层无害，且灭火效率高，绝缘性能好。其灭火机理是空气泡沫物理隔绝和自身化学抑制同时作用，在短时间内扑灭火焰。

12.3 灭火剂效果对比

关于灭火剂对锂离子电池火灾灭火效果虽然已有较多研究，但现有灭火实验研究尚不适用于储能电站，主要原因是由于：

1）现有实验研究多采用单体电池进行灭火实验，单体电池容量小、火势小。然而模组中单体间的热传导会引发一系列连锁反应，使模组热失控过程更迅速、燃烧更剧烈、灭火情况更复杂。

2）储能舱灭火是在大尺寸密闭环境中灭火，现有锂离子电池灭火实验平台不能完全模拟储能舱内的消防环境。

3）现有研究中起火方式多采用外部加热，而在储能工况中，过充滥用是引发电池热失控的主要方式之一，研究过充热失控致火对提高储能电站安全性大有帮助。

下面介绍细水雾灭火剂及常用的气体灭火剂对过充引发的锂离子电池火灾灭火效果。

灭火对象选用储能用磷酸铁锂电池模组，每个模组由 32 块方形铝壳单体电池四并八串组成。每个单体电池的电压 3.2V，容量 86Ah；模组电压 25.6V，额定电量 8.8kWh，模组容量 344Ah。搭建储能舱实验平台，通过 0.5C 充电倍率恒流过充引发电池模组热失控起火。选取细水雾、Novec1230、七氟丙烷和六氟丙烷四种灭火剂，对模组进行了灭火实验（见表 12-2）。气体灭火剂的设备参数选取为典型电力设备消防灭火所用的型号参数，气体灭火剂的用量设置为电力设备舱体的常见用量。

表 12-2 实验所用灭火剂及其参数

实验名称	主要灭火剂	喷洒容量/kg	喷洒压强/MPa	释放完毕时间/s	备用灭火剂
实验 1	Novec1230	16	2.5	60	细水雾
实验 2	七氟丙烷	3	2.5	10	细水雾
实验 3	六氟丙烷	6	2.5	30	细水雾

此外，考虑到泵组细水雾灭火系统布置复杂、制作周期长，故本研究采用瓶组系统，且为了避免模组外壳阻挡水雾扑灭明火，采用精准灭火策略，向模组内部喷射。

12.3.1 Novec1230 灭火剂

Novec1230 灭火实验可见光视频的连续画面显示，1430s 首次出现明火，舱门爆开，气密性减弱，随后使用 Novec1230 灭火剂灭火，如图 12-2 所示。

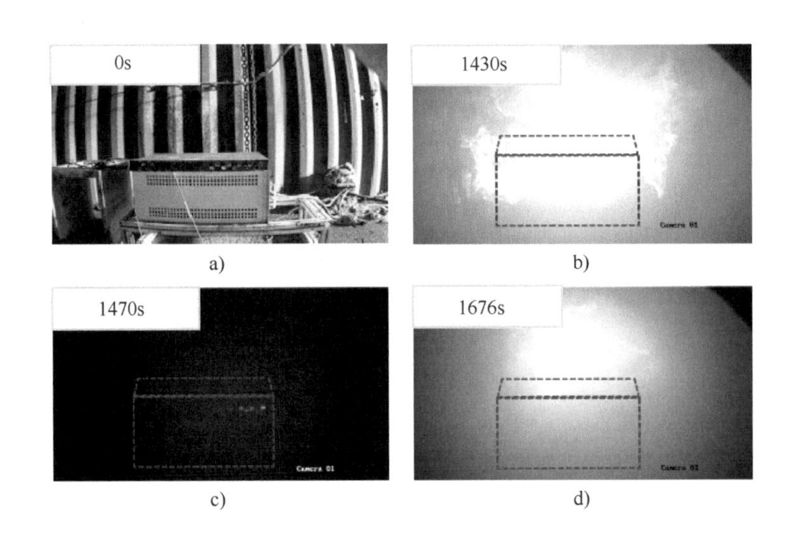

图 12-2 Novec1230 灭火效果

a）0s 过充前 b）1430s 剧烈燃烧 c）1470s Novec1230 释放 10s 后 d）1676s 出现复燃

如图 12-3 所示，1430s 模组燃烧剧烈，并有蔓延迹象；1460s 释放 Novec1230 灭火剂，10s 内明火即被完全扑灭；1676s 模组出现复燃。由于 Novec1230 灭火剂已全部释放，开始释放备用灭火剂细水雾，30s 内明火即熄灭，后续未观测到复燃。

从图 12-4 可以看出，过充后，电池表面温度从 32℃ 升高至峰值 259℃，灭火剂释放后，40s 内下降至 112℃，不久便再次升高，出现复燃现象。灭火剂对模组降温效果有限，模组温度下降不明显。

综上实验结果表明：①灭火剂扑灭明火速度较快，对模组火灾有一定抑制作用，模组表面温度有所下降；②灭火剂降温效果有限，燃烧反应未中断，仅表面灭火；③随灭火时间持续，灭火剂浓度下降，灭火剂无法彻底灭火，停止释放后，温度再次上升，引起模组复燃。

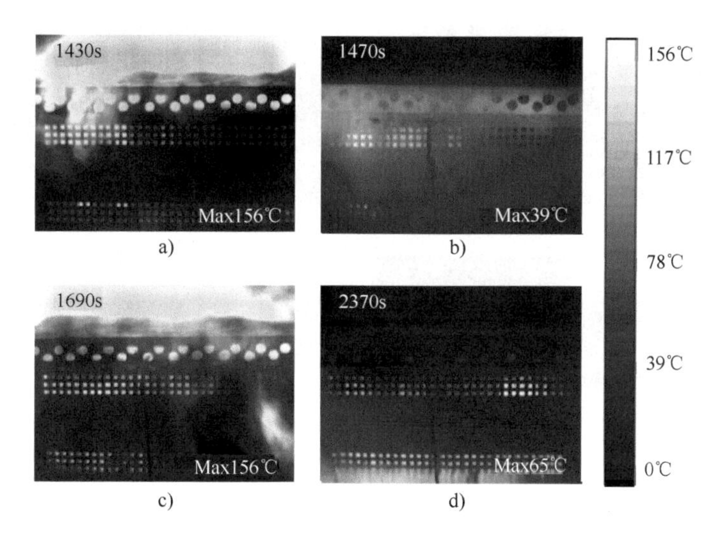

图 12-3　Novec1230 灭火过程不同时刻红外图像

a）1430s 初次燃烧　b）1470s Novec1230 释放 10s　c）1690s 出现复燃　d）2370s 细水雾灭火

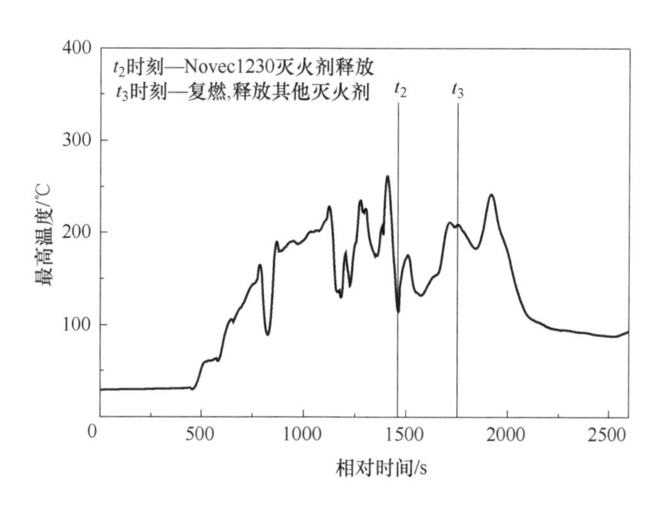

图 12-4　Novec1230 灭火过程模组表面最高温度变化曲线

12.3.2　七氟丙烷灭火剂

七氟丙烷灭火实验可见光监控图像的主要画面显示：1470s 燃烧反应剧烈，视野内被火光所充满，30s 后释放七氟丙烷灭火剂，在七氟丙烷释放 10s 内，明火被迅速扑灭，如图 12-5 所示。

如图 12-6 所示，持续观察至 1900s，模组出现复燃明火，此时因七氟丙烷灭

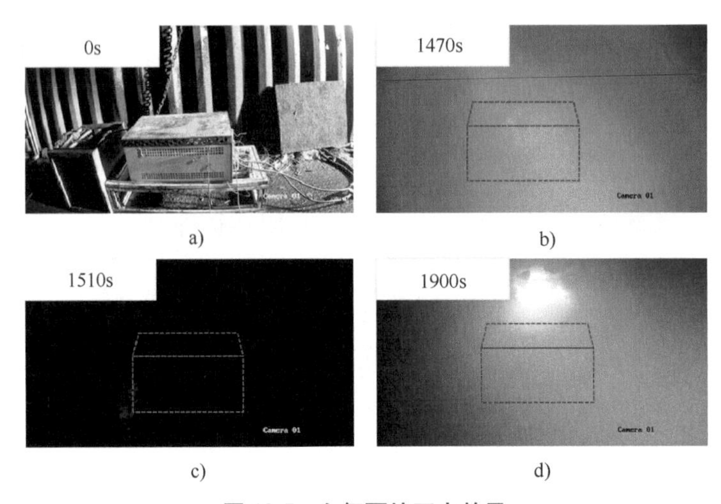

a)　b)　c)　d)

图 12-5　七氟丙烷灭火效果

a）0s 开始过充　b）1470s 灭火前　c）1510s 七氟丙烷释放 10s 后　d）1900s 出现复燃

火剂已全部释放，故 10s 后喷射备用灭火剂细水雾，持续 10min，在细水雾释放 30s 内，明火消失，舱内布满浓烟，随后持续观测，未发生复燃。

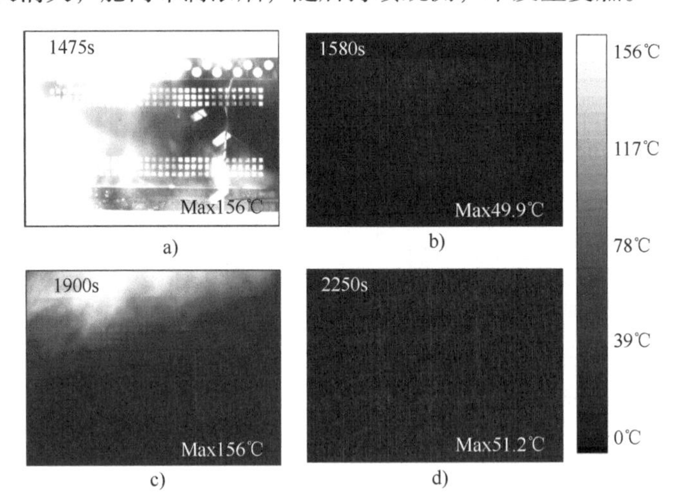

a)　b)　c)　d)

图 12-6　七氟丙烷灭火过程不同时刻红外图像

a）1475s 初燃　b）1580s 七氟丙烷灭火后　c）1900s 复燃　d）2250s 细水雾释放后

从图 12-7 可以看出，七氟丙烷在扑灭明火同时降低模组温度，燃烧时温度峰值 310℃，灭火剂释放后温度降为 111.6℃，但降温效果依然有限，30s 后温度再次升高，在 360s 后出现复燃。模组在细水雾释放后温度仍升高，持续喷射后开始降低。

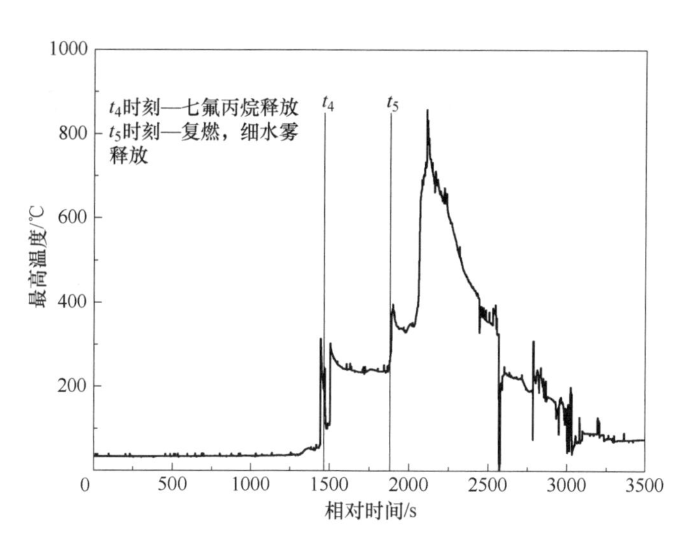

图 12-7　七氟丙烷灭火过程模组表面最高温度变化曲线

综上实验结果表明：①七氟丙烷对模组火势有抑制作用，能在短时间内扑灭明火，温度下降；②与 Novec1230 灭火剂类似，七氟丙烷无法从根源上切断燃烧反应，火势被遏制后短时间内温度急剧上升，迅速复燃；③释放细水雾后温度先小幅升高后持续下降，说明细水雾灭火效果起效较慢。

12.3.3　六氟丙烷灭火剂

六氟丙烷灭火实验可见光图像的主要画面显示：模组处出现喷射状火焰，沉积在储能舱底部的可燃性烟雾发生地毯式燃烧。释放六氟丙烷后，3s 内喷射完毕仍未能有效遏制火势。喷射的气流带动火焰，在舱内形成了 3m 左右的着火带，如图 12-8 所示。在现场运行环境下，由于舱内电池排布较为密集，这种着火带有可能造成其他电池受热和火灾蔓延。

实验结果表明：六氟丙烷在持续释放 30s 后耗尽，却依然无法扑灭明火，灭火效果极其有限。

12.3.4　细水雾灭火剂

细水雾用于磷酸铁锂电池模组火灾的有效性需要进行验证。根据已有文献对细水雾绝缘性能的研究，雾滴直径是影响细水雾击穿场强的主要因素，随着细水雾雾滴直径的增加，细水雾短球隙击穿场强下降，即喷嘴压强越大，细水雾绝缘性能越好。这里使用 4 种不同压强细水雾（1.2MPa、2MPa、6MPa 和 10MPa）对电池火灾进行扑救并比较其灭火效果。其中，6MPa 和 10MPa 细水雾

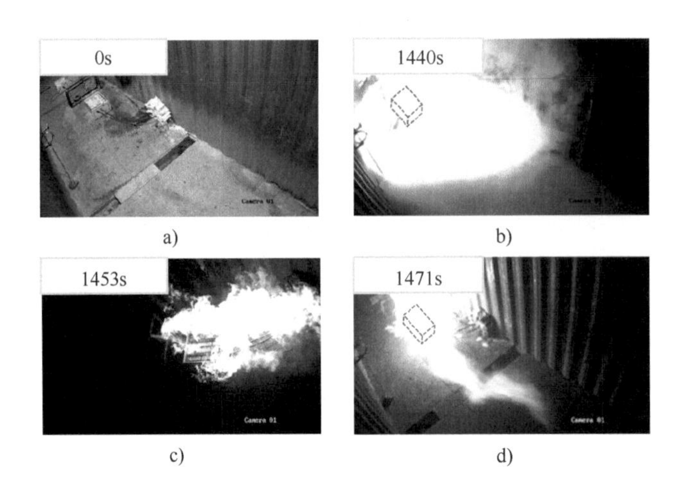

图 12-8　六氟丙烷灭火效果

a）0s 开始过充　b）1440s 灭火前　c）1453s 释放六氟丙烷 12s 后
d）1471s 释放六氟丙烷灭火 30s 后

可称为高压细水雾，2MPa 细水雾可称为中压细水雾，1.2MPa 细水雾可称为低压细水雾。其雾滴直径若采用 D_v0.99（99%雾滴累计体积分布粒径，单位为μm）表示，可测得其值分别约为 130μm、150μm、250μm、350μm。

（1）低压细水雾

对于低压细水雾，如图 12-9 所示，模组发生爆燃后，可见光视野变紫红，模组上方出现火焰。随着燃烧时间的增加，模组形变越来越严重，顶盖向上凸起。开始释放细水雾后，左侧火焰瞬间被压制。持续喷射 30s 后，模组上方右侧火势几乎不变，下方有火焰从散热孔窜出，喷头附近温度下降明显，整体温度仍然较高，模组温度不降反升。细水雾喷射 5min 后，可见光视野褪去紫红色，模组温度有所下降，但离喷头较远处明火依然存在。

实验结果表明：1.2MPa 低压细水雾扑灭磷酸铁锂模组火灾性能不佳。

（2）中压细水雾

对于中压细水雾，由图 12-10 可以看出，模组剧烈燃烧，上方和下方散热孔均有火焰冒出。模组燃烧 55s 后，温度达到峰值，释放细水雾瞬间左侧火焰被抑制。释放细水雾 10s 后，温度显著下降，火势减小。继续释放细水雾，明火被扑灭，模组内部仍存在红色高温区域。从释放细水雾到扑灭明火耗时 77s，明火扑灭后又释放细水雾 9min，无复燃现象发生。不断喷出的细水雾雾滴汽化吸热，细水雾及其形成的水蒸气飘散在模组周围，形成细水雾屏障，排斥空气并不断吸收模组热量，使得模组温度下降。屏障还将模组与外界热空气隔开，阻碍模组向外界环境传热，有效抑制舱内温升。

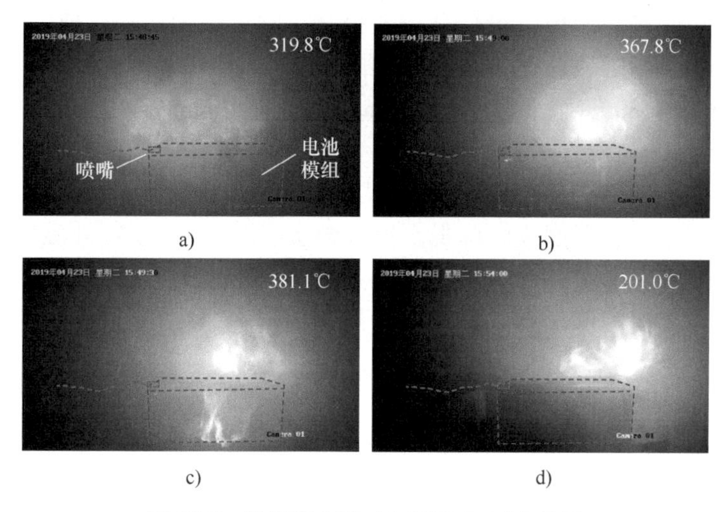

图 12-9　低压细水雾（1.2MPa）灭火效果

a）39min 22s 释放细水雾前 15s　b）39min 37s 释放细水雾

c）40min 7s 释放细水雾后 30s　d）44min 37s 释放细水雾后 5min

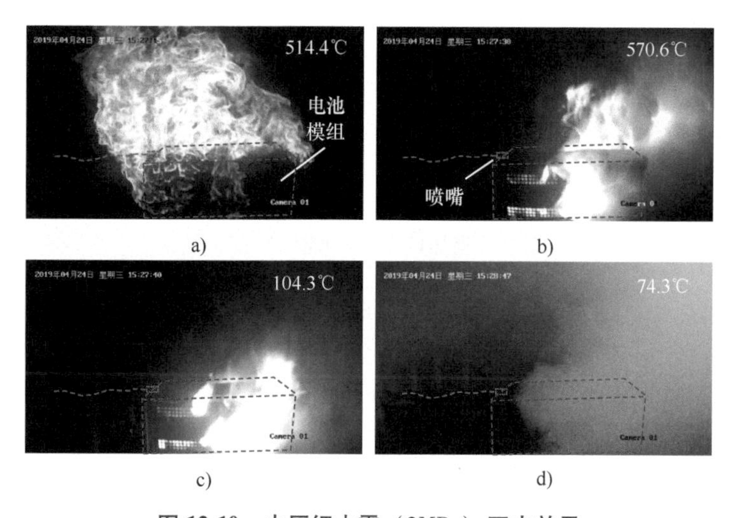

图 12-10　中压细水雾（2MPa）灭火效果

a）37min 55s 释放细水雾前 15s　b）38min 10s 释放细水雾

c）38min 20s 释放细水雾后 10s　d）39min 27s 扑灭明火

实验结果表明：①2MPa 细水雾能够有效扑灭明火；②释放细水雾时长足够时，模组不会发生复燃。

（3）高压细水雾

对于高压细水雾，由图 12-11 可以看出，储能舱内发生燃爆后出现明火，视野呈现紫红色，推测舱内可燃气体仍在燃烧。释放细水雾 10s 后，上方火焰消失，仍有火焰从周围散热孔窜出。释放细水雾 28s 后，明火基本被扑灭。随后细水雾又喷射 3min 30s。细水雾停止约 10min 后，即 53min 9s 时，监控内观测到模组发生复燃，15s 后细水雾再次启动，7s 内明火消失，之后细水雾持续释放 10min，再无复燃现象。利用红外可观察被烟雾遮挡的模组，释放细水雾时，从喷嘴位置到右下角，温度逐渐降低。释放细水雾后 10s，喷嘴处温度明显下降，而远离喷嘴的模组右侧温度略有下降。扑灭明火时，红外显示模组整体温度较低。

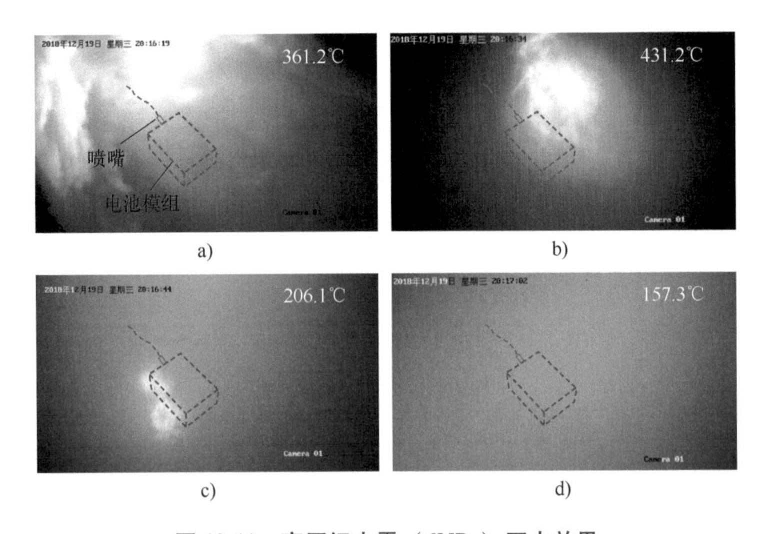

图 12-11　高压细水雾（6MPa）灭火效果

a）36min 42s 释放细水雾前 15s　b）36min 57s 释放细水雾

c）37min 7s 释放细水雾后 10s　d）37min 25s 扑灭明火

实验结果表明：①6MPa 细水雾能够扑灭磷酸铁锂模组火灾；②出现明火 2s 后火光就铺满整个可见光范围，说明舱内可燃气体被瞬间引燃；③喷嘴存在有效喷射范围，近处灭火效果更好；④6MPa 细水雾虽然能迅速、有效地扑灭明火，但如果释放时间不足，即使扑灭明火，由于电池内部电化学反应仍在继续，模组温度有重新上升的趋势，就有复燃的可能性。

（4）效果对比

图 12-12 给出了模组在不同细水雾灭火措施下模组表面温度变化曲线，图中数据与相同时刻可见光截图右上角的温度保持一致。为方便对比，规定释放细水雾的时刻为 120s，时间轴最大刻度 500s。曲线上用 A、B、C 标出特殊时刻，即出现明火、释放细水雾、扑灭明火。可以看出，对于 344Ah 的磷酸铁锂电池火灾，若不采取灭火措施，电池燃烧过程持续 10min 以上，燃烧时温度在 300℃

以上，燃烧后模组自然散热缓慢，3h 后内部温度仍达 150℃。若采用细水雾灭火剂在出现明火后对模组进行精准喷射，对火灾具有比较好的抑制作用。其中，6MPa 细水雾能够在 30s 内熄灭明火，2MPa 细水雾能在 90s 内熄灭明火。6MPa 和 2MPa 细水雾释放 3min 后，温度稳定在（57.6±4.6）℃，此后模组温度继续缓慢下降。6MPa 和 2MPa 需要持续 10min 以上的喷射，才能使得电池不发生复燃，温度降到 50℃以下。1.2MPa 细水雾释放后，温度先升后降，这种细水雾释放后温度不降反升的现象被称为火焰增强，随后出现第二次升降，第二次升降说明 1.2MPa 吸热并不能完全赶上模组内部产热速率，使得温度出现抬升，500s 时 1.2MPa 仍未能扑灭明火，灭火效果欠佳。

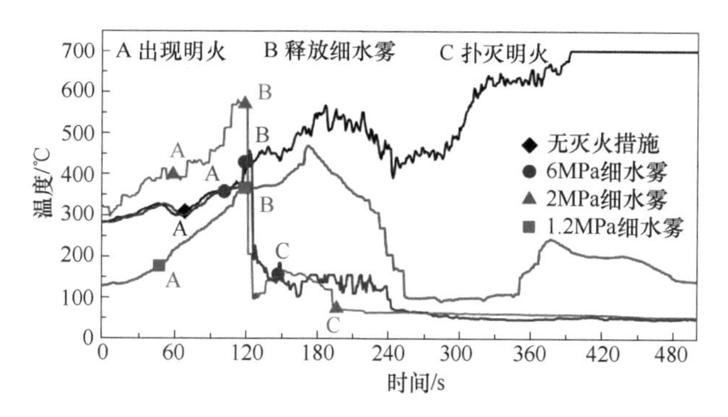

图 12-12　不同压强细水雾作用下模组温度变化曲线

不同细水雾实验下的灭火速率和降温速率对比结果见表 12-3，其中，灭火时间从可见光和红外视频得到，温度数据来自热电偶和红外测温，其中 10MPa 灭火前温度丢失，这里取其他 3 组灭火前温度的平均值 456℃作为 10MPa 灭火的起始值。虽然存在一定的误差，但结果仍能说明问题。可以看出，10MPa 细水雾灭火速率、降温速率最高，1.2MPa 细水雾灭火性能最差，其灭火速率仅为 10MPa 细水雾的 2.3%。

表 12-3　不同细水雾的灭火速率和降温速率

细水雾压强/MPa	10	6	2	1.2
灭火时间/s	15	28	77	480
灭火前/后温度/℃	456/137	431/157	570/74	367/131
灭火速率/(℃/s)	21.3	9.8	6.4	0.5
降温时间/min	10	10	9	—
降温前/后温度/℃	83/35	82/37	74/46	—
降温速率/(℃/min)	4.8	4.5	3.1	—

图 12-13 给出了不同压强下雾滴直径和灭火时间变化曲线以及不同压强下灭火速率和降温速率变化曲线。从图 12-13a 可以看出，随着压强的增大，雾滴直径和灭火时间均下降，而且下降的速率越来越小。模组在燃烧前后热量会出现急剧攀升现象，给细水雾灭火带来了困难。如果此时压强大，那么使得雾滴直径小，雾滴初始速度大，其穿透高温烟气到达火焰根部的能量就会增强，压制火焰根部和火焰表面降温的内外双重作用下，能够使得火焰快速熄灭。在雾滴速度增大的同时，雾滴的质量在减小，可以预见，当压强大到一定程度时，雾滴可能在达到燃烧物表面就已经完全汽化，无法有效灭火。而且下降速率的减小表明喷嘴压强达到 10MPa 左右，再提高喷嘴压强对于雾化性能以及灭火时间的影响不大。在 10MPa 的基础上增加压强值反而会增加很多成本。如图 12-13b 所示，细水雾灭火速率和降温速率随着喷嘴压强的增大而增大。其中，降温速率受到压强影响较小，约为 4℃/min。而灭火速率受压强影响较大，两者几乎呈线性关系。这说明灭火和降温时可以使用两种压强的细水雾，灭火时使用高压细水雾来快速灭火，而降温时使用低压细水雾降低成本。

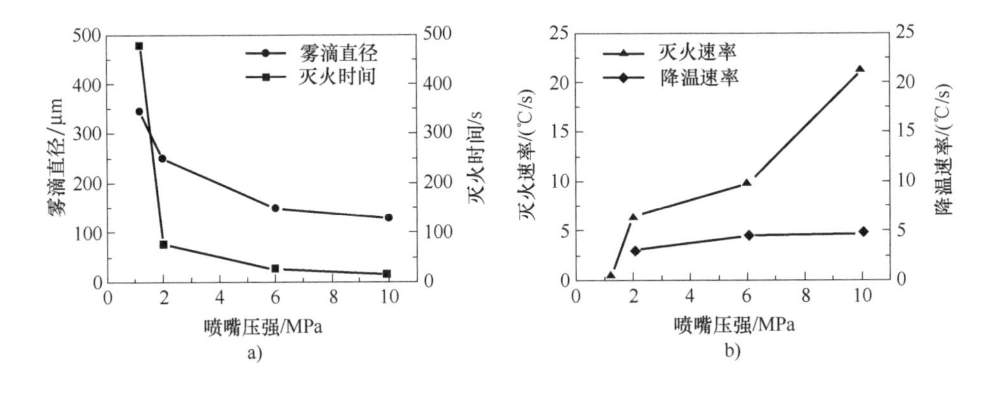

图 12-13　不同压强下细水雾的灭火效果对比

a）雾滴直径和灭火时间变化曲线　b）灭火和降温速率变化曲线

总的来说，采用细水雾灭火剂在出现明火后对模组进行精准喷射，对火灾具有比较好的抑制作用。

考虑不同压强细水雾的经济性以及灭火和降温效果，对于大容量储能用磷酸铁锂模组，1.2MPa 扑灭明火时间较长，2MPa 能够及时扑灭明火，但水雾包络性不强，存在包络面外的火焰不能扑灭的情况。而随着压强的增大，细水雾的包络性、绝缘性能增强，但同时装置成本也会快速增加。建议根据投资情况选择 6MPa 及以上细水雾作为灭火剂。

12.4 本章小结

本章主要讨论了储能电站火灾事故的灾后处理相关问题。首先是对锂离子电池储能电站的电气火灾特性做了分析阐述。在锂离子电池模组的灭火介质选择方面，通过设计高拟真实验方案，对比分析 4 种灭火剂的灭火效果。结果表明，Novec1230、七氟丙烷和六氟丙烷三种气体灭火剂均不适合作为储能电站的大容量磷酸铁锂模组灭火剂，其中六氟丙烷未能扑灭明火，Novec1230 和七氟丙烷能有效扑灭明火，但无法阻止复燃；细水雾能有效扑灭储能舱内磷酸铁锂模组火灾。对比不同压强的细水雾灭火剂灭火效果，结果表明，针对大容量磷酸铁锂模组的消防设计，选择 6MPa 及以上压强细水雾作为灭火剂效果显著。

参考文献

[1] 万军. 大型电池储能电站保护关键技术研究 [D]. 上海：上海交通大学，2013.

[2] 丁仲礼. 中国碳中和框架路线图研究 [J]. 中国工业和信息化，2021 (8)：54-61.

[3] 王世杰，胡威，高鑫，等. 新能源并网发电对配电网电能质量的影响研究 [J]. 计算技术与自动化，2021，40 (2)：47-52.

[4] 刘世念，苏伟，魏增福. 化学储能技术在电力系统中的应用效果评价分析 [J]. 可再生能源，2013，31 (1)：105-108.

[5] 缪平，姚祯，JOHNL，等. 电池储能技术研究进展及展望 [J]. 储能科学与技术，2020，9 (3)：670-678.

[6] 张嵩，丁广乾，胡铁军，等. 磷酸铁锂电池性能与应用研究 [J]. 山东电力技术，2012 (3)：65-68.

[7] 宋倩芸. 大规模储能电站模块化建设方案研究 [J]. 能源与环境，2021 (1)：66-69.

[8] XIAO J，LI Q，BI Y，et al. Understanding and applying coulombic efficiency in lithium metal batteries [J]. Nature Energy，2020，5 (8)：561-568.

[9] 刘磊，王芳，高飞，等. 锂离子电池模组热失控扩展安全性的研究 [J]. 电源技术，2019，43 (3)：450-452.

[10] 孙延先，姜兆华. 锂离子电池过充安全性研究 [J]. 电源技术，2019，43 (5)：884-886.

[11] 冯旭宁. 车用锂离子动力电池热失控诱发与扩展机理、建模与防控 [D]. 北京：清华大学，2016.

[12] 邓原冰. 锂离子动力电池热失控及其预警机制的试验与仿真研究 [D]. 武汉：华中科技大学，2017.

[13] RAGHAVAN A，KIESEL P，SOMMER L W，et al. Embedded fiber-optic sensing for accurate internal monitoring of cell state in advanced battery management systems part 1：Cell embedding method and performance [J]. Journal of Power Sources，2017，341：466-473.

[14] 王春力，贡丽妙，亢平，等. 锂离子电池储能电站早期预警系统研究 [J]. 储能科学与技术，2018，7 (6)：1152-1158.

[15] LYU N，JIN Y，XIONG R，et al. Real-time overcharge warning and early thermal runaway prediction of Li-ion battery by online impedance measurement [J]. IEEE Transactions on Industrial Electronics，2021：1-1.

[16] 廖正海，张国强. 锂离子电池热失控早期预警研究进展 [J]. 电工电能新技术，2019，38 (10)：61-66.

[17] 庞静，卢世刚，刘莎. 锂离子电池过充特性的研究 [J]. 电化学，2005 (4)：398-401.

[18] 叶佳娜. 锂电子电池过充电和过放电条件下热失控（失效）特性及机制研究 [D]. 合肥：中国科学技术大学，2017.

[19] 杨坤，雷洪钧，肖博文，等. 锂离子电池热失控机理分析与解决策略 [J]. 江汉大学学报（自然科学版），2020，48 (5)：14-20.

[20] 杨赟，刘凯，陈翔宇，等. 18650型锂离子电池火灾爆炸预警装置研究［J］. 消防科学与技术，2018，37（7）：939-942.

[21] 卢世刚，史启通，唐海波. 方形锂离子电池热应力的数学分析和数值模拟［J］. 汽车安全与节能学报，2014，5（3）：298-303.

[22] JIN Y，ZHENG Z，WEI D，et al. Detection of Micro-Scale Li Dendrite via H_2 Gas Capture for Early Safety Warning [J]. Joule，2020，4（8）：1714-1729.

[23] SUN L，WEI C，GUO D，et al. Comparative Study on Thermal Runaway Characteristics of Lithium Iron Phosphate Battery Modules Under Different Overcharge Conditions [J]. Fire Technology，2020，56（4）：1555-1574.

[24] 王铭民，孙磊，郭鹏宇，等. 基于气体在线监测的磷酸铁锂储能电池模组过充热失控特性［J］. 高电压技术，2021，47（1）：279-286.

[25] 高飞，刘皓，吴从荣，等. 锂离子电池热安全防控技术的研究进展［J］. 新能源进展，2020，8（1）：15-21.

[26] 梅文昕，段强领，王青山，等. 大型磷酸铁锂电池高温热失控模拟研究［J］. 储能科学与技术，2021，10（1）：202-209.

[27] 李钊，陈才星，牛慧昌，等. 锂离子电池热失控早期预警特征参数分析［J］. 消防科学与技术，2020，39（2）：146-149.

[28] WANG L，CHOI W，YOO K S，et al. Stretchable Carbon Nanotube Dilatometer for In Situ Swelling Detection of Lithium-Ion Batteries [J]. ACC Applied Energy Materials，2020，3（4）：3637-3644.

[29] YUAN Q，ZHAO F，WANG W，et al. Overcharge failure investigation of lithium-ion batteries [J]. Electrochimica Acta，Oxford：Pergamon-Elsevier Science Ltd，2015，178：682-688.

[30] 张鹏博，张晓华，王训，等. 锂离子电池用铝塑复合膜精密冲压工艺研究［J］. 热加工工艺，2016，45（7）：167-170.

[31] BAYUS J，GE C，THORN B. A preliminary environmental assessment of foil and metallized film centered laminates [J]. Resources，Conservation and Recycling，2016，115：31-41.

[32] 兰凤崇，郑文杰，李志杰，等. 车用动力电池的挤压载荷变形响应及内部短路失效分析［J］. 华南理工大学学报（自然科学版），2018，46（6）：65-72.

[33] 郑志坤. 磷酸铁锂储能电池过充热失控及气体探测安全预警研究［D］. 郑州：郑州大学，2020.

[34] 中国电力企业联合会. 预制舱式磷酸铁锂电池储能电站消防技术规范：T/CEC 373—2020［S］，2011.

[35] SU T，LYU N，ZHAO Z，et al. Safety warning of lithium-ion battery energy storage station via venting acoustic signal detection for grid application [J]. Journal of Energy Storage，2021，38：102498.

[36] 平平. 锂离子电池热失控与火灾危险性分析及高安全性电池体系研究［D］. 合肥：中国科学技术大学，2014.

[37] 张小颂，夏永高. 锂离子电池电解液的安全性研究进展［J］. 储能科学与技术，2018，7

(6): 1016-1029.
[38] 黄沛丰. 锂离子电池火灾危险性及热失控临界条件研究 [D]. 合肥: 中国科学技术大学, 2018.
[39] 郑远攀, 李广阳, 李晔. 深度学习在图像识别中的应用研究综述 [J]. 计算机工程与应用, 2019, 55 (12): 20-36.
[40] 王峰, 甘朝伦, 袁翔云. 锂离子电池电解液产业化进展 [J]. 储能科学与技术, 2016, 5 (1): 1-8.
[41] 史劲亭, 袁非牛, 夏雪. 视频烟雾检测研究进展 [J]. 中国图象图形学报, 2018, 23 (3): 303-322.
[42] 邓林. 视频烟雾检测算法研究 [D]. 成都: 电子科技大学, 2015.
[43] PENG Y, WANG Y. Real-time forest smoke detection using hand-designed features and deep learning [J]. Computers and Electronics in Agriculture, 2019, 167: 105029.
[44] DADASHZADEH M, KHAN F, HAWBOLDT K, et al. An integrated approach for fire and explosion consequence modelling [J]. Fire Safety Journal, 2013, 61: 324-337.
[45] 李首顶, 李艳, 田杰, 等. 锂离子电池电力储能系统消防安全现状分析 [J]. 储能科学与技术, 2020, 9 (5): 1505-1516.
[46] VYAZMINA E, JALLAIS S. Validation and recommendations for FLACS CFD and engineering approaches to model hydrogen vented explosions: Effects of concentration, obstruction vent area and ignition position [J]. International Journal of Hydrogen Energy, 2016, 41 (33): 15101-15109.
[47] MIDDHA P, HANSEN O R, GRUNE J, et al. CFD calculations of gas leak dispersion and subsequent gas explosions: Validation against ignited impinging hydrogen jet experiments [J]. Journal of Hazardous Materials, 2010, 179 (1-3): 84-94.
[48] 朱伯龄, 於孝春, 李育娟. 气体泄漏扩散过程及影响因素研究 [J]. 石油与天然气化工, 2009, 38 (4): 354-358, 270.
[49] 许满贵, 徐精彩. 工业可燃气体爆炸极限及其计算 [J]. 西安科技大学学报, 2005 (2): 139-142.
[50] WANG Q, PING P, ZHAO X, et al. Thermal runaway caused fire and explosion of lithium ion battery [J]. Journal of Power Sources, 2012, 208: 210-224.
[51] 张磊, 张永丰, 黄昊, 等. 抑制锂电池火灾灭火剂技术研究进展 [J]. 科技通报, 2017, 33 (8): 255-258.
[52] SUMMER S M. Flammability Assessment of Lithium-Ion and Lithium-Ion Polymer Battery Cells Designed for Aircraft Power Usage [R]. US Department of Transportation, Federal Aviation Administration, 2010.
[53] 李毅, 于东兴, 张少禹, 等. 典型锂离子电池火灾灭火试验研究 [J]. 安全与环境学报, 2015, 15 (6): 120-125.
[54] RAO H, HUANG Z, ZHANG H, et al. Study of fire tests and fire safety measures on lithium-ion battery used on ships [C]. International Conference on Transportation Information and

Safety (ICTIS), 2015: 865-870.

[55] WANG Q, SHAO G, DUAN Q, et al. The Efficiency of Heptafluoropropane Fire Extinguishing Agent on Suppressing the Lithium Titanate Battery Fire [J]. Fire Technology, 2016, 52 (2): 387-396.

[56] EGELHAAF M, KRESS D, WOLPERT D, et al. Fire Fighting of Li-Ion Traction Batteries [J]. SAE International Journal of Alternative Powertrains, 2013, 2 (1): 37-48.

[57] LAIN M J, TEAGLE D A, CULLEN J, et al. Dealing With In-Flight Lithium Battery Fires In Portable Electronic Devices List of Effective Pages Chapter Page Date Chapter Page Date [R]. 2003.

[58] 房玉东，朱小勇，刘江虹，等. 细水雾灭火技术在电气环境的研究与进展 [J]. 中国工程科学，2006 (7): 89-94.

[59] 米欣，张杰，王晓文. 新型洁净灭火剂 Novec1230 介绍及应用 [J]. 消防技术与产品信息，2012 (4): 32-34.

[60] 蒲龙. 七氟丙烷灭火系统特点及原理探讨 [J]. 石化技术，2019，26 (4): 318.

[61] 周晓猛，周彪，陈涛，等. 六氟丙烷的热解过程及其动力学灭火机理 [J]. 燃烧科学与技术，2011，17 (5): 381-387.

[62] REN D, FENG X, LU L, et al. Overcharge behaviors and failure mechanism of lithium-ion batteries under different test conditions [J]. Applied Energy, 2019, 250: 323-332.

[63] 陈宝辉，陆佳政，王博闻，等. 细水雾对空气球-球短间隙工频击穿特性的影响 [J]. 高电压技术，2019，45 (5): 1638-1646.

[64] 郭莉，吴静云，黄峥，等. 不同压强细水雾对磷酸铁锂电池模组的灭火效果 [J]. 高电压技术，2021，47 (3): 1002-1011.

[65] ESHETU G G, GRUGEON S, LARUELLE S, et al. In-depth safety-focused analysis of solvents used in electrolytes for large scale lithium ion batteries [J]. Physical Chemistry Chemical Physics, 2013, 15 (23): 9145.

[66] ESHETU G G, BERTRAND J P, LECOCQ A, et al. Fire behavior of carbonates-based electrolytes used in Li-ion rechargeable batteries with a focus on the role of the $LiPF_6$ and LiFSI salts [J]. Journal of Power Sources, 2014, 269: 804-811.